美丽中国
建设之路

周宏春　石磊　著

陕西师范大学出版总社　西安

图书代号　　SK24N0682

图书在版编目（CIP）数据

美丽中国建设之路／周宏春，石磊著．— 西安：
陕西师范大学出版总社有限公司，2024.6
　ISBN 978-7-5695-4321-6

　Ⅰ．①美…　Ⅱ．①周…　②石…　Ⅲ．①生态环境建设—
研究—中国　Ⅳ．① X321.2

中国国家版本馆 CIP 数据核字（2024）第 081932 号

美丽中国建设之路
MEILI ZHONGGUO JIANSHE ZHI LU

周宏春　石　磊　著

出 版 人	刘东风
出版统筹	杨　沁
责任编辑	张秦胤　赵苏萍
责任校对	曹小荣　石　乔
封面设计	张景春
出版发行	陕西师范大学出版总社有限公司
	（西安市长安南路 199 号　　邮编 710062）
网　　址	http://www.snupg.com
印　　刷	陕西信亚印务有限公司
开　　本	720 mm×1020 mm　　1/16
印　　张	23
插　　页	2
字　　数	315 千
版　　次	2024 年 6 月第 1 版
印　　次	2024 年 6 月第 1 次印刷
书　　号	ISBN 978-7-5695-4321-6
定　　价	88.00 元

读者使用时若发现印装质量问题，请与本社联系、调换。
电话：（029）85308697

当前，美丽中国建设进入战略机遇期，风险与挑战并存。我们要统一认识，分类施策，把握世界绿色低碳发展潮流，顺应形势变化需要，推动美丽中国建设不断迈向新高峰。

一、美丽中国的内涵特征

美丽中国的内涵是什么？美丽是定语，中国是具有空间特征的中心语。什么是美丽？人们会给出不同答案，可谓见仁见智。美丽，与人的喜爱偏好相关，有人喜欢人工之美，有人喜欢自然之美；在文学描述上有对称之美、和谐之美、协调之美、错落之美、特色之美、碧空之美等。所有这些均是从不同角度来感知美、认识美、反映美的。

对称之美。先秦时伍举这样论美："夫美也者，上下、内外、大小、远近皆无害焉，故曰美。"对称之美这样呈现：里里外外皆均衡妥帖，相互照应，和谐端庄。古希腊哲学家毕达哥拉斯说："美的线条和其他一切美的形体都必须有对称的形式。"所谓对称，是图形或物体就某个点、直线或平面而言，在大小、形状和排列上具有一一对应关系。对称无处不在，大自然蕴含着对称之美，并体现在许多生物形态之中。如果仔细观察一枚贝壳、一只蝴蝶、一片绿叶、一朵红花，就不难发现，除了绚丽的色彩之外，最令人惊叹的莫过于其外形的几何对称性。蝴蝶的翼翅、花纹图案是对称的；孔雀开屏的对称美让人惊叹；老虎的对称花纹则让人生畏。总之，对称之美在自然界展现得淋漓尽致。

和谐之美。《礼记·中庸》曰："中也者，天下之大本也。和也者，天下之达道也。致中和，天地位焉，万物育焉。"这段话道出了和谐与平衡的真谛。美丽中国，既是古代先哲的追求，也是美学的最高意境。追求人与自然和谐共生之美是一种境界。人类文明史是人类对自然界崇拜、改造和顺应的过程。自然界具有先在性，是人类生存和发展的基础。人是社会的组成部分，社会是由人按照一定的关系结合形成的有机整体，人也要按照一定规则从事物质生产和精神生产活动。人类社会进步不能以浪费资源、牺牲环境为代价，而要树立以人为本的价值理念，尊重自然、顺应自然，形成人与人、人与社会、人与自然的和谐共生关系。

错落之美。层层叠叠的梯田错落有致，犹如一幅宏大的山水画卷横挂在群山间，蜿蜒起伏，如同一道道天梯从山巅垂挂到山脚下，层次分明而又气势宏大。"一水护田将绿绕，两山排闼送青来。"元阳梯田是哈尼族人世世代代留下的杰作，梯田、云海、日出和蘑菇房等，构成了神奇壮丽的景观，被誉为"中国最美的山岭雕刻"。婺源被誉为"中国最美乡村"，古树、河流、梯田、农舍完美融合，人与自然亲近又和谐。高坎位于川西崇山峻岭之中，近万亩梯田纵横密布、气势恢宏，因为藏在深丘而鲜为人知。浙江丽水云和梯田，拥有梯田、云海、山村、竹海、溪流、瀑布、雾凇等自然景观，跨越高山、丘陵、谷地三个景观带，"云雾奇观，浮云世界"是其特色和亮点。这些美景中包含了和谐与协调。

美丽中国，不仅应当可以描述，也应当能定量评价。从国内评价实践看，专家对"美丽中国"或生态文明建设的评价基本是整体性的，而生态产品价值实现的评价对象则是局部性或小范围的。整体性评价可以反映整体性进展，小范围的评价可以引导文旅产业发展或生态补偿政策的实施。从数学分析角度看，整体性的空间可以变得更小，而小范围的空间可以放大，即两个出发点的评价效果应趋同。但是，在某个空间尺度上存在突变，无法使评价结果趋同，因而需要创新评价办法。

二、美丽中国建设需要生态智慧

当今世界，风云际会；发展转型，爬坡过坎。如何看待我们正在经历的、可能遇到的风风雨雨，"任尔东西南北风"，在激荡中保持一份从容，在喧嚣中保持一份清醒，是每个人都不得不面对和思考的重大课题。

只有用好"势""道""术""器"智慧，只有坚持对美好生活的追求与梦想，不屈不挠，砥砺前行，才能有事业辉煌，才能有人生精彩，才能有"风雨后的彩虹"。势，大势、形势、趋势也；道，乃处世之道、办事之道、企业发展之道；术，是行事方式、技术路线；器，是采取的工具、手段和方法。

当下，我国面临着技术革命冲击、产业转型升级、生产成本提高等机遇和挑战。新技术革命冲击不可忽视：以大数据、云计算、移动互联网、人工智能为代表的新一代信息技术蓬勃发展，对经济发展、社会进步、人民生活带来重大而深远的影响。互联网的广泛应用使人们可以了解地球任何一个角落发生的事情；人工智能将重塑未来社会，体现在智慧城市、智能制造乃至相关商品和服务中；数字经济的发展为人们学习、工作和生活带来极大便利，提升了企业生产、运营、制造、销售效率，推动了生产力发展。

产业转型升级，发端于我国人民生活水平的提高和获得感、幸福感的不断增强，也受到消费升级的拉动。经过改革开放40多年的发展，我国无论在产品种类还是数量上均已超越了相当一部分发达国家，但也存在结构不合理、质量参差不齐、产品附加值低、资源配置效率不高、产业链供应链安全稳定有待提升等问题，要在质量、品牌、技术、效率、竞争力等方面"再次追赶"。中央提出的高质量发展正是基于这一现实，提升产品质量和产业链竞争力势在必行。

企业生产成本上升，原因是多方面的，包括劳动力成本增加、资源价格上涨、环境保护标准趋严等。所有这些问题，前期跨越或陷入"中等收入陷阱"的国家和地区均遇到过，处理不当往往会出现失业率上升、企业外迁乃至社会动荡。总体上看，顺利跨过"中等收入陷阱"的国家和地区均抓住了机遇，采取各具特色的战略；没有跨越"中等收入陷阱"的国家和地区，虽然原因各不相同，但产业"空心化"、就业机会减少、少数人"无事生非"是重要原因。

我国中长期发展蓝图已经绘就，到本世纪中叶的目标也已明确。党的十九大报告在综合分析国际国内形势和中国发展条件的基础上，提出"两个阶段"奋斗目标：从 2020 年到 2035 年，在全面建成小康社会的基础上，再奋斗 15 年，基本实现社会主义现代化。从 2035 年到本世纪中叶，在基本实现现代化的基础上，再奋斗 15 年，把我国建成富强民主文明和谐美丽的社会主义现代化强国。党的二十大报告进一步提出，团结带领全国各族人民全面建成社会主义现代化强国、实现第二个百年奋斗目标，以中国式现代化全面推进中华民族伟大复兴。

从宏观层面看，势、道、术这三者是举什么旗、走什么路、"集中力量办什么事"的大问题；从企业层面看，是产品和服务为谁提供、提供什么样的产品和服务以及怎么样提供产品和服务的问题。

"思路决定出路"，这句话在很多地方见到过；"不换思想就换人"，也时常听人提起。实际上，知易行难，说起来容易做起来难。做规划、做决策、做项目应有"顶层设计"，核心要义是"顶天立地"。"顶天"，是要能顺应国际潮流，坚持绿色发展方向，符合国家政策导向。顺势而为方能成功，其中的道理路人皆知。如果我们的发展、企业生产仍然延续传统粗放的发展方式，以破坏生态环境为代价获得一时一地的增长，不仅自然资源支撑不了，生态环境难以容纳，发展也难以持续。从这个意义上说，发展方式必须转变。"立地"，就是使规划能落地，工作有抓手，绩效能显现、能考核，而不是不切实际地空谈。另外，不合时宜地投资或上项目，不仅会加大产能过剩，往往也难以收到规划设计的预期效果。这样的例子在我国快速发展阶段也不是没有。

细节决定成败。把喜欢的事情做到极致，没有久久为功的恒心和耐力是不可能的，"水滴石穿"揭示了其中的道理。这就需要在调查研究不够时不草率决策，条件不具备时不盲目行动；要在把握大势的前提下，用"正确的方法做正确的事情"，既要发挥各自比较优势做足"长板"，又要在发现"短板"中寻找机会。党的十八大以来，中国特色社会主义制度更加完善、国家治理体系和治理能力现代化水平明显提高，为政治稳定、经济发展、文化繁荣、民族团结、人民幸福、社会和睦、国家统一提供了有力保障。未来，应在不断提升执政能力、实现治理能力现代化上下功夫。从企业层面看，要在满足市场需求、提高产品和服务附加值、创新发展模式上做文章，细描"工笔画"，将宏观政策导向分解为可以实施的方案和行动。宏观层面的产业转型升级，对行业或企业而言就是满足乃至引导市场需求、提高产品科技含量和附加值。

"行百里者半九十"。不登"泰山"不知"众山小"，没有登上山顶不知道登山难。奋斗在不同地方、不同岗位的人，均会面对风险挑战。迎接挑战，爬坡过坎，需要把控大势，准确判断形势，采取不同措施；需要思路清晰，对方向、路径和技术方法有敏锐感知，更需要持之以恒。唯有不断攀登，方能破解难题、顺利爬坡过坎。"世上无难事，只怕有心人"，只要积极奋斗，积小胜为大胜，迈向世界舞台中央，成为行业排头兵或"隐形冠军"是可以实现并且值得期待的。

三、美丽中国建设需要经济社会的系统性变革

建设美丽中国，要创新发展理念，增加生态产品供应。绿色经济是绿色发展的基础，是绿色发展新理念、新技术、新思想的出发点和落脚点，既可提高人民福祉和社会平等，又可显著减少生态产品的稀缺性和环境风

险。发展以资源承载力和生态环境容量为基础的绿色经济、绿色产品及服务业，以形成新的经济增长引擎，创造更多就业机会，实现永续发展。

美丽中国建设，需要制度创新的全面深化。要使美丽中国建设者有所得，就必须创新制度安排，推动绿色产品和生态服务资产化，使之成为可量化的资产，成为新的生产力。一是完善绿色生产制度设计，构建绿色技术创新体系尤其是制度氛围，将生态保护成本纳入总成本，激励绿色技术创新和绿色经济发展，促进绿色技术、工艺和产品的生产，并将其培育成为新的经济增长点。二是完善绿色消费的制度设计，加快建立法律制度和政策导向，让绿色成为消费的新导向，使优质生态产品成为附加值的重要组成。三是完善绿色金融制度设计，提高金融服务经济系统的能力，并为绿色低碳转型发展提供资金支持。四是改革生态环境监管体制机制。我国已设立国有自然资源资产管理和自然生态监管机构，统一履行所有国土空间用途管制和生态保护修复职责，统一履行监管城乡各类污染排放和行政执法职责。

美丽中国建设，需要节能环保产业发展。节能环保产业，是利用市场机制解决生态环境问题的重要产业，发展节能环保产业可为绿色发展提供支持和动力。应当紧紧围绕大气、水、土壤污染防治任务，自觉遵守环境保护法规、政策和相关制度，承担起节约资源、保护环境的责任。应当持续减少大气污染物排放强度，让天更蓝；施行清洁生产，发展清洁生产产业，控制并减少向水体排放污染物，让水更清；不向地下排放污染物，让食品更安全。同时，重视节能减排与循环经济的有机衔接。节能环保产业，不仅为绿色产业发展提供装备、产品和服务，因其自身产业链长、关联度大、吸纳就业能力强，也是我国经济绿色转型的重要力量和产业生力军。

美丽中国建设，需要增加生态产品供应。党的十九大指出，我们要建设的现代化是人与自然和谐共生的现代化，既要创造更多物质财富和精神财富以满足人民日益增长的美好生活需要，也要提供更多优质生态产品以满足人民日益增长的优美生态环境需要。随着我国人均收入水平的不断提高，居民选择无公害、有机食品的需求增强，应当扩大绿色产品生产和供应，满足消费者的选择并促进绿色消费市场不断扩大。要加大对绿色产品研发、设计和制造的投入，不断提高产品和服务的资源环境效益。促进绿色消费，鼓励利用网络销售绿色产品，推动开展二手产品在线交易，满足不同主体多样化的绿色消费需求。

美丽中国建设，需要新质生产力的发展和支撑。以技术创新和制度创新为核心的新质生产力，有助于研发更环保、更高效的生产技术和工艺，降低美丽中国建设的资源投入，减少污染物排放，并催生新的产业和业态，为绿色低碳发展和美丽中国建设注入新的动力和活力。要构建绿色低碳循环发展经济体系，为加快形成美丽中国建设的新质生产力释放"加速器"。促进新旧动能接续转换，是解决我国资源环境生态问题的基础之策，也是加快形成新质生产力的应有之义。要加快推进产业生态化和生态产业化，推进传统产业工艺、技术、装备升级，实现智能化、绿色化、高端化发展；要重塑传统产业特别是传统制造业的竞争优势，做强绿色制造业，大力发展战略性新兴产业和未来产业，以降碳减污协同为抓手，推动产业结构、能源结构、交通运输结构等优化升级；加快建设新型能源体系，推进电力源网荷储一体化，构建新型电力系统，促进煤炭清洁高效利用；加快新一代材料技术、生物技术、信息化技术与生态环保产业融合，大力发展生态环保制造业和生态环境服务业。

美丽中国建设，需要企业家的创新精神。党的十九大报告把企业家精神上升为供给侧结构性改革的内容之一，提出要"激发和保护企业家精神，鼓励更多社会主体投身创新创业；弘扬劳模精神和工匠精神，营造劳动光荣的社会风尚和精益求精的敬业风气"。企业家面对市场，善于识别和捕捉市场机会，同时也是创新活动的参与者和引领者。应当加强以下技术的研发与应用：一是绿色低碳技术，如污染防治技术，包括废水、废气、固体废物处理技术等；二是环境友好技术，如清洁生产、清洁能源、节能与提高能源效率、资源节约与综合利用、绿色制造、绿色建筑、绿色交通等技术；三是生态保护技术，如生态恢复技术、生态农业、防风固沙、水土保持、草原湿地和生物多样性保护、生态景观建设等技术。通过各方面的不懈努力，力争实现以先进适用技术支撑绿色低碳发展和美丽中国建设。

美丽中国建设，需要企业家承担更多社会责任。企业家是市场经济的创造主体和时代的弄潮儿，在创造财富的同时，还要增强履行社会责任的荣誉感和使命感，要有致富思源、回报社会的情怀，承担起更多的社会责任。企业家要改变过去把利润最大化当作唯一追求的做法，更关注人的价值；对绿色发展、环境保护、食品安全等作出更大的贡献。政府应为企业营造一个良好的政策环境，激发企业家创业积极性和能动性，让他们真正有安全感、归宿感、社会认同感。通过健全绿色低碳循环发展的经济体系和市场导向的绿色技术体系，以可持续的方式将绿水青山转变为金山银山，使绿色真正得以富民惠民。

构建政府为主导、企业为主体、社会组织和公众共同参与的环境治理体系。随着社会主要矛盾从过去"人民日益增长的物质文化需要同落后的社会生产之间的矛盾"转化为"人民日益增长的美好生活需要和不平衡不充分的发展之间的矛盾"，我们以提高人民群众的美好生活需要为创业目标，坚持以人民为中心，围绕人民对美好生活的需要目标，为人民群众提供更高质量的产品、更多的生态产品、更先进的技术、更完善的服务，与人民形成命运共同体。按照节能、节水、节地、节材、节矿等标准进行绿色生产；推行企业循环式生产、产业循环式组合、园区循环式改造，把传统的"资源—产品—废弃物"的线性增长模式转变为"资源—产品—废弃物—再生资源"的可持续发展模式；实现煤炭等化石能源清洁高效利用，大力发展非化石能源，建设近零碳排放区示范工程，为建设美丽中国添砖加瓦。

目录 / CONTENTS

>>> 第一篇　理论认识篇 <<<

▶▶▶ 第四篇 生态保护篇 ◀◀◀

❯❯❯ 第七篇　支撑体系篇 ❮❮❮

第一篇

理论认识篇

"美丽中国"是一个由自然、人类社会组成的复杂系统，既可以用文字来描述，也可以用指标体系来测度，本质特征是人与自然和谐共生。绿水青山是美，冰天雪地也是美。我国领土广袤，地理景观不一，不仅要天蓝地绿水清，更要追求人与自然和谐共生。我们要尊重自然、保护自然，坚持生态优先、绿色发展，让美丽成为"五位一体"中国式现代化建设中的重要标志之一。

第一章
"美丽中国"的内涵、测度与行动纲领

美丽中国，既可以是文学描述，也可以是科学测度；前者是哲学社会科学范畴，后者是自然科学范畴。从这个意义上说，美丽中国建设研究，需要自然科学和社会科学的集成，需要辩证的思维，需要将实践经验总结提升为理论，也需要以科学的理论指导实践，使理论和实践相互促进、相得益彰，《中共中央 国务院关于全面推进美丽中国建设的意见》成为未来建设实践的行动纲领。在美丽中国建设过程中不断丰富内涵与形态，并为清洁美丽的世界贡献中国智慧、中国方案和中国范例。

一、美丽中国的内涵特征

2012 年 11 月，面对资源约束趋紧、环境污染严重、生态系统退化的严峻形势，党的十八大提出了"建设美丽中国"的战略构想。美丽中国的概念提出后，众多学者讨论了其内涵特征与展示形态，可谓见仁见智。究其原因，因为美首先是精神层面的一种认知，既隐含生态良好之美，也体现绿色发展之美、和谐共生之美。

1. 美丽中国的内涵

生态环境之美，主要表现在天蓝、地绿、山青、水碧、环境宜居。这是人们对美丽中国的最直接期盼。人是自然的一部分，人的生存发展离不开自然界，自然界满足人类社会发展的基本需求。工业文明以来，随着科学技术突飞猛进，人类开始征服自然，大力攫取自然资源，肆意破坏生态环境，造成人与自然的矛盾冲突。改革开放以来，我国在经济发展取得令世人瞩目成就的同时，也出现了资源利用效率低、环境污染严重、生态系统退化等问题。面对这一现实，我们党提出"大力推动生态文明建设"的要求，"美丽中国"成为生态文明建设的重要目标之一。

自然界的多样性，不仅是自然之美的重要内涵，也给人们提供了生态服务的多样性。我们不能想当然地将不同地貌景观都建设成"绿水青山"。习近平总书记深刻指出："要牢固树立绿水青山就是金山银山、冰天雪地也是金山银山的理念。"这就明确了"绿水青山"的内涵与资源优势、生态优势有着本质上的一致性。

绿色发展之美，不仅在于山清水秀的自然环境，也在于中华民族的永续发展。这就要求我们必须具备整体意识和长远眼光，在满足我们这代人需求的同时，还要为后代人的生存和发展留有必要的资源和发展空间，以实现中华民族永续发展；不仅要考虑当代人的共同富裕，还要公平地对待子孙后代的发展。坚持生态优先、绿色发展，推进生态文明建设，不仅是为我们这代人谋福利，更是为子孙后代可持续发展奠定基础。这不仅体现了我们党对中国特色社会主义总体布局认识的不断深化，更体现了我们党造福子孙后代的长远战略眼光。

美丽中国，不仅要有自然之美，还要有社会包容、和谐和稳定。自然美，不仅有绿水青山，还有荒山秃岭；既包括大自然鬼斧神工的杰作和美丽的草原，供人们观光、休闲、陶冶情操，也包括戈壁大漠、波涛汹涌的大海，供人们探险猎奇、考验胆量、锻炼意志；不仅是一种优美宜居的自然环境，也是一种人与自然和谐共生的状态，更是一个经济、政治、社会、文化、生态文明建设融入的过程。美丽中国建设，必须以生态文明建设为路径，建设资源节约型、环境友好型社会。

党的十九大报告指明了"美丽中国"建设方针，"美丽"成为中国特色社会主义现代化强国目标之一，"坚持人与自然和谐共生"被确定为新时代坚持和发展中国特色社会主义的十四条基本方略之一。2018年3月，第十三届全国人大第一次会议表决通过的《中华人民共和国宪法修正案》将"生态文明""美丽中国"等内容写入宪法；2018年5月，习近平总书记在全国生态环境保护大会讲话中提出生态文明建设的"六项原则"和"五个体系"。"美丽中国"的科学内涵日趋完整。

党的二十大为美丽中国建设擘画了新蓝图：我们要推进美丽中国建设，坚持山水林田湖草沙一体化保护和系统治理，统筹产业结构调整、污染治理、生态保护、应对气候变化，协同推进降碳、减污、扩绿、增长，推进生态优先、节约集约、绿色低碳发展。一个天蓝、地绿、水清的美丽中国与我们渐行渐近。

2. 美丽中国的考察维度

"美丽中国"，回答了让谁变美、怎样变美等问题，内含生态文明建设的价值理念，以及新时代应该塑造与弘扬的伦理与道德，不仅具有审美意义，也是先进文化的具体体现。即"美丽中国"可以从关系维度、价值维度和文化维度加以考察。①

"美丽中国"的关系维度。"美丽中国"包含两部分：一是让谁变美，即美的对象问题；二是怎样变美，即美的路径问题。美的对象是"中国"，广义的"美丽中国"是美丽的人、美丽的社会和美丽的自然，人与自然和谐共生。党的二十大报告指出："大自然是人类赖以生存发展的基本条件。尊重自然、顺应自然、保护自然，是全面建设社会主义现代化国家的内在要求。"随着我国生产力的快速发展与物质产品的不断丰富，

①卢艳芹：《"美丽中国"的三个维度》，《光明日报》2018年1月24日。

物质不再是人们的唯一需求，人们开始越来越多地关注和思考人的价值与幸福感、自然价值与长久繁荣等一系列精神追求与归属问题。"美丽中国"的提出源于公众对中国发展和自身生活的审美需求，反映了社会主义生态文明建设中的主体变化，人们从关注物质需求转变为关注审美需求和审美能力。从审美意义上看，人要提升自身的素养，包括文化、行为、言表、觉悟等方面，其中"善"是灵魂与红线，文化是核心。自在自然之美表现为生态系统的多样性、稳定性与持续性。人为自然容易在人的直接利益驱使下与自在自然发生冲突，因而需要人与人和谐共处，人与社会互融互通，实现审美意义上的人为自然与自在自然的统一。

"美丽中国"的价值维度。"美丽中国"目标设定体现了人们对"美的生活"的向往与追求。"美丽中国"作为生态文明建设目标，是人们在一定的物质文明、社会发展基础上对精神文化的美好追求，是美的价值形态和幸福生活的实现路径。"美丽中国"主体是人，受益者也是人，应以整体的视野审视人与人、人与社会、人与自然的关系。在这一过程中，和谐是路径，协同是手段，共同进步是目标。"美丽中国"的物质形态是生产力发展水平。幸福是物质丰富与精神愉悦的有机统一，建立在单纯追求物质丰富基础上的幸福是不完整的，也是不可持续的。改革开放带来社会生产力的迅速释放，也使经济发展与资源环境、物质享受与精神追求之间的矛盾凸显。"美丽中国"建设要将"物质美"与"精神美"统一起来，将美的形式与内容统一起来，让中国变得物质富饶、环境优美、人与自然和谐、人与人和善，既强调变美的过程，更要突出美的结果。生物多样性是"美丽中国"基点，要把自然生态系统中最重要、自然景观最独特、自然遗产最精华、生物多样性最富集的区域划入国家公园加以合理全面保护。而人的全面发展是"美丽中国"的最高价值目标。

"美丽中国"的文化维度。美不仅是人类行为的表现，也是人类文化的表现。生态文化是"美丽中国"的文化形态，包含多层次的内涵，涉及伦理、价值观、科技、教育、艺术、美学等范畴，是生态学和谐共生的物质关系在文化上的体现。"美丽中国"倡导新的生产生活方式，不仅是一种社会理念，更是一种价值观念，要求从人与自然和谐的高度规划和审视发展方式与目标，从更深层次上提升人类的生存质量。人与自然和谐共生作为"美丽中国"建设的核心价值理念，体现为人与自然和谐共生的价值观、人与自然和谐相处的伦理、生态技术主导的科技、人与自然主体间的教育、体现自然之美与人文和谐之美的艺术、人与自然共同体视域下的美学理念等方面。事实上，无论哪个领域都需要以和谐与协同的价值理念为导向，而这正是生态文化的主要内容。"美丽中国"是物质文明与精神文明的共建共享，是置于一定器物形式上的意识提升，其实质是文化的进步和对文明的超越。

美丽中国建设，应建立在自然美好、社会进步、人的全面发展的有机统一基础之上。自然维度上，建设"自然美"，恢复并保护自然生态系统平衡，打造更多自然优美的景观。社会维度上，形成"社会美"，建立社会体系、社会结构与社会观念的生态化。人的维度上，实现"人美"，关注人民对优美生态的诉求，满足人民日益增长的美好生活需要。

3. 美丽中国的内涵演进

从原始文明、农业文明、工业文明到生态文明，人类对美丽的认知发生深刻变化，美丽中国的内涵也在发生变化（见图1-1）[1]。

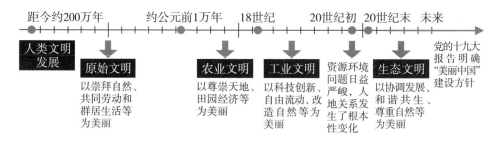

图1-1 人类文明的历史演进

---

① 秦昌波、苏洁琼、肖旸、熊善高、万军：《美丽中国建设评估指标库设计与指标体系构建研究》，《中国环境管理》2022年第14卷第6期，第42-54页。

在原始文明阶段，以崇拜自然、共同劳动和群居生活等为美丽，狩猎与采集者均是"自然界中的人"，人适应自然以求生存；在农业文明阶段，以尊崇天地、田园经济等为美丽，出现城镇、城市及私有制，人类生产活动以利用和强化自然过程为主；在工业文明阶段，以科技创新、自由流动、改造自然等为美丽，社会生产力得到空前发展，人与地关系发生根本性变化，资源环境生态问题日益严峻，人成为"与自然对抗的人"；在生态文明阶段，以协调发展、和谐共生、尊重自然等为美丽，人与自然和谐共生成为价值追求。

人与自然关系是永恒的哲学主题。马克思和恩格斯在论及人与自然关系时，揭示了人的逐利行为对自然系统的破坏，阐述了和谐关系的极端重要性。马克思、恩格斯认为，人与自然共生共存，是一个有机的统一体。其中，人不仅是自然存在物，还是"最名副其实的社会动物"。马克思、恩格斯关于人与自然关系的理论，对建设美丽中国具有思想启迪作用和现实意义。

人与自然关系是人类社会的最基本关系。自然是生命之母，人因自然而生，人与自然是生命共同体。中华文明上下五千年，早就形成质朴睿智的自然观。"不违农时，谷不可胜食也；数罟不入洿池，鱼鳖不可胜食也；斧斤以时入山林，材木不可胜用也""草木荣华滋硕之时，则斧斤不入山林，不夭其生，不绝其长也；鼋鼍、鱼鳖、鳅鳝孕别之时，罔罟、毒药不入泽，不夭其生，不绝其长也"等，强调"天人合一"，强调人类文明要与自然联系起来，人要按照大自然规律活动，表明先人对处理人与自然关系的重要认识，为建设人与自然和谐共生的美丽中国提供了重要思想启迪。

人类经济社会系统与自然生态系统存在一个交互作用、相互渗透的过程。人类社会经历了原始文明、农业文明和工业文明阶段，正进入生态文明阶段；不同阶段的人地系统反映人与人、人与地、地与地之间的协调程度。人地关系，是自人类起源以来就存在的客观本源关系、共生伴生关系和主体客体关系，人类开发利用自然时要与自然保持协调和共生关系。人与人的和谐共生关系，强调在开发利用自然过程中，人与人之间保持和睦与协调，不能把自然界作为人与人之间获取利益的对象；人与地和谐共生关系，强调人类在开发利用自然过程中，不能超越自然界的承载能力和阈值，保持自然与人类之间的协调共生；地与地共生关系，强调人类利用自然时要保持自然环境之间的生态平衡与协调共生，不能以牺牲一个地区的生态环境为代价，达到优化另一地区的生态环境的目的。人与人、人与地、地与地之间的和谐共生关系，是美丽中国建设中需要重点协调的关系，是美丽中国建设的理论基础，是美丽中国建设的主要宗旨和核心目标，也是建设美丽中国的具体实践路径。

在吸收中华优秀传统文化基础上形成的习近平生态文明思想，深刻回答了为什么建设生态文明、建设什么样的生态文明、怎样建设生态文明等重大理论和实践问题，深刻阐述了人与自然和谐共生的内在规律和本质要求，是对以资本为中心、物质主义膨胀、先污染后治理的现代化道路的批判与超越，深化了马克思主义关于人与自然、生产和生态辩证统一关系的认识。美丽中国作为生态文明建设的目标之一，形象而充分地表达了中国特色社会主义现代化道路的全新境界。

党的十九大报告提出，到 2035 年"生态环境根本好转，美丽中国目标基本实现"。全面建成富强民主文明和谐美丽的社会主义现代化强国，是我国第二个百年奋斗目标，其中美丽中国建设是重要的组成部分。

党的二十大报告指出，要以中国式现代化全面推进中华民族伟大复兴。在中国式现代化的五个特征中，人与自然和谐共生是其中之一。习近平总书记指出，尊重自然、顺应自然、保护自然，是全面建设社会主义现代化国家的内在要求。我们必须站在人与自然和谐共生的高度谋划发展。

随着人们生活水平的提高、生活条件的改善，生态环境在人们心中的地位不断提高。坚持生态惠民、生态利民、生态为民，让老百姓吃得放心、住得安心，为老百姓留住鸟语花香、田园风光，既是让群众共享发展成果的必然要求，也是增进民生福祉的应有之义。从"盼温饱"到"盼环保"，从"求生存"到"求生态",人们期盼享有更加优美的生态环境,希望享受更多优质的生态产品,让越来越多的河湖能水清岸绿、鱼翔浅底。空气清新,抬头有蓝天,出门有公园,散步有绿道,在城市感受四季光阴变化,在乡村体验山水田园风光,成为幸福生活的组成部分。

从内在逻辑看,"美丽中国"是一个由自然生态系统、社会经济系统组成的人地关系系统。自然系统,包括山、水、林、田、湖、草、沙、海、天等自然要素,是人类赖以生存和发展的支撑系统;社会经济系统,以人为核心,包括社会、经济、教育、科学技术等要素。二者相互影响、相互作用,良性循环的自然生态系统是建设"美丽中国"的前提与基础,支撑与约束着社会经济系统演化;高效有序的社会经济系统是"美丽中国"建设的保障,干预并调控自然生态系统的演化。只有当这些要素之间、系统之间处于良性循环、协调发展时,"美丽中国"、人地关系才会处于可持续演化态势,才能建成"美丽中国"(见图1-2)。

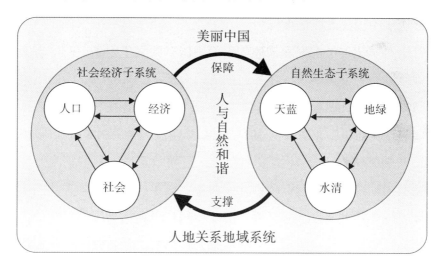

图1-2 "美丽中国"的逻辑框架

生态环境就是发展环境,生态质量就是生活质量。一座生态宜居、绿意盎然的城市,对企业、人才更具吸引力,能吸引来更多投资和资源。生态向好,生活向上,发展向前,持续变好的宜居环境,既为城市居民营造了触手可及的幸福生活,也会让城市成为吸引人才和产业的"强磁场"。

这样发展才有后劲，城市才有活力，幸福生活和可持续发展才有支撑。

青山就是美丽，蓝天也是幸福。绿水逶迤，青山相向，草木繁盛，花鸟为邻。田园般的诗意，凝聚着人们对绿色美好生活的共同向往和追求。

美好的生活，从来不止于经济，还在于舒适的人居环境、普惠的生态产品。让森林走进城市，让绿色遍布乡村，让河湖扮靓山川，祖国山河闪耀着更加悦目的颜色，未来生活将展现更加动人的图景。[①]

二、美丽中国建设的科学测度

美丽中国建设，既需要实实在在的行动，也需要建立科学测度和考评机制，以反映生态文明建设的进展状况。"有智不如乘势"，把握新形势，解决新问题，完成新任务，回应群众的热切期盼，推动我国生态文明建设再上新台阶。

1. 美丽中国建设评估指标

社会科学侧重于挖掘和描述"美丽中国"的文化内涵，而生态文明建设成效或进展定量评估这一任务，则需要自然科学来完成。美丽中国建设的评估指标体系，要反映什么是美丽中国（美丽中国的内容是什么）、为什么要建设美丽中国（意义何在）、怎么样建设美丽中国等重大问题。

面向 2035 年"生态环境根本好转，美丽中国目标基本实现"愿景，建立美丽中国建设评估指标体系并发布评估结果，对调动各方共同实现美丽中国目标非常重要也十分必要。美丽中国建设评估指标不仅要覆盖生态环境指标，更要覆盖人与自然关系指标，以反映人的主观能动性以及人与自然和谐共生关系的形成效果。

（1）指标体系设计原则及其讨论

美丽中国建设评估指标体系的设计，既要体现什么是美丽中国，也就

①《青山就是美丽　蓝天也是幸福——共同建设我们美丽的中国③》，《人民日报》2020 年 8 月 12 日，第 5 版。

是美丽中国建设的主要内容是什么，也要考虑数据的可获得性、权威性和唯一性等因素，不能因为行为主体的变化而出现颠覆性结果。美丽中国建设评估指标体系设计应遵循以下原则：

导向性原则。以美丽中国建设目标为导向，聚焦生态环境重点领域的指标，要体现前瞻性、战略性指标，既能充分反映美丽中国建设状态、成效与演变趋势，有效促进各地建设美丽中国的工作，也能引导和推动经济高质量发展与生态环境高水平保护的协同。

开展美丽中国建设评估，具有目标导向性，就是要客观评估美丽中国建设的整体进展情况，以便发挥"指挥棒"的作用，并及时调整政策措施和建设重点，以不断取得新进展。美丽中国建设目标具有多样性特点，管理者不仅需要了解进展的总体情况，还有其他方面的诉求。例如，"美丽"的地方需要吸引更多游客，将文旅产业培育为经济增长点之一；又如，"美丽中国"建设者要"有所得"，除中央财政转移支付外，碳减排的额外性指标可以作为"美丽中国"建设者收益的重要支付依据。由于评估目标的多样性，需要研究者在设计指标体系及其评估模型时采用分类分级评估，以便对症下药、分类施策。

科学性原则。评估指标体系应建立在科学基础上，既能客观反映美丽中国建设水平和进展，又要保证研究方法、资料和数据收集具有科学依据，还要确保数据可监测、可获取、可评估、可验证，以便在评估过程中对单项指标进行分解、转化、替代等。

数据的可获得是评估的前提。如果收集不到评估所需要的相关数据，就无法开展后续评估工作。自然科学研究需要第一手数据，主要通过实验等途径获得；而获得第一手数据需要投入大，工作量也大。社会科学则主要通过调研或数据引用，或采用相关文章中的二手数据建立指标体系并进行评估。

采用的数据要具有代表性、权威性，而且可更新，既可以是权威部门发布的数据，也可以是调研或问卷得到的数据。无论采取什么途径，数据都应是真实的，而不是编造的，否则会影响研究结论。当然，即使采自统计年鉴上的数据，也存在数据调整或修订问题，世界各国无一例外。如果是调研获得的数据，应有重现性。即这组数据张三可以获得，李四也同样能获得，不会因为行为主体的改变而出现颠覆性变化。

在建立指标体系时，还需要注意数据的非相关性；如果相关系数大，会带来相关数据的权重增加，分析得出的结果就需要特别考虑。例如，我国的低碳发展、低碳指标体系与能源效率之间存在明显的相关性，在选取指标时，就需要考量相关性指标的取舍。

动态性原则。应系统考虑不同阶段生态环境质量改善的连贯性，并根据各阶段生态环境治理重点进行适当增加或删减指标，对已完成的指标可以视具体情况予以剔除；可以根据实际情况设置特色指标，以提升各地开展美丽中国建设的积极性。与此相对应，相关指标体系应根据情况变化进行补充、修订和完善，以符合评估导向的需要。

总体上看，经过"十一五"到"十三五"三个五年规划的治理，我国生态环境质量发生了历史性、转折性、全局性转变。按照党的十九大、党的二十大的安排，再经过三个五年规划的努力，到 2035 年实现生态环境根本好转的美丽中国建设目标，生态环境质量改善将实现全局性、显著性、稳定性转变，进入良性循环的发展轨道，并得到全社会的广泛认可。

（2）指标体系的组成

围绕美丽中国建设评估指标体系、评估方案、评估方法等，学者开展了大量研究。如四川大学发挥多学科、综合性、高水平优势，成立了"美丽中国"课题组，设计了评估指标体系，包含生态之美、发展之美、治理之美、文化之美与和谐之美 5 个维度 53 项指标，体现了"五位一体"的本质要求。在生态维度中，分出生态质量、环境治理两类，包含 12 项指标；在经济维度中，分出环境友好、经济结构和发展绩效三类，包含 13 项指标；在政治维度中，分出环保行为和政治进步两类，包含 7 项指标；在文化维度中，分出文化传承、生产投入和文化消费三类，包含 10 项指标；在社会维度中，分出民生投入和生活质量两类，包含 11 项指标；即评估指标体系设置生态、经济、政治、文化、社会 5 项一级指标，12 项二级指标（指标体系框架见图 1-3），以实现人民"美好生活"和中华民族伟大复兴这两个宏伟奋斗目标，并推出《美丽中国省会及副省级城市建设水平（2012）研究报告》。

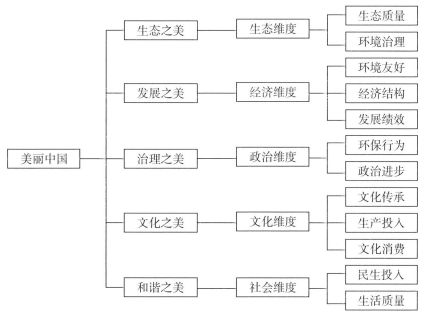

图 1-3 指标体系框架

方创琳等构建了包括生态环境、绿色发展、社会和谐、体制完善、文化传承等维度的评估指标体系，运用联合国人类发展指数测评方法，对 2016 年中国 341 个地级市（州）美丽中国建设成效进行了科学评估。

高峰等（2019 年）构建了以联合国 2030 年可持续发展目标为基础，以地球大数据、网络数据及统计数据等多源支撑的美丽中国评价指标体系。在梳理国际上与可持续评价相关的 40 余个高影响力指标体系，融合联合国可持续发展目标（SDGs）指标基础上，筛选了资源、环境、社会、经济 4 个维度的相关指标，遵循"思想概念化、概念指标化、指标计算化、计算精准化"构建理念，以及综合性、全面性、系统性、针对性和精准性原则，从"天蓝、地绿、水清、人和"4 个维度出发（表 1-1），构建了包含 12 个目标的美丽中国评价指标体系。

表 1-1　美丽中国的评价指标

目标	概念特征
天蓝	优良的大气环境、合理的能源结构
地绿	稳定和持续改善的陆地生态系统，安全的土壤环境
水清	保障生存和发展的充足水资源量、优良的水质、健康的水生态系统
人和	和谐、稳定、包容的社会体系，保障生态文明建设的法律和行动

"天蓝"维度评价指标。基于"天蓝"的概念界定与内涵，综合考虑 SDG3、SDG7 和 SDG11 指标，以及国内一系列的空气污染防治、气候变化应对的相关政策措施，"天蓝"指标分为 3 个维度 9 个指标。其中，空气清新包括地级及以上城市细颗粒物（PM2.5）浓度、地级及以上城市可吸入颗粒物（PM10）浓度、地级及以上城市空气质量优良天数比例 3 个指标。

"地绿"维度评价指标。基于"地绿"的概念界定与内涵，综合考虑 SDG11 和 SDG15 的指标，以及国内一系列的土壤环境治理、生态系统保护的相关政策措施，将"地绿"指标分为 3 个维度，选取 12 个评价指标。土壤安全包括受污染耕地安全利用率、污染地块安全利用率、农膜回收率、化肥利用率、农药利用率 5 个指标。

"水清"维度评价指标。基于"水清"的概念界定与内涵，综合考虑 SDG6 具体指标，以及国内一系列水资源管理、水污染防治的相关政策措施，将"水清"指标分为 3 个维度，选取 13 个评价指标。水体洁净包括地表水水质优良（达到或好于Ⅲ类）比例、地表水劣Ⅴ类水体比例、地级及以上城市集中式饮用水水源地水质达标率 3 个指标。

"人和"维度评价指标。基于人和的概念界定与内涵，综合考虑 SDG6 和 SDG15，以及国内现行的一系列和谐社会、美丽乡村、宜居城市评价和脱贫攻坚相关政策措施，将"人和"指标划分为 3 个维度，选取

9个评价指标。[①]

"美丽中国"是一个由自然系统、社会经济系统组成的复杂系统，系统各要素、子系统间的良好运行和协调高效发展是实现美丽中国建设目标的关键。王金南等在分析美丽中国建设历程和地方实践的基础上，提出美丽中国建设目标指标体系及其主要指标目标值。[②]

秦昌波等在《美丽中国建设评估指标库设计与指标体系构建研究》一文中，深入分析了美丽中国建设的思想内涵、理论基础和实践认识，提出美丽中国建设重点内容应突出绿色低碳、环境优良、生态良好、环境健康、生活环境等5个领域。在此基础上明确了美丽中国建设评估指标库设计要考虑美丽中国建设主要领域、重点聚焦生态环境、衔接有关方面指标体系、充分吸收地方开展美丽中国建设评估指标体系等4个方面思路，提出指标库设计要遵循战略导向性、科学合理性和动态差异性等3个方面的原则，构建了5大领域10个维度51项具体评估指标的美丽中国建设评估指标库，最后提出通过剔除、替换、新增等3个阶段指标筛选技术步骤，指导各地构建美丽中国建设评估时的指标体系。[③]

国家发展改革委2020年发布的美丽中国建设评估指标体系，包含空气清新、水体洁净、土壤安全、生态良好和人居整洁等领域，详见下表。

表1-2 美丽中国建设评估指标体系

评估指标	序号	具体指标（单位）	数据来源
空气清新	1	地级及以上城市细颗粒物（$PM_{2.5}$）浓度（微克/立方米）	生态环境部
	2	地级及以上城市可吸入颗粒物（PM_{10}）浓度（微克/立方米）	

①高峰、赵雪雁、宋晓谕：《面向SDGs的美丽中国内涵与评价指标体系》，《地球科学进展》2019年第34卷第3期。

②王金南、秦昌波、苏洁琼、熊善高：《美丽中国建设目标指标体系设计与应用》，《环境保护》2022年第50卷第8期。

③秦昌波、苏洁琼、肖旸、熊善高、万军：《美丽中国建设评估指标库设计与指标体系构建研究》，《中国环境管理》2022年第14卷第6期。

续表

评估指标	序号	具体指标（单位）	数据来源
空气清新	3	地级及以上城市空气质量优良天数比例（%）	生态环境部
水体洁净	4	地表水水质优良（达到或好于Ⅲ类）比例（%）	生态环境部
	5	地表水劣Ⅴ类水体比例（%）	
	6	地级及以上城市集中式饮用水水源地水质达标率（%）	
土壤安全	7	受污染耕地安全利用率（%）	农业农村部、生态环境部
	8	污染地块安全利用率（%）	生态环境部、自然资源部
	9	农膜回收率（%）	农业农村部
	10	化肥利用率（%）	
	11	农药利用率（%）	
生态良好	12	森林覆盖率（%）	国家林草局、自然资源部
	13	湿地保护率（%）	
	14	水土保持率（%）	水利部
	15	自然保护地面积占陆域国土面积比例（%）	国家林草局、自然资源部
	16	重点生物物种种数保护率（%）	生态环境部
人居整洁	17	城镇生活污水集中收集率（%）	住房城乡建设部
	18	城镇生活垃圾无害化处理率（%）	
	19	农村生活污水处理和综合利用率（%）	生态环境部
	20	农村生活垃圾无害化处理率（%）	住房城乡建设部
	21	城市公园绿地500米服务半径覆盖率（%）	
	22	农村卫生厕所普及率（%）	农业农村部

注：引自国家发展改革委《关于印发〈美丽中国建设评估指标体系及实施方案〉的通知》，国家发展改革委，2020年2月28日。

2. 美丽中国建设相关评估指标体系及其评述

一方面，有关部委和地方围绕美丽中国、生态文明、绿色发展等发布了评估指标体系，覆盖美丽中国建设的主要内容。例如，2016年国家发展改革委会同国家统计局、原环境保护部、中共中央组织部等部门联合印发了《绿色发展指标体系》《生态文明建设考核目标体系》。《绿色发展指标体系》构建了包括资源利用、环境治理、环境质量、生态保护、增长质量、绿色生活、公众满意度等7个领域的56项具体指标；《生态文明建设考核目标体系》构建了包括资源利用、生态环境保护、年度评价结果、公众满意程度和生态环境事件5个目标类别23项子目标的生态文明建设考核目标体系。

2019年，生态环境部印发《国家生态文明建设示范市县建设指标》，以全面构建生态文明建设体系为重点，构建了生态空间、生态保护、生态经济、生态生活、生态文化、生态制度等6个领域40项指标。

造林成效评价则以技术规程形式发布。《造林技术规程》（GB/T 15776-2016代替GB/T 15776-2006）中的造林成效评价原则是：一要分别无林地造林、林冠下造林和四旁植树评定造林成效。二是造林一年或一个完整的生长季后进行年度造林质量评价，造林3—5年后进行造林成效评价。三是以小班为评价单元，以行政区划单位或造林工程项目实施单位为造林结果评定单位。四是依据造林区域基本情况，分区域确定评价标准。旱区、高寒区、热带亚热带岩溶地区、干热（干旱）河谷地区造林成效评价实施有效造林标准。该技术规程2023年5月23日废止，代之以GB/T 15776-2023。

从有关省份和城市开展美丽中国建设指标体系看，美丽浙江、美丽江苏、美丽山东、美丽杭州、美丽深圳、美丽烟台等的指标体系包含4—8个领域40多项指标。

总之，美丽中国建设重点在绿色低碳、环境优良、生态良好、环境健康、生活环境等5个领域，要充分衔接有关方面指标体系、充分吸收地方指标体系的设计思路，综合考虑指标体系设计要遵循的战略导向性、科学合理性和动态性原则，构建5大领域10个维度51项评估指标的美丽中国建设评估指标体系。

此外，已有评估指标体系仍需完善。相关研究未能深入解析美丽中国建设评估指标及其内涵之间的关系，对我国地域差异和区域特色考虑不足，构建什么样的评估指标体系更能体现美丽中国建设目标，如何指导各地构建美丽中国建设评估指标体系等问题也存在较大争议，亟须在挖掘美丽中国建设内涵基础上，科学建立美丽中国建设评估指标体系，以便合理监测评估美丽中国建设水平，识别存在问题与差距，切实推动美丽中国建设。

就现有评估指标体系的评价结果看，无论是绿色发展指标体系、还是生态文明建设评估指标体系，抑或是美丽中国建设评估指标体系，均可以反映我国在绿色发展或生态文明建设方面取得的进展，且这种进展是整体的。由于生态文明建设的目标之一是美丽中国，评估美丽中国建设，与生态文明建设评估具有异曲同工之效；从现有指标体系的评估结果看，也体现了我国绿色发展的整体进展。

在调研中我们发现，云南、广东等地方提出了"绿美"的概念。其含义是，不仅要提高植被覆盖率，要让"地变绿"，而且还要给人们增加"美"的感受。

要让"美丽中国"建设者有所得，还要通过利用优美的生态环境来发展文旅产业，或者通过发展碳汇产业来提高相关者的收入；无论是公共财政转移支付，还是碳信用交易，均对美丽中国建设评估指标体系提出了新的要求。如果现在评估指标体系的评估结果是"整齐划一"的，则满足文旅产业发展的要求是"点"状或"线"状"变美"，并能由"美"变现，实现经济效益、社会效益和环境效益的有机统一。

满足美丽中国建设的特殊评估要求，应该有特殊的评估指标体系和评估模型。从理论上看，可以采用专家乃至旅游者"打分"的方式，评价某个地方的"美丽"与否及其"变美丽"的程度，以确定是否值得去"观光"；如果地方希望解决"美丽地方"建设者的"有所得"，既可以发展旅游等"富民"产业，又可以寻求更多的途径，详见"绿水青山就是金山银山"的实现途径部分。

三、《中共中央　国务院关于全面推进美丽中国建设的意见》是行动纲领

《中共中央 国务院关于全面推进美丽中国建设的意见》（以下简称《意见》）于 2024 年 1 月 11 日印发，是美丽中国建设的纲领性文件。全文包含 10 个方面共 33 条，将建设美丽中国作为全面建设社会主义现代化国家的重要目标，对美丽中国建设目标路径、重点任务和重大政策进行细化分解。对我国统筹产业结构调整、污染治理、生态保护，应对气候变化，协同推进降碳、减污、扩绿、增长，以高品质生态环境支撑高质量发展，加快形成以实现人与自然和谐共生现代化为导向的美丽中国建设新篇章，筑牢中华民族伟大复兴的生态根基具有重大意义。

美丽中国建设任重道远。我国经济社会发展进入绿色化、低碳化、智能化的高质量发展阶段，而资源压力较大、环境容量有限、生态系统脆弱的国情没有变，生态环境保护结构性、根源性、趋势性压力尚未根本缓解，经济社会发展绿色转型内生动力不足，生态环境质量稳中向好的基础还不牢固，污染物和二氧化碳等温室气体排放总量仍居高位，部分区域生态系统退化趋势尚未根本扭转，生态文明建设处于压力叠加、负重前行关键期。迈向全面建设社会主义现代化国家新征程，要保持加强生态文明建设的战略定力，坚定不移走生产发展、生活富裕、生态良好的文明发展道路，建设天蓝、地绿、水清的美好家园。

美丽中国建设目标明确。围绕优化国土空间开发保护格局、统筹推进重点领域绿色低碳发展、持续深入打好蓝天保卫战、持续深入打好碧水保卫战、持续深入打好净土保卫战等内容，《意见》设定，到 2027 年，绿色低碳发展深入推进，主要污染物排放总量持续减少，生态环境质量持续

提升，国土空间开发保护格局得到优化，生态系统服务功能不断增强，城乡人居环境明显改善，国家生态安全有效保障，生态环境治理体系更加健全，形成一批实践样板，美丽中国建设成效显著。到2035年，广泛形成绿色生产生活方式，碳排放达峰后稳中有降，生态环境根本好转，国土空间开发保护新格局全面形成，生态系统多样性稳定性持续性显著提升，国家生态安全更加稳固，生态环境治理体系和治理能力现代化基本实现，美丽中国目标基本实现。展望本世纪中叶，生态文明全面提升，绿色发展方式和生活方式全面形成，重点领域实现深度脱碳，生态环境健康优美，生态环境治理体系和治理能力现代化全面实现，美丽中国全面建成。

美丽中国建设重点突出。《意见》提出以下重点任务：一是加快发展方式绿色转型。优化国土空间开发保护格局，完善全域覆盖的生态环境分区管控体系。有计划分步骤实施碳达峰行动，开展减污降碳协同创新试点，积极稳妥推进碳达峰碳中和。统筹推进重点领域绿色低碳发展。二是持续深入推进污染防治攻坚。持续深入打好蓝天保卫战，以细颗粒物控制为主，大力推进多污染物协同减排。持续打好碧水保卫战，统筹水资源、水环境、水生态治理，持续推进重点海域综合治理，建设美丽河湖、美丽海湾。持续深入打好净土保卫战，深入打好农业农村污染治理攻坚战。强化固体废物和新污染物治理。加快实施减污降碳协同、生态保护修复等重大工程。三是提升生态系统多样性稳定性持续性。全面推进以国家公园为主体的自然保护地体系建设，加强生态保护修复监管制度建设。实施山水林田湖草沙一体化保护和系统治理，推行草原森林河流湖泊湿地休养生息。实施生物多样性保护重大工程。四是守牢美丽中国建设安全底线。健全国家生态安全法治体系、战略体系、政策体系、应对管理体系。确保核与辐射安全，加强生物安全管理，大力提升适应气候变化能力，有效应对气候变化不利影响和风险。五是打造美丽中国建设示范样板。建设美丽中国先行区。推进以绿色低碳、环境优美、生态宜居、安全健康、智慧高效为导向的美丽城市建设。统筹推动乡村生态振兴和农村人居环境整治，建设美丽乡村。六是开展美丽中国建设全民行动。倡导简约适度、绿色低碳、文明健康的生活方式和消费模式。持续开展"美丽中国，我是行动者"系列活动。七是健全美丽中国建设保障体系。强化激励政策措施，加强财税、金融、价格支持。加强科技支撑，实施生态环境科技创新重大行动。

行动与工程确立。两者是《意见》中的高频词，分别出现25次和20次。其中部署的行动包括：碳达峰行动，绿色、清洁、零碳引领行动，国家节水行动，资源综合利用提质增效行动，噪声污染防治行动，土壤污染源头防控行动，新污染物治理行动，大规模国土绿化行动，生态系统碳汇能力巩固提升行动，长江珍稀濒危物种拯救行动，区域适应气候变化行动，城市更新行动，美丽乡村示范县建设行动，美丽中国建设全民行动，国家环境守法行动。而部署的工程包括：清洁生产水平提升工程，源头替代工程，全国自然生态资源监测评价预警工程，重要生态系统保护和修复重大工程，山水林田湖草沙一体化保护和修复工程，生物多样性保护重大工程，环境应急基础能力建设工程，市县生态环境队伍专业培训工程，生态环境信息化工程，减污降碳协同工程，环境品质提升工程，生态保护修复工程，现代化生态环境基础设施建设工程。

激励政策等制度安排。一揽子激励政策由《意见》提出，以调动各方面共建共享美丽中国的积极性、主动性和创造性。改革创新方面，推行重点行业企业污水治理与排放水平绩效分级；加快构建环保信用监管体系；完善以农业绿色发展为导向的经济激励政策，支持化肥农药减量增效和整县推进畜禽粪污收集处理利用。市场机制方面，把碳排放权、用能权、用水权、排污权等纳入要素市场化配置改革总盘子；综合考虑企业能耗、环保绩效水平，完善高耗能行业阶梯电价制度；健全生态产品价值实现机制。公众参与方面，探索建立"碳普惠"等公众参与机制；鼓励园区、企业、社区、学校等单位开展绿色、清洁、零碳引领行动。科技支撑方面，创新生态环境科技体制机制，构建市场导向的绿色技术创新体系；建设生态环境领域大科学装置和重点实验室、工程技术中心、科学观测研究站等创新平台。

美丽中国建设组织落实。一是加强党的领导，坚持和加强党对美丽中国建设的全面领导，完善中央统筹、省负总责、市县抓落实的工作机制，制定地方党政领导干部生态环境保护责任制规定，建立覆盖全面、权责一致、奖惩分明、环环相扣的责任体系。二是压实工作责任，制定分领域行动方案，建立工作协调机制，加快形成美丽中国建设实施体系和推进落实机制，推动任务项目化、清单化、责任化，加强统筹协调、调度评估和监督管理。三是强化宣传推广，推进生态文明教育纳入干部教育、党员教育、国民教育体系，通过多种形式加强生态文明宣传，发布美丽中国建设白皮书。四是开展成效考核，适时将污染防治攻坚战成效考核过渡到美丽中国建设成效考核，以切实手段有效巩固建设成果。

第二章
美丽中国建设的本质要求是人与自然和谐共生

党的二十大报告总结了近十年来生态文明建设的成就，部署了未来五年乃至更长时间内的战略任务，将建设人与自然和谐共生的美丽中国放到了显著位置。本部分简要总结了党的十八大以来的生态文明建设和生态环境保护成就，为中国式现代化增色添彩，并提出为建设美丽中国、实现中华民族伟大复兴不懈努力的建议。

一、美丽中国建设是我们党长期探索追求的目标

习近平总书记指出："我们要建设的现代化是人与自然和谐共生的现代化，既要创造更多物质财富和精神财富以满足人民日益增长的美好生活需要，也要提供更多优质生态产品以满足人民日益增长的优美生态环境需要。"中国式现代化，可以理解为中国特色社会主义现代化强国的简称，是中国共产党领导的现代化，与"全面建成富强民主文明和谐美丽的社会主义现代化强国"目标相衔接。①

---

① 周宏春：《让人与自然和谐共生为中国式现代化添彩》，《中国环境报》2022 年 10 月 25 日，第 3 版。

中华民族的现代化，是清末民初以来众多仁人志士的努力方向。中国现代化的探索，以新中国成立为界可分为两个时期。新中国成立前又可以分为两个阶段，第一阶段从鸦片战争至辛亥革命，洋人以坚船利炮打开中国大门后，中国致力于物质层面的现代化，一大批仁人志士开始了中华民族的现代化探索，提出"师夷长技以制夷""洋为中用""实业兴国"等口号。甲午中日战争失败后，试图进行制度层面的改革，但没有成功。第二阶段从辛亥革命到新中国成立，中国致力于按西方模式建立现代国家，最终在理论上和实践上都没有找到正确的道路。①

新民主主义革命时期，以毛泽东同志为代表的中国共产党人，带领全国人民浴血奋战、百折不挠，成立中华人民共和国，实现了从封建专制政治向人民民主的伟大飞跃。面对"一穷二白"的局面以及西方国家的经济封锁，"中国的经济遗产是落后的，但是中国人民是勇敢而勤劳的，中国人民革命的胜利和中华人民共和国的建立，中国共产党的领导，加上世界各国工人阶级的援助，其中主要是苏联的援助，中国经济建设的速度将不是很慢而可能是相当地快的，中国的兴盛是可以计日程功的。""20世纪50年代末，毛泽东曾提出：社会主义这个阶段，又可分为两个阶段，第一个阶段是不发达的社会主义，第二个阶段是比较发达的社会主义。在1962年七千人大会上，毛泽东科学分析我国国情后指出：中国的人口多、底子薄，经济落后，要使生产力很大地发展起来，要赶上和超过世界上最先进的资本主义国家，没有一百多年的时间，我看是不行的。"②党领导人民建立起比较完整的工业体系和国民经济体系，农业生产条件显著改变，教

---

① 姜慧梓：《"中国式现代化"是怎样的"现代化"？》，《新京报》2022年10月17日。

② 刘学礼、孙迪：《牢牢把握社会主义初级阶段的基本国情》，《求是》2017年12月1日。

育、科学、文化、卫生、体育事业有很大发展，实现了人口众多的东方大国大步迈进社会主义社会的伟大飞跃。

"中国特色"最初由邓小平同志提出。1979 年 3 月，邓小平在会见英中文化协会执行委员会代表团时说："我们定的目标是在本世纪末实现四个现代化。我们的概念与西方不同，我姑且用个新说法，叫做中国式的四个现代化。"1987 年，党的十三大系统阐述了社会主义初级阶段，"特指我国在生产力落后、商品经济不发达条件下建设社会主义必然要经历的特定阶段。我国从五十年代生产资料私有制的社会主义改造基本完成，到社会主义现代化的基本实现，至少需要上百年时间，都属于社会主义初级阶段"。1987 年 4 月，邓小平指出："中国搞现代化，只能靠社会主义，不能靠资本主义。"党的十三大指出，我国经济建设的战略部署分"三步走"：第一步，实现国民生产总值比 1980 年翻一番，解决人民的温饱问题，这个任务已经基本实现。第二步，到 20 世纪末，使国民生产总值再增长一倍，人民生活达到小康水平。第三步，到 21 世纪中叶，人均国民生产总值达到中等发达国家水平，人民生活比较富裕，基本实现现代化。不仅明确了实现现代化的分阶段目标，还以人民切身感受的生活水平（即温饱—小康—富裕）作为现代化的发展阶段。

江泽民同志在中国共产党成立 80 周年庆祝大会上的讲话，在强调实施可持续发展战略、正确处理经济发展同人口资源环境关系的基础上，提出了一系列时至今日已富含新时代生态文明建设深刻内涵的新表述，如"促进人和自然的协调与和谐""使人们在优美的生态环境中工作和生活""努力开创生产发展、生活富裕和生态良好的文明发展道路"。2002 年 3 月，在中央人口资源环境工作座谈会上，江泽民同志又指出："发展不仅要看经济增长指标，还要看人文指标、资源指标、环境指标。"这表明，中国式现代化之路，也已由传统粗放型发展之路转向资源节约型、环境友好型发展之路。

2003 年 7 月，以胡锦涛同志为代表的中国共产党人提出："坚持以人为本，树立全面、协调、可持续的发展观，促进经济社会和人的全面发展。"同年 10 月，党的十六届三中全会提出"五个统筹"战略：统筹城乡发展、统筹区域发展、统筹经济社会发展、统筹人与自然和谐发展、统筹国内发展和对外开放，为全面建设小康社会提供体制保障。2004 年 9 月，党的十六届四中全会提出了"我们所要建设的社会主义和谐社会，应该是民主法治、公平正义、诚信友爱、充满活力、安定有序、人与自然和谐相处的社会"，"人与自然和谐"成为和谐社会的重要表征①。2005 年 10 月，党的十六届五中全会提出"加快建设资源节约型、环境友好型社会"的目标，表明我们党对建设什么样的社会主义、实现什么样的社会主义现代化、实现什么样的发展，整体认识在持续深化。

党的十八大以来，以习近平同志为核心的党中央高瞻远瞩，全面把握中华民族伟大复兴战略全局和世界百年未有之大变局，强调实现社会主义现代化和中华民族伟大复兴是坚持和发展中国特色社会主义的总任务，是新时代坚持和发展中国特色社会主义的战略性、根本性任务。习近平总书记明确指出："当代中国的伟大社会变革，不是简单延续我国历史文化的母版，不是简单套用马克思主义经典作家设想的模板，不是其他国家社会主义实践的再版，也不是国外现代化发展的翻版。"2017 年，习近平总书记在党的十九大上强调，全党要牢牢把握社会主义初级阶段这个基本国情，牢牢立足社会主义初级阶段这个最大实际，牢牢坚持党的基本路线这个党和国家的生命线、人民的幸福线。

---

① 吴阳：《我看中国式现代化⑤｜专访周宏春：人与自然和谐共生，提升了中国式现代化的哲学意蕴》，《成都商报》2022 年 11 月 2 日。

总之，经过党的第一代领导人提出的"四个现代化"、党的十一届三中全会决定把党的工作重点转移到社会主义现代化建设上来、党的十五届五中全会提出全面建设小康社会目标的探索，建设社会主义现代化国家始终是历次党的重要会议上的重大课题。[①] 党的十九届六中全会指出，"党领导人民成功走出中国式现代化道路，创造了人类文明新形态，拓展了发展中国家走向现代化的途径，给世界上那些既希望加快发展又希望保持自身独立性的国家和民族提供了全新选择"。所有这些表明，中国共产党人对中国式现代化的认识是不断升华的。

2021 年 7 月 1 日，习近平总书记在"七一"重要讲话中指出，"我们坚持和发展中国特色社会主义，创造了中国式现代化新道路，创造了人类文明新形态"。在党的第二十次全国代表大会上，习近平总书记庄重宣布：从现在起，中国共产党的中心任务就是团结带领全国各族人民全面建成社会主义现代化强国、实现第二个百年奋斗目标，以中国式现代化全面推进中华民族伟大复兴。党的二十大报告强调中国式现代化必须基于中国的基本国情。

二、人与自然和谐共生是中国式现代化的重要特征

人与自然和谐共生是中国式现代化的重要特征，坚持人与自然和谐共生是习近平生态文明思想的鲜明主题。习近平生态文明思想是马克思主义中国化时代化的最新成果在生态文明领域的集中体现。以习近平同志为核心的党中央，深刻把握人类社会发展规律、准确认识人与自然、发展与保护、环境与民生、降碳与安全等辩证关系，站在人与自然和谐共生的高度

[①] 杨开忠、黄承梁：《从战略高度把握生态文明建设新的历史任务和重大意义》，《中国环境报》2022 年 10 月 18 日，第 3 版。

谋划发展，创造人类文明新形态。

1. 人与自然和谐共生丰富了中国式现代化的哲学意蕴和内在逻辑

其一，人与自然和谐共生，提升了中国式现代化的哲学意蕴。人与自然关系，是马克思主义哲学的核心范畴之一。纵观人类文明历程，人类诞生以来，经历了采摘、狩猎、农业和工业化阶段，人与自然关系不断演进。原始时代人对自然顶礼膜拜，世界不少地方存在的"图腾"就是例证；农业文明时代人对自然是尊重的，"日出而作，日入而息"就是经典论述；进入工业文明时代，随着生产力水平的不断提高，征服自然成为西方式现代化的重要内涵，导致人与自然关系的失调，自然界也对人们的每一次不合理征服行为都进行了无情的报复。而习近平总书记胸怀天下，深谋远虑，以"人不负青山，青山定不负人"理念引领人们善待自然，形成人与自然和谐共生的生态自觉。

其二，人与自然和谐共生，丰富了中国式现代化的深刻内涵。中国式现代化，不仅表现在规模上是"十四亿多人的"，本质上是"共同富裕"，道路上是"和平发展"，更表现在新的文明形态上，将生态文明与物质文明、精神文明并列，开创了人类文明新形态。与西方式现代化主要是物质产品的极大丰富不同，中国式现代化更加重视物质文明和精神文明相协调、更加强调生态文明的重要性。"保护生态环境就是保护生产力""改善生态环境就是发展生产力""保护生态环境就是保护自然价值和增值自然资本"等理念，构成中国式现代化的绿色发展理念，中国式现代化的内涵更为丰富。

中国式现代化，既是对实现什么样的现代化这一重大命题的全新思考，也是对实现什么样的现代化的相关路径、方式、举措的系统部署。中国式现代化是相对于其他国家，特别是西方式现代化而言的，是与时俱进地利用世界文明和科学技术进步的最新成果推进经济社会系统性变革的过程，有着本身的内在逻辑①。

从历史逻辑看，建设人与自然和谐共生的现代化，是中国式现代化的必然选择。"生态兴则文明兴"。人类社会的文明史就是一部人与自然关系的演变史。生态环境变化影响人类文明兴衰演替，也是人类社会文明进步的必然结果。大自然是人类赖以生存和发展的基本条件，避免在工业化和城市化进程中由于社会生产力快速发展而付出巨大的生态环境代价，是人类可持续发展的努力。坚持生态优先、绿色发展，实现人与自然和谐共生是中国式现代化的本质要求。

从理论逻辑看，中国式现代化是人与自然和谐共生的现代化。从中国式现代化和人与自然和谐共生关系看，两者是整体与部分、系统与要素的关系。中国式现代化是整体，人与自然和谐共生是部分；中国式现代化是一个系统，人与自然和谐共生是系统构成要素。中国式现代化，既有各国现代化的共同特征，更有基于自己国情的中国特色；我国的现代化注重人与自然和谐共生，走上一条生产发展、生活富裕、生态良好的发展道路②。

从实践逻辑看，人与自然和谐共生，是中国共产党人运用马克思主义的立场、观点和方法做出的道路选择。以习近平同志为核心的党中央将马克思主义基本原理同中国具体实际相结合、同中华优秀传统文化相结合，把人与自然和谐共生作为推动中国式现代化乃至人类文明的道路选择。把生态文明建设纳入中国特色社会主义总体布局，大力推动物质文明、政治文明、精神文明、社会文明、生态文明协调发展，是中国的创造，对人类

---

① 吴阳：《我看中国式现代化⑤ | 专访周宏春：人与自然和谐共生，提升了中国式现代化的哲学意蕴》，《成都商报》2022年11月2日。

② 杨志华、修慧爽、鲍浩如：《习近平生态文明思想的科学体系研究》，《南京工业大学学报（社会科学版）》2022年第21卷第3期，第1—11页。

文明贡献了中国智慧和中国范例。

从发展路径看，世界上没有一模一样的现代化模式，也不存在"放之四海而皆准"的现代化标准。人与自然和谐共生，成为中国式现代化有别于西方式现代化的典型特征：中国式现代化主张文明交流互鉴，摒弃丛林法则、不搞强权独霸、超越零和博弈，强调"走和平发展道路"，开辟一条合作共赢、共建共享的文明发展新道路。中国式现代化的成功实践表明，现代化既不是西方国家的专利，也不存在发展模式、发展道路的唯一性，适合自己的才是最好的，每个国家均可以找到一条适合本国国情的现代化道路，创造人类文明新形态。

党的二十大报告明确了中国式现代化的内涵特征、本质要求、战略安排和重大原则，指明了未来的发展目标和前进方向。党的二十大报告不仅全面总结了过去五年的工作和新时代十年的伟大变革，还将"以中国式现代化推动中华民族伟大复兴"。中国式现代化，以可持续方式推进人类社会文明进步，打破了西方的"文明冲突论"，赢得了国际社会的广泛赞誉。

2. 生态文明建设增添了美丽中国的靓丽底色

党的十八大以来，以习近平同志为核心的党中央实现了一系列历史性变革，坚持山水林田湖草沙一体化治理，全方位、全地域、全过程加强生态环境保护，解决了许多长期想解决而没有解决的问题，办成了许多过去想办而没有办成的大事，生态环境保护发生历史性、转折性、全局性变化，美丽中国建设迈出重大步伐。

生态环境质量改善，不仅体现在数据上，也体现在网上晒"蓝天白云"的照片成为日常等方面。具体表现为：

天更蓝了。全国重点城市PM2.5浓度下降57%，2020年至2022年连续3年，地级及以上城市PM2.5平均浓度都降到世卫组织所确定的35微克/立方米第一阶段过渡值以下，我国成为全球大气质量改善速度最快的国家。生态环境部等多个国家相关职能部门印发实施《深入打好重污染天气消除、臭氧污染防治和柴油货车污染治理攻坚战行动方案》；新增 25 个城市纳入北方地区清洁取暖支持范围；加大非道路移动机械监管力度，开展机动车检验检测机构"双随机、一公开"监督抽查，完善重污染天气应急减排清单，加强消耗臭氧层物质管理。

水更清了。全国地表水优良水质断面比例提高 23.8 个百分点，已接近发达国家水平，地级及以上城市黑臭水体基本消除。实施长江经济带和沿黄省区工业园水污染整治专项行动，长江干流连续三年达到 Ⅱ 类水质，黄河干流首次全线达到 Ⅱ 类水质。岸绿水清、鱼翔浅底的景象初步展现，江豚欢快嬉戏的场景勾起不少沿江群众儿时的美好回忆。推进美丽海湾建设，全国近岸海域水质优良比例提高 17.6 个百分点。

地更绿了。开展农用地土壤镉等重金属污染源头防治行动，指导受污染耕地集中的县级行政区开展耕地重金属污染成因排查整治。启动黄河流域历史遗留矿山污染状况调查评价，持续推进"清废行动"。土壤和地下水环境风险得到有效管控，农村生态环境明显改善。多年来，我国森林面积和森林蓄积量连续保持"双增长"。沙化土地重点治理区实现了由"沙进人退"到"绿进沙退"的历史性转变①。一个个惊天动地的绿色奇迹背后，是一年接一年干的奋斗劲头，是一任接一任干的发展蓝图，更是一代接一代干的接续努力。正是无数治沙人、播绿人、守林人凭着只争朝夕的精神、持之以恒的坚守，以尺寸之功、积千秋之利，筑起一道道保护家园的"绿色长城"，创造了一个个"荒漠变绿洲"的绿色传奇。

3. 生态文明建设的国际影响在不断扩大

习近平总书记强调，"共谋全球生态文明建设，深度参与全球环境治

---

① 《深入打好污染防治攻坚战，"减污、降碳、强生态"——建设人与自然和谐共生的美丽中国》，《人民日报》2021 年 8 月 19 日。

理，形成世界环境保护和可持续发展的解决方案"。身处同一个地球，头顶同一片蓝天，生态文明建设关乎人类未来，建设绿色家园是人类的共同梦想。保护生态环境、应对气候变化需要世界各国同舟共济、共同努力，任何一国都无法置身事外、独善其身。

构建人类命运共同体，建设绿色家园，是人类的共同梦想。发布《中国落实 2030 年可持续发展议程国别方案》，履行《联合国气候变化框架公约》，多次提出共建清洁美丽世界的国际主张，加快发展风光水电，绿色低碳的生产生活方式正成为人们自觉的追求，森林资源增长面积居全球首位，成为全球臭氧层保护贡献最大的国家。习近平生态文明思想凝结着对发展人类文明、建设清洁美丽世界的睿智思考和深刻洞见，是中国式现代化道路和人类文明新形态的重大成果，也是对西方以资本为中心、物质主义膨胀、先污染后治理的发展道路的批判与超越，开辟了人类可持续发展理论和实践新境界。

深化应对气候变化南南合作，推进绿色"一带一路"建设。推动《巴黎协定》达成、签署、生效和实施，宣布碳达峰碳中和目标愿景，不再新建境外煤电项目。制定重点领域、重点行业碳达峰碳中和实施方案。联合印发关于加快建立统一规范的碳排放统计核算体系实施方案。《国家适应气候变化战略 2035》《省级适应气候变化行动方案编制指南》发布。推动《联合国气候变化框架公约》第二十七次缔约方会议取得于我有利成果。持续深化应对气候变化南南合作，累计安排资金超过 12 亿元人民币。倡导建立"一带一路"绿色发展国际联盟和"一带一路"生态环保大数据服务平台，帮助沿线国家提高生态环境治理水平。

中国的绿色行动，展现的是情怀与担当，为护佑全人类唯一的生存家园贡献了智慧和力量。党的十八大以来，习近平总书记高度重视生态文明建设，多次向世界分享中国绿色发展的成功经验，向世界各国发出走好全球生态文明之路的"绿色邀约"。从推动《巴黎协定》生效实施，到设立气候变化南南合作基金，从发起建立"一带一路"绿色发展国际联盟，到将绿色发展合作计划纳入中非"八大行动"，从生活方式到制度文明，中国向世界全方位展示了推动绿色发展的中国方案。与世界各国开展多层次、多渠道、多领域合作，面对以邻为壑的零和博弈思维，中国主张"己所不欲，勿施于人""美美与共，天下大同"，通过政策对话、平台搭建等方式积极参与国际环境事务。

2013 年，联合国环境规划署理事会会议通过推广中国生态文明理念的决定草案。2016 年，联合国环境规划署发布《绿水青山就是金山银山：中国生态文明战略与行动》报告；2021 年，联合国以"生态文明：共建地球生命共同体"为主题，召开《生物多样性公约》第十五次缔约方大会（COP15）。"人类命运共同体"理念连续 6 年写入联大外空安全领域决议，具有强大的生命力和感召力，得到绝大多数国家尤其是发展中国家的普遍支持和认同[①]。2014 年，库布其沙漠生态治理区被联合国环境规划署确立为"全球沙漠生态经济示范区"。2017 年，联合国环境规划署宣布，中国塞罕坝林场建设者获得"地球卫士奖"。观测卫星的数据显示，从 2000 年到 2017 年，全球新增绿化面积中，约 1/4 来自中国，对全球植被增量的贡献比例居世界首位。

国际人士纷纷肯定中国生态文明建设的示范作用："塞罕坝从荒漠变森林的经验对我们很有借鉴意义""'千村示范，万村整治'工程不仅在中国，在世界上也属于范例，发展中国家可以从中有所借鉴"。共享单车、光盘行动等绿色环保的生活方式，库布其、三江源等生态样本的成功经验，生态补偿、环保督察等构成的生态文明制度体系，"山水林田湖草沙是生命

---

①时冉：《外交部：人类命运共同体理念连续第六年写入联大有关决议》，2022 年 11 月 3 日，https://www.163.com/dy/article/HL9ESCNL051497H3.html.

共同体"等绿色发展的价值理念，"绿色发展""生态文明"纳入联合国文件，面对生态保护和气候变化考题，中国以身作则进行节能减排、转型升级，加速经济社会绿色转型。作为重要的参与者、贡献者、引领者，中国始终致力构建人与自然和谐共生的美丽家园。

面对气候变化、海洋污染、生物多样性减少等全球性环境问题，同舟共济、并肩同行是人类唯一的选择。

第三章
美丽中国是"五位一体"中国式现代化的标志之一

中国特色社会主义现代化强国的五个标志性特征，分别与"五位一体"总体布局一一对应。其中的美丽与生态文明建设相对应。党的十八大报告对"五位一体"总体布局作了具有政策性和可操作性的详细而具体的部署。党的十八大通过的《中国共产党章程》，从党在社会主义初级阶段基本纲领和指导思想的角度对"五位一体"总体布局作了简明扼要的制度性、原则性的高度概括。

一、"五位一体"总体布局的基本内涵

"五位一体"总体布局于2012年党的十八大提出，是对"全面推进经济建设、政治建设、文化建设、社会建设、生态文明建设"的高度概括，回答了"实现什么样的发展、怎样发展"等重大战略问题，是新时期我们党治国理政的新思想、新战略、新理念，为中国特色社会主义事业建设、实践指导、工作推动提供了强力指引。

经济建设是根本。党的十八大报告提出，要坚持以经济建设为中心，全面深化经济体制改革，实施创新驱动战略，推动经济结构战略性调整，

推动城乡发展一体化，全面提高高质量开放型经济，这是中国发展的基础。坚持推动中国特色社会主义经济发展，毫不动摇地巩固和发展公有制经济，毫不动摇地鼓励、支持、引导非公有制经济发展；发挥市场在资源配置中的基础性作用和政府作用，以转变经济发展方式为主线，把推动发展的立足点转到提高质量和效益上来，坚持走中国特色新型工业化、信息化、城镇化、农业现代化道路。

政治建设是保证。要坚持党的领导、人民当家作主、依法治国的有机统一；发挥社会主义政治制度优越性，坚持和完善人民代表大会制度、中国共产党领导的多党合作和政治协商制度、民族区域自治制度及基层群众自治制度；发展更加广泛、更加充分、更加健全的人民民主，切实保障人民管理国家事务和社会事务、管理经济和文化事业的权利；尊重和保障人权，建立健全民主选举、民主协商、民主决策、民主管理、民主监督的制度和法规程序；完善中国特色社会主义法律体系，加强立法、执法、司法和全民守法工作，建设社会主义法治国家；依法管理经济文化事业，管理社会事务，巩固和发展生动活泼、安定团结的政治局面。

文化建设是灵魂。要提高全民族的思想道德和科学文化素质，为社会主义现代化建设提供强大的思想保证、精神动力和智力支持，建设社会主义精神文明和文化强国；加强社会主义核心价值体系教育，树立中国特色社会主义共同理想，弘扬以爱国主义为核心的民族精神和以改革创新为核心的时代精神，增强民族自尊、自信和自强精神，抵御资本主义和封建主义腐朽思想的侵蚀，努力使我国人民成为有理想、有道德、有文化、有纪律的人民，对党员要进行共产主义远大理想教育；大力发展教育、科学、文化事业，大力弘扬中华民族优秀传统文化，繁荣和发展社会主义先进文化，增强文化整体实力和竞争力。

社会建设是条件。要以保障和改善民生为重点，解决好人民最关心、最直接、最现实的利益问题，使发展成果更多更公平地惠及全体人民，努力形成全体人民各尽其能、各得其所而又和谐相处的局面；依法坚决打击各种危害国家安全和利益、危害社会稳定和经济发展的犯罪活动和犯罪分子。党的十八大报告从努力办好人民满意的教育、实现更高质量的就业、增加居民收入、推进城乡社会保障体系建设、提高人民健康水平、加强和创新社会管理等方面进行了部署。社会建设关系社会组织、管理、建设等内容，要按照民主法治、公平正义、诚信友爱、充满活力、安定有序、人与自然和谐相处的要求和共建共享原则加强社会建设。

生态文明建设是基础。要满足人民群众对美好环境的诉求和期待，坚持节约资源和保护环境的基本国策，坚持节约优先、保护优先、自然恢复为主的方针，牢固树立尊重自然、顺应自然、保护自然的理念，优化国土空间开发格局、全面促进资源节约、加大自然生态系统和环境保护力度、加强生态文明制度建设，努力建设美丽中国，实现中华民族永续发展。

二、"五位一体"总体布局的形成过程

"五位一体"总体布局，经过一个整体性设计、物质文明和精神文明"两手抓""三位一体""四位一体"阶段，形成物质文明、政治文明、精神文明、社会文明和生态文明"五位一体"总体布局，为实现"两个一百年"奋斗目标、实现中华民族伟大复兴奠定了思想基础，提供了实践指引。

1."一个整体性设计"和"两手抓"

新中国成立后，虽然没与政治建设、经济建设之类的明确提法，但"五位一体"的战略布局可以从毛泽东思想中找到"出处"。毛泽东同志把发展经济、政治、文化、社会看成有机统一整体，为中国特色社会主义事业总体布局的提出奠定了根本性制度基础。习近平总书记多次提到的"窑洞对"，就是由毛泽东同志提出的；毛泽东同志在延安文艺座谈会上

的讲话，确定了文化建设的指导方针；扫盲、"赤脚医生"，是社会建设的重要方面；"绿化祖国""植树造林"奠定了生态文明建设基础。按照党的十九届六中全会通过的《中共中央关于党的百年奋斗重大成就和历史经验的决议》精神，新民主主义革命为实现中华民族伟大复兴创造了根本社会条件，社会主义革命和建设为实现中华民族伟大复兴奠定了根本政治前提和制度基础。毛泽东思想是马克思列宁主义在中国的创造性运用和发展，是被实践证明了的关于中国革命和建设的正确理论原则和经验总结，是马克思主义中国化的第一次历史性飞跃[①]。

改革开放后，在一部分人"先富起来"的同时，西方腐朽思想、拜金主义、利己主义等不良思潮逐渐传入国内；如果任其发展，党和国家的建设必然会受到严重影响。鉴于此，邓小平同志多次强调要一手抓改革开放，一手抓惩治腐败；一手抓物质文明，一手抓精神文明，做到两手抓、两手都要硬。1982年，党的十二大提出："我们在建设高度物质文明的同时，一定要努力建设高度的社会主义精神文明。这是建设社会主义的一个战略方针问题。""两手抓、两手都要硬"[②]成为一项中国发展的重大战略，开创了社会主义现代化建设新局面。

2. 政治文明纳入"三位一体"总体布局

20世纪80年代末90年代初，随着苏联解体和东欧剧变，一些西方国家借此机会加大对社会主义国家的攻击和意识形态的渗透，以实现其"和平演变"的企图。以江泽民同志为代表的中国共产党人认识到，民主政治建设对中国特色社会主义事业具有极其重要的意义。1997年10月，江泽民同志在党的十五大报告中明确提出建设中国特色社会主义的经济、政治和文化的基本目标和要求。2002年11月，党的十六大报告把政治文

---

①中国政府网：《中共中央关于党的百年奋斗重大成就和历史经验的决议》，2021年11月16日，https://www.gov.cn/zhengce/2021-11/16/content_5651269.htm.

②邢国忠：《中国共产党引领人类文明形态的历史进程》，《人民论坛》2021年第34期，第38-41页。

明作为全面建设小康社会的目标之一，形成物质文明、政治文明和精神文明"三位一体"总体布局。

"三位一体"总体布局，强调政治文明的地位和作用。人类文明经历了一个曲折的发展过程。在资本主义发展进程中，随着生产力发展，社会贫富分化不断加深，形成了畸形的社会生产关系和民主形式。在社会主义基本制度建立之初，我们主张社会发展成果惠及全体人民，实现人的全面发展。建设社会主义政治文明，最根本就是要坚持党的领导、人民当家作主和依法治国的有机统一。坚持公正、平等、民主、自由的价值取向，依法治国是建设社会主义政治文明的基本方略，实现法律面前人人平等，促进社会主义民主制度化、法律化。

3. 在构建和谐社会中提出"四位一体"总体布局

加入世界贸易组织后，我国经济体制改革和社会转型加快，社会结构、社会组织形式发生深刻变化，出现城乡差距扩大、阶层不断分化、人口问题突出等问题。2005 年 2 月，胡锦涛同志在省部级主要领导干部提高构建社会主义和谐社会能力专题研讨班上提出："中国特色社会主义事业的总体布局……由社会主义经济建设、政治建设、文化建设三位一体发展为社会主义经济建设、政治建设、文化建设、社会建设四位一体。"

2007 年 10 月，党的十七大报告提出，"必须按照中国特色社会主义事业总体布局，全面推进经济建设、政治建设、文化建设、社会建设"，推进以改善民生为重点的社会建设，加强教育、就业、医疗等工作力度，使全体人民各尽其能又各得其所，重点解决人民群众最关心、最直接的利益问题，发展社会事业、完善社会管理、建设和谐文化。党的十七大通过的《中国共产党章程》把"四位一体"总体布局写入总纲，实现了中国特色社会主义建设总体布局与党的奋斗目标的有机统一。[①]

①韩振峰、孙尚斌：《五位一体总体布局的形成及其时代价值》，《人民论坛》2013 年第 5 期，第 188-189 页。

4. 将生态文明建设纳入"五位一体"总体布局

我国适时将生态文明建设纳入中国特色社会主义现代化建设之中，满足我国国际地位和综合国力的提升以及承担更多的生态环境保护与治理方面国际责任的需要。在党的十五届五中全会上，生态文明建设被明确为我国的发展战略任务。党的十六大提出"生产发展、生活富裕、生态良好的文明发展道路"。党的十七大报告提出，在"经济建设、政治建设、文化建设、社会建设"的战略布局中，大力推动生态文明建设，包括节约资源和能源、保护生态环境，实现方式是调整产业结构和消费模式、发展循环经济、树立生态文明理念。党的十七届四中全会提出"五位一体"总体布局："社会主义经济建设、政治建设、文化建设、社会建设以及生态文明建设"。2012 年 11 月，党的十八大报告强调"五位一体"总体布局，单列篇章部署生态文明建设，提出"建设美丽中国，实现中华民族永续发展"的奋斗目标。

党的十八大把生态文明建设写入党章，成为全党的共同意志和行动指南，向世人昭示了中国共产党人开创社会主义生态文明新时代，积极探索人类文明发展新道路的坚强意志和决心。2017 年 10 月，党的十九大明确中国特色社会主义事业总体布局是"五位一体"，提出创新协调绿色开放共享的新发展理念。在庆祝中国共产党成立 100 周年大会上，习近平总书记进一步指出："我们坚持和发展中国特色社会主义，推动物质文明、政治文明、精神文明、社会文明、生态文明协调发展，创造了中国式现代化新道路，创造了人类文明新形态。"

三、"五位一体"总体布局的重大意义

"五位一体"总体布局是新时代中国特色社会主义事业的路线图，反映了新时代中国发展的内在要求，回答了"实现什么样的发展、怎样发展"

等重大问题。为中国特色社会主义事业建设、实践指导、工作推动提供了基本遵循，为实现"两个一百年"奋斗目标、实现中华民族伟大复兴奠定了思想基础和实践指引。

"五位一体"总体布局是对中国特色社会主义事业总体布局的发展和完善。从毛泽东、邓小平、江泽民、胡锦涛到习近平，中国共产党几代中央领导人对中国特色社会主义事业总体布局进行了艰苦不懈的探索。毛泽东把发展经济政治文化看成有机统一整体，为中国特色社会主义事业总体布局的提出奠定了重要思想基础和制度框架。改革开放以来，我们党对中国特色社会主义事业总体布局的认识不断科学化、完备化和系统化。党的十八大强调经济建设、政治建设、文化建设、社会建设以及生态文明建设"五位一体"总体布局，为中国特色社会主义现代化建设事业指明了正确的前进方向①。

"五位一体"总体布局是全面准确贯彻新发展理念的内在要求和重要体现。改革开放以来，中国特色社会主义发展取得了巨大成就，但存在发展不平衡、不充分和不可持续问题，环境、资源对经济发展的制约力越来越大，影响人民群众的生产、生活和身体健康。让经济、政治、文化、社会能在良好的生态环境中健康发展，让天更蓝、水更清、地更绿、空气更新鲜、食品更安全，让群众生活更有尊严，更具有安全感，就必须加强生态文明建设，建设美丽中国。必须全面准确贯彻落实新发展理念，把推动经济发展作为第一要务，把以人为本作为发展目标，把全面协调可持续发展作为基本要求，把统筹兼顾作为根本方法。把生态文明建设贯穿到我国社会主义现代化建设的全过程、体现在生产生活各个方面，实现绿色发展、低碳发展、循环发展。

"五位一体"总体布局是经济高质量可持续发展的内在要求。"五位

---

① 杨凡：《"五位一体"总体布局的重大意义》，《北方文学》2017年第20期，第197页。

一体"总体布局是我国经济高质量可持续发展的重要路径。推动经济持续健康发展，才能筑牢国家繁荣富强、人民幸福安康、社会和谐稳定的物质基础。"五位一体"总体布局，强调在追求经济高质量发展的同时建设生态文明，实现协调持续健康发展。如果不能转变发展方式，一味在浪费资源能源、破坏生态环境的基础上发展经济，将付出惨痛代价。习近平总书记指出："我们既要绿水青山，也要金山银山。宁要绿水青山，不要金山银山，而且绿水青山就是金山银山。"只有深刻认识并理解"五位一体"总体布局，树立大局观、长远观、整体观，才能实现经济社会可持续发展，实现人与自然和谐共生。

"五位一体"总体布局关乎人民群众的根本利益和生活需求的热切期盼。"五位一体"总体布局坚持以人民利益为重，为公众创造良好的生产生活环境，发展成果不断由人民共享。伴随中国经济的快速发展和社会的全面进步，人民群众对自己的生活环境有了更高的要求和期盼，期盼经济能更好发展，民主法制能更加健全，科技教育能更加进步，精神文化能更加繁荣，社会能更加和谐，环境能更加优美，生活能更加殷实，国际影响力能进一步扩大。人民群众的新期盼、新要求，要求中国共产党人不断深化对发展的认识，解放思想、实事求是、与时俱进，不断推进中国特色社会主义事业迈向新征程。"五位一体"总体布局是在实现和维护好人民利益的基础上不断实现新发展，体现了我们党尊重社会发展规律和人民主体地位的一致性，因而有利于不断满足人民群众的根本利益和生活需求。

"五位一体"总体布局是生态文明建设的总体方向。"五位一体"总体布局强调经济建设、政治建设、文化建设、社会建设、生态文明建设的一体性、融合性、协同性；重点解决人与自然、经济发展与生态保护的矛盾。党的十八大报告提出："把生态文明建设放在突出地位，融入经济建设、政治建设、文化建设、社会建设的各方面和全过程，努力建设美丽中国，实现中华民族永续发展。""五位一体"总体布局反映了我国生态文明建设的紧迫性和必要性，并贯穿于社会主义现代化建设全过程、各领域，实现人与自然和谐共生。2020 年 9 月，习近平主席在第七十五届联合国大会一般性辩论上宣布，中国二氧化碳排放力争于 2030 年前达到峰值、努力争取在 2060 年前实现碳中和。2021 年 3 月中央财经委员会第九次会议要求，将碳达峰、碳中和纳入生态文明建设整体布局。"五位一体"总体布局，有利于人民的根本利益和民族发展的长远利益以及美丽中国建设，开创了社会主义生态文明新时代。

"五位一体"总体布局是中国特色社会主义建设的必然选择。"五位一体"总体布局是中国特色社会主义事业的路线图，反映了中国特色社会主义事业发展的内在要求。在经济建设方面，落实新发展理念，坚持供给侧结构性改革，全面推进经济发展的效率、质量与动力变革；在政治建设方面，坚持人民主体地位不动摇，将人民当家作主全面落实到我国政治、社会生活中；在文化建设方面，始终坚持社会主义核心价值观，繁荣中国特色社会主义文化，注重中华优秀传统文化的传承性与创新性，坚定文化自信；在社会建设方面，要在持续推进发展进程中保障和改善民生，补齐民生短板，推进社会公平正义；在生态文明建设方面，要认清人与自然和谐共生是事关中华民族永续发展的根本大计，为子孙后代留下"天蓝、地绿、水碧、山青"的生态环境，实现经济发展与资源、环境相协调的可持续发展。

四、"五位一体"总体布局的内在逻辑和时代价值

从理论层面看，"五位一体"总体布局是中国共产党人立足于世情国情，运用整体性思维从宏观上对中国特色社会主义建设事业构成要素及其相互关系的认识和把握；从实践层面看，是对中国特色社会主义建设实践路径的顶层设计和战略规划。

1."五位一体"总体布局的理论逻辑和实践逻辑

从理论上看，"五位一体"总体布局深刻把握中国特色社会主义事业发展规律的理论逻辑，是党对中国特色社会主义建设规律认识的持续深化。党的十八大以来，生态文明建设在中国特色社会主义事业中的地位日益显现，并融入经济建设、政治建设、社会建设、文化建设等各领域，有效推动了中国特色社会主义事业的可持续发展，标志着我们党对社会主义建设规律的认识和把握提升到了新境界。"五位一体"总体布局彰显了生态文明在人类文明中的地位，实现了与科学发展观的紧密衔接，理顺了人的全面发展与社会发展之间的内在逻辑关联，丰富了以人为本的理论与实践观，彰显了马克思主义社会发展理论与时俱进的品质。在实践层面，要求全面推进生态文明建设，破解生态环境难题，构建人与自然和谐发展的新格局，全力开创社会主义生态文明发展的新时代。

"五位一体"总体布局要求构建人类命运共同体，展示了我国将国内建设与国际合作的科学路径。习近平总书记指出："我们所做的一切都是为人民谋幸福，为民族谋复兴，为世界谋大同。"随着生物多样性、气候变化等人类面临的全球性问题增多，全球治理亟须加强。"五位一体"总体布局有助于推动国内建设与国际合作的双向互动，是积极应对全球性问题给出的中国方案，构建全面开放的新格局，共建绿色"一带一路"，为推动世界各国开放合作、改善全球治理体系，朝着普惠共赢共享方向发展；秉持共商共建共享的全球治理理念，始终不渝走和平发展道路，提供中国智慧。作为我国参与全球化治理的话语模式，"人类命运共同体"理念的提出，实现了对西方话语权的超越，有助于在全球治理中推动世界各个国家和地区的文明对话，推动人类走向命运与共的美好明天。

2."五位一体"总体布局的时代价值

"五位一体"总体布局的确立，是当代中国共产党人自觉创新中国特色社会主义建设基本方略所取得的最新成果，反映中国共产党人对经济建设、政治建设、文化建设、社会建设、生态文明建设合则皆存、偏则俱失的辩证认识达到新高度，为从根源上解决制约中国特色社会主义建设的各种深层次问题，消除中国特色社会主义建设中的"短板"和阻力，提供了有力保证；充分反映了中国特色社会主义社会全面发展的内在需要和人与自然和谐共生的客观要求，集中体现了中国特色社会主义建设理论既一脉相承又与时俱进的品质；集中体现了当代中国共产党人对马克思主义关于社会主义社会全面发展思想的继承和发展，实现了中国特色社会主义建设总体布局的新拓展和新飞跃；集中体现了当代中国共产党人立党为公、执政为民的政治责任感和历史使命感，生动诠释了当代中国共产党人的根本宗旨和历史使命，显示了中国共产党人在复杂国内外形势下解决各种现实问题的勇气和智慧，把握中国特色社会主义建设规律、谋划中国特色社会主义建设新布局、开创中国特色社会主义建设新局面的能力和水平，证明当代中国共产党人充满着道路自信、理论自信和制度自信，说明了当代中国共产党人具有增进人民福祉和实现民族复兴的能力。

"五位一体"总体布局对加强党的建设意义重大。在民主革命时期，毛泽东同志把党的建设与统一战线、武装斗争一起称为中国革命的三大法宝，总结为党的思想建设、组织建设、作风建设；邓小平同志提出重视法制、制度建设和反对腐败；江泽民同志提出推进制度建设，把三大建设拓展为四大建设。党的十六大提出，全面推进党的思想建设、组织建设、作风建设、制度建设、反腐倡廉建设，形成了党的建设"五位一体"总体布局，彰显了党对执政规律认识的创新性、时代性。在中国特色社会主义建设伟大工程中，党作为最高政治领导力量，实行对社会主义建设的全面领导，稳中求进是工作总基调，用以提高党在制定政策、明确方向、推动改革等方面的定力，永葆党的执政地位，提高党的国家治理能力。

"五位一体"总体布局，始终坚持人民在社会主义文明形态中的中心地位。随着生态文明建设的深入推进，不断满足人民对于美好生活环境的诉求，尊重和保障人民的利益，拓宽发展成果由人民共享的渠道，显得十分重要。在"五位一体"总体布局中，经济建设为社会发展提供物质保障，政治建设起到政治保证作用，文化建设提供方向性的引导并成为精神动力和智力支撑，社会建设提供必需的公共服务，生态文明建设持续地为人与社会的发展提供绿色发展环境，五个方面相互依存，相互促进。习近平总书记强调，"我们要建设的现代化是人与自然和谐共生的现代化。"地球资源是有限的，人类社会的发展是无限的。面对这一矛盾，当代中国遵循马克思主义生态观，将建设良好的社会主义生态文明作为中国始终坚持的战略目标，及时转变发展方式，走出一条节约资源、保护环境、绿色低碳的发展道路。

昂首新时代，阔步新征程，我国仍处于大有作为的重要战略机遇期，在建设富强民主文明和谐美丽的社会主义现代化强国新征程上，必须将习近平新时代中国特色社会主义思想作为经济建设、政治建设、文化建设、社会建设和生态文明建设的指导思想，积极主动有效应对风险挑战，将新发展理念融入经济社会发展的全过程；必须坚持党对一切工作的领导，通过体制机制改革，防止出现重经济、轻生态等不良倾向。在以习近平同志为核心的党中央的坚强领导下，脚踏实地、忠诚担当，把新时代中国特色社会主义事业推向新的阶段，不断书写中国特色社会主义事业的壮丽篇章。

第二篇

战略抉择篇

　　美丽中国建设，是以习近平同志为核心的党中央作出的重大战略部署；必须以习近平生态文明思想为根本遵循，交出一份人与自然和谐共生的美丽画卷。我国发展进入新阶段，要全面准确完整贯彻新发展理念，将生态环境保护放在"五位一体"总体布局的重要位置，满足人民群众对美好生态环境的新期盼；要正确处理高质量发展与高水平保护的关系，实现经济效益、社会效益和环境效益的有机统一。

第四章
美丽中国建设要以习近平生态文明思想为指引

党的十八大以来，以习近平同志为核心的党中央以前所未有的力度抓生态文明建设，美丽中国建设迈出重大步伐，生态环境保护发生历史性、转折性、全局性变化，交出了一份天蓝、山绿、水清、土净、经济高质量发展和生态环境高水平保护协同共进、人与自然和谐共生的优异答卷。

一、习近平生态文明思想的内涵、内在逻辑及其演进

习近平生态文明思想，既有理论基础、价值追求，又有目标责任、制度保障，可以确保生态文明体系的建设内容充实，并落到实处。只要健全目标责任，完善社会治理结构，提高治理能力现代化水平，生态文明新时代就一定能够早日到来！

1. 习近平生态文明思想的内涵

2018 年 5 月 18 日，习近平同志在全国生态环境保护大会上提出，要加快构建生态文明体系，加快建立健全以生态价值观念为准则的生态文化体系，以产业生态化和生态产业化为主体的生态经济体系，以改善生态环境质量为核心的目标责任体系，以治理体系和治理能力现代化为保障的生

态文明制度体系，以生态系统良性循环和环境风险有效防控为重点的生态安全体系。生态文明体系，构成习近平生态文明思想的主要内涵①。

生态文化体系是社会灵魂。要建立健全以生态价值观念为准则的生态文化体系。生态有价是生态文化的核心所在。生态文化对美丽中国建设具有更持久的影响力。习近平总书记指出，中华民族向来尊重自然、热爱自然，绵延5 000多年的中华文明孕育着丰富的生态文化。将生态文化体系建设放在首位，凸显了习近平总书记对生态文化引领作用的高度重视。

文化具有熏陶、教化和激励等作用，先进文化有着集聚、润滑、整合等作用；生态文化是对生态环境人文关怀的一种生态商，是一种行为准则和价值理念，是一个有机整体。在思维方式上，表现为要牢固树立人与自然和谐共生的意识，坚持尊重自然、顺应自然、保护自然的理念。在伦理道德上，要像对待生命一样对待生态环境，培养热爱自然、珍爱生命的生态伦理意识。在审美趣味上，要养成懂得大自然的无比美丽的生态美学趣味。

大力发展生态文化，实现产业化。生态文化是生态思维、生态伦理、生态审美的集成与统一。要将生态文化体系作为公共服务的重要内容，挖掘优秀传统生态文化思想和资源，创造一批生态文化作品，设立一批生态教育基地，满足人民群众对生态文化的需求。

开展宣传教育活动。加强生态文明宣传教育和培训，发挥融媒体作用，把资源节约、环境保护、生态文明纳入教材，作为全民教育、素质教育、终生教育的内容，利用地球日、环境日、森林日、水日、海洋日及全国节能周等活动，以贴近生活的语言、群众喜闻乐见的形式，普及生态文化知识，培育生态文化；大力开展节约型机关、绿色家庭、绿色学校、绿色社区等行动。从儿童和青少年抓起，将生态文明教育纳入精神文明建设各方面、国民教育全过程和干部教育培训体系，引导全社会提高生态文明意识。

---

① 周宏春、江晓军：《习近平生态文明思想的主要来源、组成部分与实践指引》，《中国人口·资源与环境》2019年第29卷第1期，第1—10页。

公众参与和行动。树立生态文明意识，倡导简约适度、绿色低碳生活方式，推动全民在衣、食、住、行、用等方面加快向勤俭节约、绿色低碳、文明健康的方式转变，养成一种既满足自身需要、又不损害自然、也不损害后代人需要的绿色低碳生活观念；引导消费者购买节能环保低碳产品，推广绿色低碳出行；促进环保组织的健康发展，充分发挥人民群众的积极性、主动性、创造性，凝聚民心、集中民智、汇集民力，实现生产生活方式绿色化，形成人人、事事、时时崇尚生态文明的社会氛围。

生态经济体系是发展基础。建立健全以产业生态化和生态产业化为主体的生态经济体系，应按照节约资源、保护环境、维护生态安全的总体要求，优化经济结构，壮大节能环保产业、清洁生产产业、清洁能源产业，创造更多物质财富和精神财富以满足人民日益增长的美好生活需求，提供更多优质生态产品以满足人民日益增长的优美生态环境需求，实现经济社会发展与资源环境的良性循环，推动形成人与自然和谐共生的美丽中国建设新格局。

发展高效生态农业。"民以食为天"，农业是国民经济的基础；大力发展有机农业、生态农业，以破解水资源、土地约束为导向，转变农业生产方式；以解决地怎么种为导向，构建新型农业经营体系；以满足吃得好、吃得安全为导向，生产优质农产品，促进农业技术集成化、劳动过程机械化、生产经营信息化、安全环保法治化，构建高效、优质、生态、安全的农业生产技术体系，保障食品安全，"确保中国人的饭碗牢牢端在自己手中"。

促进工业绿色化。工业为人们衣、食、住、行、游、用增加供应；工业化是现代化的前提，数字化是基础，智能化是途径，绿色化是方向。要在生态设计、绿色供应链、科技创新等方面下大力气，发展先进制造业和战略性新兴产业，推动产品轻量化、去毒物、碳减排；采用先进适用的节能环保低碳技术改造传统产业，淘汰浪费资源和污染环境的落后生产力，降低单位产品资源重量和污染物强度。推进能源革命，加快核电、风电、光电发展，推进生物质发电、沼气、地热等开发应用，不断提高非化石能源在能源消费结构中的比重。发展新产业、新业态、新模式，走一条科技含量高、经济效益好、资源效率高、环境污染少的新型工业化道路。

发展生态产业。生态产业既可为生态文明建设提供有力的产业基础和技术支撑，也能拉动投资、消费需求并增加就业机会。探索"绿水青山就是金山银山"的实现途径，促进生态环境保护产业化发展；发展木材培育和特色经济林、森林旅游、林下经济、竹产业、林业生物、野生动植物繁育利用、沙产业等产业。加快矿区生态修复、植被恢复，让越来越多的矿区变成绿色矿区、生态矿区、美丽矿区，把自然优势转化为产业优势，把生态优势转变为发展优势，按照社会化生产、市场化经营，实现自然价值和自然资本保值增值，实现经济社会生态效益有机统一。

目标责任体系是民生导向。习近平总书记在全国生态环境保护大会上，提出了美丽中国建设的时间表：到 2035 年，生态环境质量实现根本好转，美丽中国目标基本实现。到本世纪中叶，绿色发展方式和生活方式全面形成，人与自然和谐共生，生态环境领域国家治理体系和治理能力现代化全面实现，建成美丽中国。

坚决打赢蓝天保卫战。以空气质量明显改善为刚性要求，基本消除重污染天气，还老百姓蓝天白云、繁星闪烁。深入实施水污染防治行动计划，保障饮用水安全，基本消灭城市黑臭水体，还给老百姓清水绿岸、鱼翔浅底的景象。全面落实土壤污染防治行动计划，强化土壤污染管控和修复，让老百姓吃得放心、住得安心。持续开展农村人居环境整治行动，打造美丽乡村，为老百姓留住鸟语花香的田园风光。

加快法规建设。把目标责任以法规形式固定下来，并加大执行力度，使落实目标责任成为常态。一是加快环境立法，统筹山水林田湖草沙系统治理，强化法律制度衔接配套；二是推进法规修订，健全水、气、声、渣、光等环境要素法规，构建科学严密、系统完整的污染防治法律制度体系；三是严密防控重点区域、流域生态环境风险，用最严格的法律制度护蓝增绿，坚决打赢蓝天保卫战、碧水保卫战和净土保卫战。

建立健全责任体系。生态环境质量能否改善，关键在领导干部。实践表明，一些重大生态环境事件背后，往往存在一些地方环保意识不强、履职不到位、执行不严格的问题；存在领导干部不负责任、不作为问题；存在执法监督作用发挥不到位、强制力不够的问题。因此，各地各级党委政府要按照客观公正、科学规范、突出重点、注重实效、奖惩并举原则，制定责任清单，实行党政同责，一岗双责，把生态文明建设和生态环境保护责任分解落实到位。

完善评价考核体系。要转变观念，不能再以国内生产总值增长率论英雄，而要把资源消耗、环境损害、生态效益等指标纳入评价考核体系，建立体现生态文明要求的目标体系、考核办法、奖惩机制，把生态环境质量优劣放在经济社会发展评价体系的突出位置，并成为推进生态文明建设的约束条件和重要导向，以保证生态环境保护目标的实现。

建立责任追究制度。要坚持依法依规、客观公正、科学认定、权责一致、终身追究的原则，对那些不顾生态环境盲目决策、造成严重后果的人，必须追究责任，且应当终身追究。不能把一个地方的环境搞得一塌糊涂后，当事人不用承担任何责任。

制度体系是根本保障。要加快建立以治理体系和治理能力现代化为保障的生态文明制度体系，让制度成为不可触碰的高压线，建立健全治理体系，实现治理能力现代化。习近平总书记指出："要深化生态文明体制改革，尽快把生态文明制度的'四梁八柱'建立起来，把生态文明建设纳入制度化、法治化轨道。"《中共中央 国务院关于加快推进生态文明建设的意见》《生态文明体制改革总体方案》等的出台，构成生态文明建设制度的"四梁八柱"。

建立自然资源产权制度。必须坚持资源公有、物权法定和统一确权登记原则，以不动产登记为基础，依照规范内容和程序进行统一登记。试点先行，区分所有权与使用权，创新自然资源全民所有权和集体所有权的实现形式，适度扩大使用权出让、转让、出租、抵押、担保、入股等权能，以免自然资源资产流失和贬值；区分资源所有权和监管权，健全国家自然资源资产管理体制，自然资源部和生态环境部的设立，体现了这一要求。

健全自然资源资产用途管制制度。科学划定生产、生活、生态空间开发界限，引导、规范和约束各类开发、利用、保护行为。完善严格的耕地保护和节约用地制度，加强土地用途转用许可管理；完善矿产资源规划制度，强化矿产开发准入管理；严格节能评估审查、水资源论证和取水许可制度，实现水、矿产、能源等的按质量分级、梯级利用。

健全自然资源资产管理体制。编制自然资源资产负债表，构建水、土地、森林、矿产等资源资产和负债核算方法，建立实物量核算账户，并反映在核算期初、期末的存量水平以及核算期间的变化量，用于对领导干部的离任审计，推动其守法、守纪、守规和尽责。完善自然资源监管体制，统一行使所有国土空间用途管制职责。

完善排污许可证制度。我国的排污许可制曾经存在定位不明确、企事业单位治污责任不落实、依证监管不到位等问题。因此，必须规范有序发放排污许可证，制定管理名录，按行业、地区和时限等要素核发排污许可证，确定许可内容，实现排污许可全覆盖，对固定污染源进行协同控制和全过程管理；落实企业治污责任，强化发证后的监管和处罚。

建立排污总量控制制度。一些地方虽然单项污染物排放均达标，但污染物排放总量超过环境容量，因而仍然出现环境污染的问题。环境容量是一个相对概念，如气象条件有利时的环境容量大，反之亦然。因此，一是根据不同污染物排放现状和发展趋向，以生态环境质量改善为目标，以自然阈值为依据，适时调整排放指标，并纳入约束性指标。二是鼓励各地实施特征性污染物总量控制，并纳入各地国民经济和社会发展规划。三是推行行业总量控制。以污染源达标排放为底线，以骨干工程推进为抓手，推动协同治污减排，大幅削减存量，严格控制增量，有效降低环境压力。

形成区域联防联动机制。要打破"一亩三分地"思维定势和利益格局，按协调发展和共享发展理念，坚持协调和共享意识，结合自然地理特征、污染程度、城市空间分布及污染物输送规律，健全京津冀及周边地区、长三角地区、汾渭平原等重点区域大气污染防治联防联控协作机制，提升环境污染防治整体水平。

健全环保督察制度。把环境问题突出、重大环境事件频发、环境保护责任落实不力的地方作为优先督察对象，把大气、水、土壤污染防治和推进生态文明建设作为重中之重，重点督察贯彻党中央决策部署、解决突出环境问题、落实环境保护主体责任等情况，将督查中发现的问题通报地方，形成反馈—改善机制，改变过去那种上下脱节的情形。

建立健全生态安全体系。要建立健全以生态系统良性循环和环境风险有效防控为重点的生态安全体系，坚持节约优先、保护优先、自然恢复为主，实施山水林田湖草沙一体化保护和修复工程，提升自然生态系统稳定性和生态服务功能，筑牢生态安全屏障。在重要生态功能区、陆地和海洋生态环境敏感区、脆弱区，划定并严守生态红线，构建科学合理的城镇化格局、农业发展格局、生态安全格局；生态安全格局以青藏高原生态屏障、黄土高原—川滇生态屏障、东北森林带、北方防沙带和南方丘陵土地带及大江大河重要水系为骨架，以点状分布的禁止开发区域为重要组成部分的"两屏三带"。实施重大生态修复治理工程。扩大森林、湖泊、湿地面积，推进防沙治沙、水土流失治理。实施生物多样性保护工程，有效防范物种资源丧失和外来物种入侵。

建立国家公园体制。要改革原有分部门设置自然保护区、风景名胜区、文化自然遗产、地质公园、森林公园等做法，从维护国土空间完整性、系统性、稳定性和多样性出发，选择代表性区域建立国家公园。为加强生物多样性保护，我国加快构建以国家公园为主体的自然保护地体系，逐步把自然生态系统最重要、自然景观最独特、自然遗产最精华、生物多样性最富集区域纳入国家公园体系。设立三江源、大熊猫、东北虎豹、海南热带雨林、武夷山等第一批国家公园①，保护面积 23 万平方千米，涵盖近 30% 的陆域国家重点保护野生动植物种类。

实施生态补偿政策。坚持共享发展理念和共同富裕目标，制定以地方补偿为主、中央财政补贴的机制。鼓励受益地区与保护地区、流域下游与上游地区，通过资金补偿、对口协作、产业转移、人才培训、共建园区等形式建立补偿关系。加大对农产品主产区和重点生态功能区财政转移支付力度，使生态产品提供区域和个人得到合理补偿，激励行动者积极性。建立资金保障长效机制，使之不仅成为生态文明建设先行区和生态文化传承区，让广大人民群众推窗见绿、开门见景，享受绿色之美，也能以资源可持续利用支撑经济社会可持续发展。

建立监测预警体系。加强生态环境监测网络系统建设，形成智慧环保技术支撑体系。建设布局合理、功能完善的覆盖大气、水、土壤、噪声、辐射等要素的全国环境质量监测网络。建设生态环境要素监测预警平台，提高生态环境质量预报和污染预警水平，防范环境污染风险。

2. 习近平生态文明思想的内在逻辑

《中共中央 国务院关于全面加强生态环境保护 坚决打好污染防治攻坚战的意见》界定了习近平生态文明思想的理论内涵、建设原则与目标、重点任务和保障措施。其中，"五大体系"回答了生态文明体系是什么的问题，"十个坚持"回答了生态文明体系怎么建的问题，"五大任务"回答了生态文明体系做什么的问题。（见图 4-1）

---

① 中国政府网：《我国正式设立首批国家公园》，2021 年 10 月 12 日，https://www.gov.cn/xinwen/2021-10/12/content_5642183.htm.

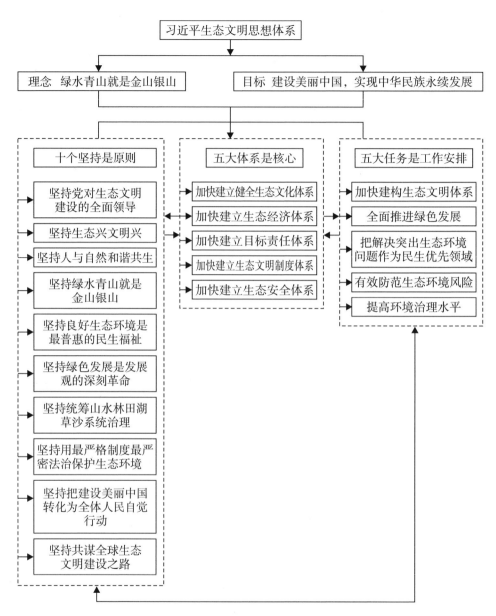

图4-1 习近平生态文明思想的框架体系

习近平生态文明思想的五个组成部分，指明了怎样建设生态文明的实践体系，为从根本上、整体上推动物质文明、政治文明、精神文明、社会文明和生态文明协调发展提供了理论基石。其中，以生态价值观念为准则的生态文化体系是魂，是生态文明的思想保证、精神动力和智力支持；以产业生态化和生态产业化为主体的生态经济体系是命脉，是生态文明建设的物质基础；以治理体系和治理能力现代化为保障的生态文明制度体系是根本保障，是生态文明建设的政治保障和组织保障；以改善生态环境质量为核心的目标责任体系是分工，体现以人民为中心的发展思想；以生态系统良性循环和环境风险有效防控为重点的生态安全体系是目标，体现生态文明建设是实现中华民族永续发展的千年大计、根本大计。

在中共中央宣传部、生态环境部组织编写的《习近平生态文明思想学习纲要》一书中，习近平生态文明思想含有"十个坚持"，即坚持党对生态文明建设的全面领导，坚持生态兴则文明兴，坚持人与自然和谐共生，坚持绿水青山就是金山银山，坚持良好生态环境是最普惠的民生福祉，坚持绿色发展是发展观的深刻革命，坚持统筹山水林田湖草沙系统治理，坚持用最严格制度最严密法治保护生态环境，坚持把建设美丽中国转化为全体人民自觉行动，坚持共谋全球生态文明建设之路。"十个坚持"体现了习近平生态文明思想对人与自然关系的认识深化，体现了对人类文明发展规律、自然规律和经济社会发展规律的深刻洞察，为推进美丽中国建设评估和指标体系的建立提供了方向指引、根本遵循和实践动力，从根本上指出了美丽中国建设的关键环节，即要实现绿色低碳发展、生态环境优美，实现人与自然和谐共生。

2018 年 5 月习近平总书记在全国生态环境保护大会上提出"五大任务"，即要加快构建生态文明体系，要全面推动绿色发展，要把解决突出生态环境问题作为民生优先领域，要有效防范生态环境风险，要提高环境治理水平。这些任务是针对我国生态环境保护的形势在全国生态环境保护大会上提出的部署和要求。需要提出的是，"五大任务"是 2018 年全国生态环境保护大会根据当时的情况提出的，2023 年全国生态环境保护大会上提出了新形势下的五大重点任务：要持续深入打好污染防治攻坚战，加快推动发展方式绿色低碳转型，着力提升生态系统多样性、稳定性、持续性，积极稳妥推进碳达峰碳中和，守牢美丽中国建设安全底线，保障我们赖以生存发展的自然环境和条件不受威胁和破坏。

3. 习近平生态文明思想的内涵不断完善和丰富

生态文明建设在中国特色社会主义现代化强国建设中的位置随着我国经济社会发展的形势而不断变化，可以从历史逻辑和实践逻辑的角度加以讨论。历史逻辑是从新中国成立以来的时间角度讨论习近平生态文明思想的形成过程，实践逻辑是从怎么建设生态文明的角度讨论习近平生态文明思想的形成过程。两者均是以马克思主义立场、观点和方法指导中国实践、解决中国发展中的问题为出发点和落脚点的。

党的十八大以来，我们党关于生态文明建设的思想不断丰富和完善。2019 年 3 月 5 日下午，习近平总书记参加十三届全国人大二次会议内蒙古代表团审议时指出，在"五位一体"总体布局中生态文明建设是其中一位，在新时代坚持和发展中国特色社会主义基本方略中坚持人与自然和谐共生是其中一条基本方略，在新发展理念中绿色是其中一大理念，在三大攻坚战（防范化解重大风险、精准脱贫、污染防治）中污染防治是其中一大攻坚战。2021 年 4 月 30 日，习近平总书记在主持中共中央政治局第二十九次集体学习时，又在"四个一"的基础上增加了一个一：美丽中国是 21 世纪中叶建成富强民主文明和谐美丽的社会主义现代化强国目标中的一项重要目标。"五个一"成为一个有机整体，体现了中国共产党人对生态文明建设规律的科学把握，彰显了生态文明建设在新时代党和国家事业发展中的重要战略地位。"五个一"有着严密的内在逻辑。总体布局是推进中国特色社会主义事业的大框架，基本方略则是更具体的实践方向，新发展理念则是价值指引，"五个一"层次非常明晰，既有对生态文明建设规律的把握，又确立了生态文明建设在新时代党和国家事业发展中的地位、具体部署和要求①。

碳达峰碳中和纳入生态文明建设整体框架。气候变化、生物多样性等

———————

① 张云飞：《党的十九大以来习近平生态文明思想的新发展》，《国家治理》2022 年第 17 期，第 2—9 页。

成为国际热点和博弈焦点。"碳中和"成为各国政策导向和价值取向。实现碳达峰碳中和是推动高质量发展的内在要求，要坚定不移地推进，不可能毕其功于一役。要坚持全国统筹、节约优先、双轮驱动、内外畅通、防范风险的原则，深入推动能源革命，立足国情和资源禀赋特点，抓好煤炭清洁高效利用，传统能源退出要建立在新能源安全可靠的替代基础之上；大力发展新能源、可再生能源，推动煤炭和新能源优化组合，提高新能源消纳能力。新增可再生能源和原料用能不纳入能源消费总量控制，创造条件尽早实现能耗"双控"向碳排放总量和强度"双控"转变；加快形成减污降碳的激励约束机制，狠抓绿色低碳技术攻关，尤其要重视颠覆性技术的突破，大企业特别是国有企业要带头保供稳价。

生态文明建设在中国式现代化中的位置日益显现，是我们党处理发展与保护关系的重要内容。我们必须在建设富强民主文明和谐美丽的社会主义现代化强国新征程中，不断书写生态文明建设的壮丽篇章，为世界文明贡献中国智慧、中国方案和中国范例。

二、"绿水青山就是金山银山"的理念和哲学内涵

美丽中国建设，要处理好发展与保护的关系；这正是"绿水青山就是金山银山"理念揭示的内涵。在 2005 年 8 月 15 日，时任中共浙江省委书记的习近平同志考察安吉余村时提出了这一全新理念，既是对实践的认识升华和形象概括，也是对发展与保护、人与自然关系的深刻阐述，隐含着深刻的哲学内涵，不仅要理解深、理解透，更要付诸实践；只有把保护好生态环境落实在行动上，有了良好的生态环境才能有金山银山，也才能惠民富民。

1. 体现人与自然和谐的理念

"两山论"，首先是对人与自然关系认识的抽象。2006 年 2 月 23 日，习近平同志在《从"两座山"看生态环境》一文中指出，我们追求人与自然的和谐、经济与社会的和谐，通俗地讲，就是要"两座山"：既要金山

银山，又要绿水青山。这"两座山"之间有矛盾，但又可以辩证统一①。其次是对发展与保护关系的认识深化。在习近平总书记心中，"只要勤劳肯干，守着绿水青山一定能收获金山银山"，人不负青山，青山定不负人；最后是追求人与自然和谐共生。"要做到人与自然和谐，天人合一，不要试图征服老天爷"。无数事实证明，人类什么时候尊重自然、敬畏自然、保护自然，人类社会就会持续发展；什么时候试图凌驾于自然法则之上，结果都将遭到自然界报复。对此，恩格斯早就指出："我们不要过分陶醉于我们人类对自然界的胜利。对于每一次这样的胜利，自然界都对我们进行报复。"

2. 体现生态惠民的理念

生态环境没有替代品，用之不觉，失之难存。生态环境质量影响人类生命安全，一些疾病的发生与蔓延源于环境污染；人民群众生活水平和生活质量的提高，也有赖于生态环境质量的改善。习近平总书记指出，"建设生态文明，是民意，也是民生""环境治理是一个系统工程，必须作为重大民生实事紧紧抓在手上""良好生态环境是最公平的公共产品，是最普惠的民生福祉""为人民群众提供更多生态公共产品，提高生活质量和幸福指数，让老百姓在分享发展红利的同时，更充分地享受绿色福利，使生态文明建设成果更好地惠及全体人民，造福子孙后代"。习近平总书记的讲话，体现了炽热的民生情怀。我们要把实现好、维护好、发展好人民群众根本利益作为重要任务，统筹考虑短期与中长期的关系、整体利益与局部利益的关系，让人与自然相得益彰、融合发展。

3. 体现发展阶段的理念

在长期发展中，人们对"两座山"关系的认知经历了三个阶段：第一个阶段，是用绿水青山换金山银山，只要经济发展，产生 GDP，就不去认真考虑资源环境承载能力，造成了资源约束趋紧、环境污染严重、生态系

---

① 中共中央文献研究室：《习近平关于社会主义生态文明建设论述摘编》，中央文献出版社，2017 年。

统退化等严重问题；第二个阶段，既要金山银山也要绿水青山，这时候经济发展与资源匮乏、环境恶化之间的矛盾开始凸显出来，人们意识到环境是生存发展之本，采取了一些保护措施，但还只是就生态谈生态，并没有从全局的高度认识这个问题；第三个阶段，认识到绿水青山可以源源不断地带来金山银山，我们种的常青树是摇钱树，可以源源不断地带来财富，蓝天白云、青山绿水是长远发展的最大本钱，生态优势可以变成经济优势、发展优势，形成一种浑然一体、和谐统一的相互促进关系，体现了发展循环经济、建设资源节约型和环境友好型社会的理念。

4. 体现生态有价的理念

在相当长一段时间内，我国存在"资源无价、原料低价、产品高价"的说法，即生态环境是没有价值的，是无法计入成本的。事实上，生态系统是有价的，主要来自生态系统的服务价值。按照联合国《千年生态评估》报告，地球生态系统服务功能主要有供给、调节、文化、支持等 4 类 23 种。其中，供给功能主要有提供食物、淡水、生物质、基因资源等；调节功能是气候调节、水文调节、授粉等；文化功能主要是精神和宗教价值、教育与生态旅游等；支持功能主要是土壤形成、养分循环、动物栖息地等。生态系统功能，可以转化为财富、转变为金山银山。价值核算是手段，转移支付是途径，让绿水青山守护者、建设者得到应有的报酬，生态环境才有持续性。习近平总书记指出："要树立自然价值和自然资本的理念，自然生态是有价值的，保护自然就是增值自然价值和自然资本的过程。"

5. 体现系统治理的理念

守护"绿水青山"，就要对山水林田湖草沙进行系统治理、修复和保护，这是生态文明建设的系统观、整体观。长远地看，生态环境是经济社会可持续发展的基础，绿水青山的生态效益会持续稳定、不断增值，也是最大的财富、最大的优势、最大的品牌。将绿水青山打造成金山银山，使生态与经济良性循环、互利多赢。2013 年 11 月 15 日，习近平总书记在做《关于全面深化改革若干重大问题的决定》说明时指出："我们要认识到，山水林田湖是一个生命共同体，人的命脉在田，田的命脉在水，水的命脉在山，山的命脉在土，土的命脉在树。"这就形象阐明了自然系统各要素之间相互依存、相互影响的内在规律。如果种树的只管种树、治水的只管治水、护田的单纯护田，就容易顾此失彼，造成生态系统的失衡或破坏。

6. 体现可持续发展的理念

可持续发展，是要在资源环境承载力下的发展，既不能以生态环境为代价发展经济，也不能以环境保护的名义不发展经济，而要在保护中发展、在发展中保护。从"下决心把环境污染治理好、把生态环境建设好"到"把生态文明建设摆在全局工作的突出地位"，从"牺牲生态环境换取一时一地的经济增长"到"让良好的生态环境成为人民生活的增长点、成为经济社会持续健康发展的支撑点、成为展现我国良好形象的发力点"，意味着环境保护已经从过去的末端治理向生产生活各方面贯彻绿色发展理念转变。习近平总书记指出，在生态环境保护上一定要算大账、算长远账、算整体账、算综合账，不能因小失大、顾此失彼、寅吃卯粮、急功近利。必须从中华民族长远利益考虑，走生态优先、绿色发展之路，使绿水青山产生巨大生态效益、经济效益、社会效益。

三、要不断深化对生态文明建设的认识

美丽中国建设，不仅要有先进的理念引导，更要尊重自然、顺应自然。中华文明历来崇尚天人合一、道法自然，追求人与自然和谐共生。中国持续推进生态文明建设，坚定不移贯彻新发展理念，下大气力推动绿色发展，建设美丽中国，引领世界发展潮流，为实现碳达峰碳中和目标、维护全球生态安全作出更大贡献。

1. 建设美丽中国，是我们心向往之的奋斗目标

绿色是生命的象征、大自然的底色，更是美好生活的基础、人民群众的期盼。"建设美丽中国已经成为中国人民心向往之的奋斗目标"，习近

平主席在 2019 年中国北京世界园艺博览会开幕式上发表重要讲话①，总结了中国推动生态文明建设的生动实践，深入阐释了弘扬绿色发展理念的深刻内涵，向世界展示了建设美丽中国的坚强决心和坚定信念。

美丽中国建设，关系人民福祉，关乎民族未来，功在当代、利在千秋。无数治沙人、播绿人、守林人凭着只争朝夕的精神、持之以恒的坚守，以尺寸之功、积千秋之利。有了社会主义生态文明观引领，有了政策调控，有了公众的生态自觉，有了可持续的转化途径，才能有人与自然和谐共生的现代化建设新格局，也才能有"绿水青山就是金山银山"的现实。因此，要发展形成节约资源、保护环境的产业结构、生产方式和消费模式。

让大地山川绿起来，是生态文明建设的重要内容，也是美丽中国建设的重要途径。植树种草造林种下的是一片绿，也是一股精气神儿。"造林绿化是功在当代、利在千秋的事业""开展国土绿化行动，既要注重数量更要注重质量""多种树、种好树、管好树，让大地山川绿起来，让人民群众生活环境美起来"。习近平总书记多次参加首都义务植树活动，指出造林绿化的重大意义，用实际行动践行爱绿护绿的决心。

前人栽树，但后人不能止于乘凉。今天，造林绿化已经从代代相传的精神内涵，内化为人人有责的行动自觉，唤起了更多人的生态自觉、涵养全社会的绿色发展理念。生态文明建设纳入国家发展总体布局，建设美丽中国成为人们心向往之的奋斗目标。推动长江经济带发展，坚持共抓大保护，不搞大开发；城市绿道不断延伸，既是绿色发展的快车道，也是生活的幸福道；绿色是一种追求，更是一种责任。无论是"五位一体"总体布局的顶层设计，还是"还绿于民"的基层治理，抑或是"低碳、节能、环保"的生活观念，都是绿色发展的有力实践，都是生态文明的深刻彰显。

"天地与我并生，而万物与我为一"。锦绣中华大地，孕育了中华民

①新华网：《习近平在 2019 年中国北京世界园艺博览会开幕式上的讲话》，2019 年 4 月 28 日，http://www.xinhuanet.com/politics/leaders/2019−04/28/c_12101211389.htm.

族 5 000 多年的灿烂文明，造就了中华民族天人合一的崇高追求。筑生态文明之基，走绿色发展之路，我们就一定能让中华大地天更蓝、山更绿、水更清、环境更优美，为子孙后代留下美丽家园，为中华民族赢得美好未来。中国日益增长的绿色为世界环境增色。中国的绿色行动，展现情怀和担当，为护佑全人类唯一的生存家园贡献了智慧和力量。

2. 尊重自然规律，坚持系统治理

发展理念是行动先导，是管全局、管根本、管长远的，引领我们在破解难题中增强发展动力，实现更高质量、更有效率、更加公平、更可持续的发展。必须践行"两山论"，坚持节约优先、保护优先、自然恢复为主的方针。有了习近平生态文明思想的指引，全国上下一心共同推动生态文明建设，就一定能建成青山常在、绿水长流、空气常新的美丽中国。

发展理念是发展思路、是发展方向、是发展着力点的集中体现。创新、协调、绿色、开放、共享的新发展理念，反映了我们党对发展规律认识的不断深化，彰显了开拓发展方式新革命、提升发展水平新境界的决心与信心，旨在破解发展难题、增强发展动力、厚植发展优势。以绿色发展为导向，引导产业布局和优化升级，推动企业入园集约集聚发展，形成新产业、新动能、新业态，形成节约资源和保护环境的空间格局、产业结构、生产方式和生活方式，实现人民富裕、国家强盛、中国美丽。

建设美丽中国，必须尊重自然。我们的祖先就强调天人合一："万物各得其和以生，各得其养以成。"人与自然是生命共同体，人类必须尊重自然、顺应自然、保护自然。随着技术进步和社会发展，人类利用自然和改造自然的能力不断提高，形成不同起源的文明。由于世界人口的不断膨胀，仅仅保护自然是不够的，还要在尊重自然、顺应自然的前提下利用自然、造福人类。古人的采摘、狩猎，是利用自然求生存；我国的都江堰工程是利用自然发展水利，迄今仍在造福成都平原。

"山水林田湖草沙是一个生命共同体"的系统思想，要求我们在生态环境治理中更加注重统筹兼顾。长期以来，生态环境保护领域存在各自为政、九龙治水、多头治理等问题。统筹山水林田湖草沙系统治理，旨在从系统工程和全局角度寻求新的治理之道，不能头痛医头、脚痛医脚，各管一摊、相互掣肘，而是通过统筹兼顾、整体施策、多措并举，推动生态环境治理现代化。打通地上和地下、岸上和水里、陆地和海洋、城市和农村、一氧化碳和二氧化碳，对山水林田湖草沙进行统一保护、统一修复，必将为打好污染防治攻坚战、建设美丽中国夯基筑台、保驾护航。

绿色发展是发展观的一场深刻革命，是构建高质量现代化经济体系的必然要求，也是解决污染问题的根本之策。要围绕调整经济结构和能源结构等重点，培育壮大环保产业、循环经济，倡导绿色低碳生活方式；把解决突出生态环境问题作为民生优先领域，打赢蓝天保卫战这个重中之重；有效防范生态环境风险，提高环境治理水平，让良好生态环境成为人民生活的增长点、经济社会持续健康发展的支撑点和展现我国良好形象的发力点。

需要转变观念，增强可持续发展能力。要加强宣传教育，改变那种"生态环境好不能当饭吃"的传统观念，完善发展成果的考核评价体系，发挥政绩考核对生态文明建设的"指挥棒"作用。对领导干部实行自然资源资产离任审计，建立生态环境损害责任终身追究制，切实改变发展不平衡、不协调、不可持续等问题。

3. 不断深化对如何建设生态文明的理解和认识

党的十八大以来，习近平总书记从中华民族永续发展的高度出发，通过理论创新、实践创新和制度创新，提出了一系列的原创性新理念、新思想、新战略，构建了系统完整、逻辑严密、内涵丰富、博大精深的科学体系，深刻回答了为什么建设生态文明、建设什么样的生态文明、怎样建设生态文明等重大理论和实践问题，形成习近平生态文明思想。

2022年7月，中共中央宣传部发出《关于认真组织学习〈习近平生态文明思想学习纲要〉的通知》指出，习近平生态文明思想是习近平新时代中国特色社会主义思想的重要组成部分，是马克思主义基本原理同中国生态文明建设实践相结合、同中华优秀传统文化相结合的重大成果，是以习近平同志为核心的党中央治国理政实践创新和理论创新在生态文明建设领域的集中体现，是新时代我国生态文明建设的根本遵循和行动指南。我们要把学习宣传贯彻习近平生态文明思想引向深入，不断深化认识，全面理解把握，并转化为实际行动，为美丽中国建设提供有力支撑保障。

生态系统是有机统一的自然系统，是相互依存、紧密联系的有机链条，要更加注重综合治理、系统治理、源头治理，推进山水林田湖草沙一体化保护和系统治理，把碳达峰碳中和纳入生态文明建设整体布局和经济社会发展全局，推进减污降碳协同增效，统筹污染防治、生态保护、应对气候变化。要加快构建现代生态环境治理体系，坚持用最严格制度最严密法治保护生态环境。生态文明是人民群众共同参与共同建设共同享有的事业，要把建设美丽中国转化为全体人民自觉行动，构建形成"大环保"格局。人类是命运共同体，地球是生命共同体，坚持共谋全球生态文明建设，深度参与全球生态环境治理，共建清洁美丽世界。

必须深入学习习近平生态文明思想。习近平生态文明思想，是生态价值观、认识论、实践论和方法论的总集成，是指导生态文明建设的总方针、总依据和总要求。实现第二个百年奋斗目标的新征程，要深入学习贯彻习近平生态文明思想，做到学思用贯通、知信行统一，勇做习近平生态文明思想的坚定信仰者、忠实践行者和不懈奋斗者。保持加强生态文明建设的战略定力，坚定不移走生态优先、绿色发展之路，推动形成人与自然和谐共生新格局，为建设天更蓝、山更绿、水更清、环境更优美、各美其美的美丽中国作出更大贡献。

要不断深化对为什么建设生态文明的认识，保持并加强生态文明建设的战略定力。生态兴则文明兴、生态衰则文明衰。人与自然是生命共同体。良好的生态环境是最普惠的民生福祉。生态文明是人类文明进步的历史趋势，生态文明建设是关系中华民族永续发展的根本大计。进入新发展阶段，贯彻新发展理念、构建新发展格局，推动高质量发展，创造高品质生活，对加强生态文明建设、加快推动绿色低碳发展提出了新的更高要求。必须保持生态文明建设的战略定力，坚定不移走生态优先、绿色发展之路，久久为功，不懈奋斗。

　　在新征程上，我们必须紧密团结在以习近平同志为核心的党中央周围，加强党对生态文明建设的全面领导，坚持用习近平新时代中国特色社会主义思想和习近平生态文明思想武装头脑、指导实践、推动工作，胸怀"国之大者"，攻坚克难、砥砺前行，努力建设人与自然和谐共生的美丽中国，为实现中华民族伟大复兴的中国梦作出新的更大贡献。

第五章

美丽中国建设的重中之重是生态环境保护

中国共产党人对美丽中国建设的探索与推动，自新中国成立以来就一直未曾停下脚步，现已形成了一整套理论体系与实践模式。美丽中国建设是全面建设社会主义现代化强国的重要任务；以发展的思路解决发展中的问题，也是中国式现代化的成功经验之一。本章依据周宏春[1]、解振华[2]等人的文章对美丽中国建设探索进行重点阐述，同时结合对比国内外生态环境保护领域的共同之处，系统剖析我国绿色发展道路中所蕴含的中国特色。

一、美丽中国建设的历史演进

新中国成立初期，百废待兴。毛泽东同志把除水害、兴水利作为治国安邦的大事，先后发出"一定要把淮河修好""把黄河的事情办好""一定要根治海河"等号召，有计划、有步骤地开启了新中国初期防洪、灌溉、

---

[1] 周宏春、季曦：《改革开放三十年中国环境保护政策演变》，《南京大学学报（哲学·人文科学·社会科学版）》2009 年第 1 期，第 31–40 页。

[2] 解振华：《中国改革开放 40 年生态环境保护的历史变革——从"三废"治理走向生态文明建设》，《中国环境管理》2019 年第 4 期，第 5–10 页。

疏浚河道等水利事业。1956 年，毛泽东同志发出"绿化祖国""实现祖国园林化"的号召，体现了系统思维和为人民服务的情怀。

1973 年我国召开第一次全国环境保护会议，通过保护和改善环境的若干规定，使环境保护有据可依。1978 年在宪法中规定"国家保护环境和自然资源"的相应条款。1979 年《环境保护法（试行）》中提出"全面规划、合理布局、综合利用、化害为利、依靠群众、大家动手、保护环境、造福人民"的 32 字方针。其中，"综合利用、化害为利"是循环经济的核心；"依靠群众、大家动手"是公众参与的本土特色；"保护环境、造福人民"是生态惠民富民的最初版本。1983 年底将环境保护确定为我国的一项基本国策。第三次全国环境保护会议明确的"三大政策"和"八大制度"，奠定了我国环境保护制度的基础。

可持续发展理念引入我国。1992 年 6 月里约联合国环境与发展大会后，中共中央 9 号文发布"环境与发展十大对策"。1994 年 3 月发布《中国 21 世纪议程》，提出"走可持续发展道路，是加速我国经济发展，解决环境问题的正确选择"。1997 年可持续发展写入党的十五大报告。1998 年党中央提出"退耕还林、封山绿化"，向全国人民发出"再造秀美山川"的号召。2002 年，江泽民出席全球环境基金第二届成员国大会时指出，只有走以最有效利用资源和保护环境为基础的循环经济之路，可持续发展目标才能得到实现。2007 年党的十七大提出"建设生态文明"的要求。2008 年，《循环经济促进法》出台，提出要实施减量化、再利用、资源化方针，实现"从摇篮到摇篮"的全过程循环发展。

以可持续发展、清洁生产、环境质量管理标准等的推进为引领，促进经济发展方式的转型；以环保模范城、生态工业园、生态文明示范市等的试点示范，引领全社会提高资源利用效率，减少污染物排放，开创了人与自然和谐共生的新局面。

1. 环境保护上升为基本国策阶段（1978—1992 年）

改革开放后，党和国家的工作重心转移到经济建设上来。各地的经济发展热情得到极大程度的释放，有些地区"村村点火，户户冒烟"，由此带来一系列环境污染问题。我国坚持"发展是第一要务"，有些地区却片面强调"发展是硬道理"，导致资源环境问题日益突出。为此，我国提出环境保护的"三同步""三统一"等规定，要求在经济建设、城乡建设的同时保护环境。此后，还相继推进经济结构调整，关闭小造纸、小制革等"十五小"污染型企业，在重点流域和重点区域开展环境污染治理，从根本上融合经济发展与环境保护的关系。

这一时期，我国生态环境保护重点是确定方针政策，生态建设侧重于植树造林、水土保持。一是提出了一系列方针政策，包括"预防为主，防治结合""谁污染，谁治理"和"强化环境管理"，"经济建设、城乡建设和环境建设同步规划、同步实施、同步发展"（三同步），实现"经济效率、社会效益和环境效益的统一"（三统一）。二是环保立法提上了议事日程。1978年，环境保护写入宪法，为环保立法提供了依据。1979年《环境保护法（试行）》出台，开环保立法先河。1982年通过《海洋环境保护法》，此后陆续通过《水污染防治法》《大气污染防治法》《水土保持法》，至20世纪90年代初，我国形成了较完善的环境保护法律体系。三是管理部门独立、升格。1982年，城乡建设环境保护部组建，内设环境保护局；1984年内设环保局改为国家环境保护局；1988年国家环境保护局升格为副部级，成为国务院直属机构。1983年底召开的第二次全国环境保护会议将环境保护确立为我国的基本国策。环境保护开始纳入国民经济和社会发展计划，成为经济社会发展的组成部分。四是强调资源综合利用。1979年《环境保护工作汇报要点》、1983年《国务院关于结合技术改造防治工业污染的几项规定》等文件，要求把"三废"治理、综合利用和技术改造结合起来。五是倡导植树造林。1979年2月，《森林法（试行）》将每年3月12日确定为植树节，把"三北"防护林工程列为国家经济建设的重要项目。1981年12月，《关于开展全民义务植树运动的决议》规定，植树造林是公民应尽的义务。

党的十五大召开之前，是以"环境保护"作为理论指引的阶段。总体上是借鉴学习西方环境保护思想的环境法，以《环境保护法》（1989年）、《矿产资源法》（1986年）、《森林法》（1984年）等为典型代表。环境法在认识论上还未看到环境保护的独立意义，以致常将保障人体健康和促进经济发展作为环境法的两大立法目的(仅将环境保护视为手段)，侧重对环境、资源、生态的分散和零碎保护，欠缺对整个国土空间利用的有序性、不同自然要素的关联性、生态系统的整体性以及同一自然要素不同功能之间冲突性的关注和协调。

2. 可持续发展战略初步确立阶段（1992—2002年）

1992年6月，联合国环境与发展大会在巴西里约热内卢召开，通过《里约环境与发展宣言》和《21世纪议程》等文件，中国向世界承诺走可持续发展道路。环境保护出现以下新特点：

一是将可持续发展确立为国家发展战略。1993年，我国制定《中国关于环境与发展问题的十大对策》；1994年3月，我国发布《中国21世纪议程——中国21世纪人口、环境与发展白皮书》，明确提出转变发展战略，走可持续发展道路，是加速我国经济发展、解决环境问题的正确选择。1997年，可持续发展战略首次写入党的十五大报告。

二是加大环境保护力度。国务院发布了《关于环境保护若干问题的决定》，实施《污染物排放总量控制计划》和《跨世纪绿色工程规划》，环境污染防治取得阶段性进展。此后进一步加大环境保护力度，大力推进"一控双达标"工作，全面开展"三河""三湖"水污染防治，"两控区"大气污染防治、"一市""一海"污染防治工作简称"33211"工程。1998年长江全流域洪水后，国家启动退耕还草、退耕还林等一系列重大生态建设工程，"砍树人"变为"种树人"，并成为生态环境政策转向的标志。

三是环境管理制度化和法制化。1993年全国人大环境与资源保护委员会成立，有力推进了资源环境保护立法进程。2002年，《清洁生产促进法》出台，标志着污染治理模式由末端治理转向全过程控制。修订《大气污染防治法》《水污染防治法》《固体废物污染环境防治法》《海洋环境保护法》，制定《放射性污染防治法》《环境影响评价法》等。2008 年 7 月，国务院机构改革，国家环境保护总局升格为环境保护部，成为国务院组成部门。

3. 科学发展观形成阶段（2002—2012 年）

进入 21 世纪，中国经济发展进入"快车道"。粗放型增长方式引发的资源约束趋紧、环境污染严重、生态系统退化等问题凸显，2005 年松花江污染、2009 年渭河石油污染等是环境污染事件频发的典型案例。

2003 年，党的十六届三中全会提出了"坚持以人为本，树立全面、协调、可持续的发展观，促进经济社会和人的全面发展"。2006 年党的十六届五中全会提出建设资源节约型和环境友好型社会。2007 年首次将"建设生态文明"写入党的十七大报告，作为全面建设小康社会的要求。2008 年发布《循环经济促进法》，注重从资源效率角度保护生态环境。

节约资源和保护环境基本国策在社会经济发展中的地位得到强化。在生产、流通、消费等各领域各环节，要求采取技术和管理等综合措施，不断提高资源利用效率，以满足人们日益增长的物质文化需求；强化约束性指标管理，实行能源和水资源消耗、建设用地等总量和强度双控行动，提高节能、节水、节地、节材、节矿等标准体系。加强重点行业、重点企业、重点项目节能减排，推行企业循环式生产、产业循环式组合、园区循环式改造，推动"资源—产品—废弃物"的线性增长向物质闭环的可持续发展模式转变。实施近零排放示范工程，主动实行碳排放的有效控制行动。推动资源节约行动计划，如万家企业节能低碳行动、绿色建筑行动、车船路港千家企业节能低碳行动、节约型公共机构示范、循环经济典型模式示范推广等，不断拓展绿色发展新空间。

党的十五大至党的十八大，是以"可持续发展"作为理论指引的阶段，以《循环经济促进法》（2008 年）、《节约能源法》（1996 年）、《环境影响评价法》（2002 年）和《防沙治沙法》（2001 年）等为典型代表。1997 年，党的十五大把可持续发展确定为中国"现代化建设中必须实施"

的战略，标志性事件是 1997 年《节约能源法》的出台，1999 年开启了第三次立法高潮（2002 年到达巅峰）。从理论上看，以可持续发展思想为指引的第二代环境法相较于第一代环境法而言已有诸多进步：在认识论上，将环境与发展视为一个整体，确立了"经济—社会—自然"复合系统思维，着力实现发展与保护"一体化决策"和产品生命周期"全过程管理"；开始重视资源的综合利用和循环利用；在保护对象上拓展到能源领域，注重常规能源的节约利用、梯级利用以及可再生能源、清洁能源的替代开发利用；注意经济利益和环境利益的综合平衡等。但也不可避免地存在诸多明显局限性，如主要以经济社会发展为出发点和落脚点——以解决发展的可持续性为首要目标，未致力于解决"好""齐""快"的高质量发展、高品质生活和高水平保护问题。

4. 生态文明建设深入推进阶段（2012 年以来）

党的十八大以来，以习近平同志为核心的党中央统筹推进"五位一体"总体布局和协调推进"四个全面"战略布局，开展了一系列根本性、开创性、长远性的环境保护工作。《关于加快推进生态文明建设的意见》和《生态文明体制改革总体方案》出台，确立生态文明"四梁八柱"制度，生态文明绩效评价考核和责任追究制度基本建立。制定实施大气、水、土壤污染防治三个"十条"。建立了国家环境保护督察制度，按照督查、交办、巡查、约谈、专项督察的程序，实现 31 个省（自治区、直辖市）全覆盖，对重点区域、重点领域、重点行业进行专项督察。落实生态环境保护"党政同责""一岗双责"，强化追责问责，严肃查处违法案件。制度出台频度之密、污染治理力度之大、监管执法尺度之严前所未有，环境质量得到明显的改善，既可以由数据证实，也是居民切身感受。

生态文明观念在全社会树立。循环经济形成较大规模，可再生能源比重显著上升，主要污染物排放得到有效控制，生态环境质量明显改善，基本形成节约能源资源和保护生态环境的产业结构、增长方式、消费模式。绿色消费拉动生产过程的绿色化。推广高效照明等绿色节能产品，鼓励选购节水龙头、节水马桶、节水洗衣机等节水产品，加大新能源汽车推广力度，加快电动汽车充电基础设施建设。各地开展创建绿色家庭、绿色学校、绿色社区、绿色商场、绿色餐馆等行动，倡导绿色居住，合理控制夏季空调和冬季取暖室内温度，大力发展公共交通，鼓励自行车、步行等绿色低碳出行，居民广泛参与垃圾分类、废物回收利用。

积极应对气候变化。《中国应对气候变化的政策与行动》提出，到2020 年单位国内生产总值二氧化碳排放比 2005 年下降 40%—45%，作为约束性指标纳入国民经济和社会发展中长期规划，制定统计、监测、考核办法。大力发展新能源可再生能源、积极推进核电建设，非化石能源占一次能源消费的比重达到 15% 左右；通过植树造林和加强森林管理，森林面积比 2005 年增加 4 000 万公顷，森林蓄积量比 2005 年增加 13 亿立方米，成为全球生态文明建设的重要参与者、贡献者和引领者。

在以习近平生态文明思想为指导思想的环境立法阶段，《黄河保护法》（2022 年）、《长江保护法》（2020 年）、《湿地保护法》（2021 年）、《噪声污染防治法》（2021 年）、《生物安全法》（2020 年）、《森林法》（2019年修订）、《固体废物污染环境防治法》（2020 年修订）、《黑土地保护法》（2022）等一系列法律相继出台。这些立法或将习近平总书记关于生态文明建设的话语、指示和论断确认为立法目的、基本原则，如《湿地保护法》《长江保护法》《黄河保护法》《森林法》等；或将习近平生态文明思想中的某些内容转化为实质制度规则，如《噪声污染防治法》《生物安全法》等。部分法规的条款进一步明晰，如宪法（2018 年修正）明确将"生态文明建设"规定为国务院行使的职权，民法典（2020 年）规定绿色原则等"绿色条款"，《民事诉讼法》（2017 年修正）、《行政诉讼法》（2017 年修正）规定环境公益诉讼制度，《刑法》（2020 年修正）添设了破坏自然保护地罪，以及非法引进、释放、丢弃外来入侵物种罪等新罪名。最高人民法院、最高人民检察院出台《关于审理环境民事公益诉讼案件适用法律若干问题的解释》《环境资源案件类型与统计规范（试行）》《关于审理生态环境侵权纠纷案件适用惩罚性赔偿的解释》《关于办理破坏野生动物资源刑事案件适用法律若干问题的解释》等 10 多件司法解释。

以习近平生态文明思想为立法指导，具体表现在 [①]：一是坚持和改善党对生态文明建设的全面领导（政治保证）；二是坚持以自然为根、以林草为基、以人为本、以正义为魂（伦理立场）；三是坚持生产发达、生活美好、生态平衡的"三生共赢"，建设人与自然和谐共生的现代化（发展道路）；四是坚持维护环境良好、资源永续、生态健康，不断满足人民群众对优质生态产品和服务的需要（核心任务）；五是坚持构建面向高质量发展、高品质生活和高水平保护的中国生态文明体系，推进生态环境保护领域治理体系和治理能力现代化（总体目标）；六是坚持空间的有序化、发展的生态化、生态的资本化、治理的体系化、保护的经济化（方式手段）；七是坚持科技创新、政府管理、市场调节和公众参与一体化建设（动力机制）；八是坚持良法善治和道德教化相结合（行为规范）；九是坚持立足本国、放眼全球（两个大局）；十是坚持统筹兼顾、因地制宜、综合平衡（方法原则）；十一是坚持建设敢于担当、甘于奉献、专业过硬的高素质生态文明队伍，加强人财物保障（保障措施）；十二是坚持"党政同责、一岗双责"，牵住领导干部这个"牛鼻子"（"关键少数"）。

二、各国在发展与保护关系上的共同性

没有经济发展，谈不上生态文明建设。人类生产生活依赖于自然，也会带来环境污染和生态破坏。生态环境保护需要资金投入，也会在一定程度上影响经济增长数量和速度。只有经济发展，才能不断满足人民群众日益增长的物质文化需要。没有经济的数量增长，也不可能有"量变到质变"，

---

① 杨朝霞：《以习近平生态文明思想作为指导，共绘新时代人与自然和谐共生法治新画卷》，2023 年 1 月 18 日，https://www.gmw.cn/xueshu/2023-01/18/content_36312091.htm.

不可能有物质财富的积累①。因此，我们要把握发展与保护的"度"，既不能为眼前利益和一时增长而竭泽而渔、杀鸡取卵，透支子孙后代福祉，也不能因为生态环境保护而放弃发展，或坐等别人援助。

一般地，一个国家或一个地区的经济增长与环境质量之间存在一定的关系，这种关系体现在坐标上，横轴用人均收入表示，纵轴用环境质量表示，构成了一个曲线图；这种关系曲线称之为环境库兹涅茨曲线（Environmental Kuznets Curve）（详见下图 5-1）。

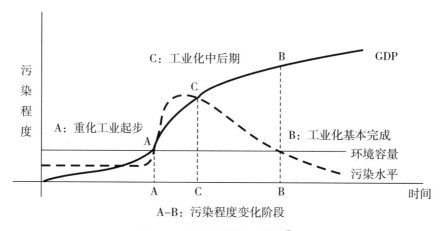

图 5-1　环境库兹涅茨曲线②

环境库兹涅茨曲线，指一个地方或一个国家经济发展水平较低时，环境质量较好，或环境污染程度较轻。随着人均收入增加，环境污染程度逐步加重，或环境恶化程度随经济增长而加剧。当经济发展达到一定水平后污染到达临界点或"拐点"。随着人均收入的进一步增加，环境污染程度缓慢减轻，环境质量逐渐改善。对于这一环境库兹涅茨曲线规律，国内外有很多研究，既有批评意见也有改善建议。总体上这一规律是值得肯定的。

对污染物水平或污染程度，国内学者做了细分：在经济起飞前主要是

①周宏春、江晓军：《习近平生态文明思想的主要来源、组成部分与实践指引》，《中国人口·资源与环境》2019 年第 29 卷第 1 期，第 1-10 页。

②李善同、刘勇：《环境与经济协调发展的经济学分析》，《北京工业大学学报（社会科学版）》2001 年第 3 期，第 1-6 页。

传统的农业，"三废"排放量低于环境容量，环境质量良好；随着工业化、特别是重化工业的发展，污染物排放量迅速增加并超过自然净化能力，污染程度达到最严重。其后，随着经济进入工业化中后期阶段，增长方式由外延扩张向内涵扩大转变，人们对美好生活环境的诉求增加，加之环境保护投入加大和技术进步，环境质量逐步改善。

习近平同志在任中共浙江省委书记期间，从理念上提出认识的三个阶段："只要金山银山，不管绿水青山"，只要经济，不考虑环境，"吃了祖宗饭，断了子孙路"而不自知，这是认识的第一阶段；虽然意识到环境的重要性，但只考虑自己的小环境、小家园而不顾他人，以邻为壑，有的甚至将自己的经济利益建立在对他人环境的损害上，这是认识的第二阶段；真正认识到生态问题无边界，认识到人类只有一个地球，地球是我们的共同家园，保护环境是全人类的共同责任，生态建设成为自觉行动，这是认识的第三阶段[①]。

习近平同志从行为心理的角度描述了不同的发展阶段，"绿水青山"与"金山银山"的转化关系："山"还是那座山，在欠发达阶段，人们为生存要"砍柴烧"；在登山过程中，由于"饿怕了"，要乱砍滥伐；在接近山顶时（相当于进入工业化中后期），人们看到自然环境的"风景如画"，强调宁要"绿水青山"不要"金山银山"。保护"绿水青山"就是做大"金山银山"、破坏"绿水青山"就是损耗"金山银山"。

"先污染后治理"是西方国家工业化时走过的路子。伴随改革开放后我国经济的快速发展，发达国家现代化中逐步出现并得到解决的环境污染问题，在我国短期内集中爆发，呈现出复合性、压缩性、累积性特点，一度成为民生之痛、民生之苦。而解决生态环境问题，必须贯彻落实新发展理念，把经济活动的行为限制在地球的资源环境容量之内，给自然留下休养生息的时间和空间。我国生态环境质量经过多年治理，改善之快是发达

①习近平：《环境保护要靠自觉自为》，2003年8月8日，https://news.sina.com.cn/c/2003-08-08/1243530086s.shtml.

国家所没有过的，其间经历了从良好、恶化到总体好转的历史性变化，走过了一条"跨越高山"之路。

按照节约资源、保护环境的基本国策要求，坚持在发展中保护，在保护中发展，加强节能、节水、节地、节材和资源综合利用，促进经济发展与人口、资源、环境相协调。淘汰高耗能、高污染、低效益的落后生产能力，推动发展理念由注重增长的数量和速度向注重增长的质量和效益转变，推进经济增长由主要依靠投资拉动向依靠投资、消费、出口协调拉动转变，由主要依靠第二产业带动向三次产业高质量协同发展转变，由主要依靠增加物质资源消耗向主要依靠科技进步、劳动者素质提高、管理创新、优化资源配置转变，推动发展方式由要素高投入、高消耗、高排放、难循环、低效率向低投入、低消耗、低排放、能循环、高效率转变；加快推进信息化与工业化融合，发展特色产业和现代服务业，促进产业结构优化转型升级；推动消费模式由铺张浪费、比阔气、讲排场向适度消费、精打细算转变，建设资源效率型、环境质量型社会，实现社会经济环境的全面、协调、可持续发展。

地球是我们的"唯一家园"，必须守护。坚持底线思维，以国土空间规划为依据，把城镇、农业、生态空间和生态保护红线、永久基本农田保护红线、城镇开发边界作为调整经济结构、推进新型城镇化不可逾越的红线。统筹山水林田湖草系统治理，重点解决影响群众健康的污染问题，打好打赢蓝天碧水净土保卫战。以污染企业整治和达标排放为重点，优化产业结构；以散煤清洁化替代为重点，优化能源结构；以公路转铁路和柴油货车治理为重点，优化运输结构；以绿化和扬尘整治为重点，优化用地结构。碧水保卫战，要保护水源地，整治城市黑臭水体，推进重点流域和海洋的治理，加强长江保护修复，加快建设城镇、开发区、工业园区污水处理设施并正常运行。循序渐进推进土壤污染防治，减少土壤污染对食品安全的风险。

我国人口众多、人均资源不足、生态环境承载能力薄弱是基本国情。

随着我国经济增长和人口不断增加，特别是工业化和城市化的快速发展，水、土地、能源、矿产等资源不足的矛盾愈发突出，生态环境保护形势相当严峻。如果一味追求经济增长规模和速度，不重视发展质量和效益，无限度地索取自然资源、肆无忌惮地破坏生态环境，以牺牲资源环境为代价换取经济增长，资源支撑不了，环境难以容纳，发展也难以持续。只有让良好的生态环境成为群众生活改善的增长点，成为经济社会持续健康发展的支撑点，成为展现我国良好形象的发力点，才能满足人民群众对美好生态环境的新期待。

三、要以发展的思路解决发展中的问题

美丽中国，是中国式现代化的重要特征内涵。理解党的二十大报告中提出的"既有各国现代化的共同特征，更有基于自己国情的中国特色"，可以从现代化和中国式这两个方面加以讨论。中国式现代化，包含中国式和现代化两个关键词组。其中，现代化是主词，中国式是对现代化的空间界定或约定 [①]。

1. 坚持和加强党的全面领导，本质是责任到人

中国式现代化之所以取得伟大成就，根本原因在于我们党的领导。生态环境关系我们党的宗旨使命，也关系中华民族永续发展。中国共产党在中国大地上产生并发展壮大起来，在带领全国人民从站起来、富起来到强起来的过程中，践行"以人民为中心"的价值观念，坚持生态惠民、生态利民、生态为民，进而健全党委领导、政府主导、企业主体、社会组织和公众共同参与的生态环境治理体系，实现治理能力现代化。

党的领导是中国特色社会主义的本质特征。《中共中央关于党的百年奋斗重大成就和历史经验的决议》（以下简称《决议》）指出："中国共

①周宏春：《中国生态文明建设发展进程——庆祝改革开放 40 年》，2018 年 11 月 12 日，https://www.71.cn/2018/1112/1023828.shtml.

产党是领导我们事业的核心力量。中国人民和中华民族之所以能够扭转近代以后的历史命运、取得今天的伟大成就，最根本的是有中国共产党的坚强领导。"我们党从诞生之日起，就带领全国人民经受了各种风险、付出了巨大牺牲，创造了新民主主义革命的伟大成就；自力更生、发愤图强，创造了社会主义革命和建设的伟大成就；解放思想、锐意进取，创造了改革开放和社会主义现代化建设的伟大成就；自信自强、守正创新，创造了新时代中国特色社会主义的伟大成就。历史和现实都证明，没有中国共产党，就没有新中国，就没有中华民族伟大复兴。

中国式现代化，赋予了中国特色现代化治理机体和生命力，展示了人的自由而全面发展图景。落实"党政同责、一岗双责"，本质是将《环境保护法》中的属地管理责任到人，重点是"一把手"，是关键少数，并通过中央环保督察制度来检验这一责任的落实效果。党的把舵领航，既可以防止政策执行走样、基层执行能力不够，又可以防止由于大量关停企业导致失业增加，埋下社会稳定隐患，甚至以新的问题取代旧的问题，而不是真正解决问题。

只有坚持党的全面领导，才能推动生态文明建设和生态环境保护不断迈上新台阶。生态环境部门从组建之日起，特别是从国务院环境保护工作领导小组开始，就试行齐抓共管、"一岗双责"的管理模式。1984—1998 年，国务院设立环境保护委员会，主管副总理兼任委员会主任，每个季度召开相关部门协商会，国家环境保护局负责协调落实，成为"一岗双责"雏形。20 世纪 90 年代后期，由中共中央总书记主持，以党中央、国务院名义每年召开一次高规格的"中央人口资源环境工作座谈会"，人口、资源、环保部门分别汇报相关情况，不仅体现了党对环境保护工作的领导和重视，也在一段时间内收到了较好效果。

实践证明，建设生态文明，保护生态环境，只要"一把手"担负相应的政治责任，就能按照中央确定的精准治污、科学治污和依法治污要求，避免没有量化标准执法出现的"一刀切""关了再说"等问题。我国生态环境保护能发生历史性、转折性、全局性变化，最根本的原因就在于不断加强了党对生态文明建设和生态环境保护的坚强领导。

2. 利用计划资源集中力量解决环境污染和生态退化问题

环境保护是我国最早开展国际合作的领域，可持续发展、清洁生产、循环经济等理念和实践引领我国的环境保护。从苏联援建的 156 项重大工程中安排综合利用项目，到 1973 年召开第一次全国环境保护会议；从经济发展与环境保护相协调，到"绿色发展、循环发展、低碳发展"，乃至"加快发展方式绿色转型，推动形成绿色低碳的生产方式和生活方式"，反映我国在理念上的与时俱进。经济发展不能竭泽而渔，生态环境保护也不能不顾经济发展。

将生态环境保护纳入国民经济和社会发展规划，既是中国解决发展中的重大问题的特色之一，也是 32 字方针中"全面规划"的有机延伸。纳入规划有多个层次：一是纳入国民经济和社会发展规划纲要；二是编制出台节能减排综合工作方案；三是编制实施生态环境保护总体规划；四是编制大气、水、土壤污染防治专项规划等。

1982 年，"六五"计划改名为国民经济和社会发展计划，社会发展包含环境保护，而环境保护成为计划中的独立篇章。我国此后的国民经济和社会发展计划均覆盖生态环境保护的内容。2001 年 12 月我国加入世贸组织（WTO）后，社会经济发展加快，能源、钢铁、化工等行业快速增长，主要污染物排放总量大幅增加。"十一五"规划纲要将主要污染物排放总量和单位 GDP 能源消耗下降比例作为约束性指标，并分解到省（自治区、直辖市）。"十二五"规划纲要纳入能耗强度、碳排放强度、资源产出率等约束性指标，污染物总量控制范围扩大至化学需氧量、氨氮、二氧化硫、氮氧化物，将减少 8%、10%、8%、10% 作为约束性指标。"十三五"规划纲要纳入大气质量、水环境质量等约束性指标。"十四五"国民经济和社会发展规划纲要，基本沿袭了这些指标要求。

从"十一五"时期开始，国家编制实施节能减排综合工作方案，主要包含节能、资源综合利用（循环经济）和污染物减排等领域目标指标。"十一五"期间，环保设施与电厂脱硫设施建设规模超过新中国成立以来的总和，政策发挥了关键作用：一是严格节能减排约束性指标考核，地方加快了工程建设；二是以脱硫电价为代表的经济政策，激发了电厂兴建脱硫工程的积极性。"十二五"期间的电厂脱硝工程建设加快，随后的雾霾多发引起社会对"脱硝工艺"的争论。

实施"十一五"到"十四五"环境保护规划和专项行动。2018年，中共中央和国务院发布《关于全面加强生态环境保护坚决打好污染防治攻坚战的意见》，要求到2020年生态文明建设水平同全面建成小康社会目标相适应。2021年11月2日，《中共中央 国务院关于深入打好污染防治攻坚战的意见》发布，认为"我国生态环境保护结构性、根源性、趋势性压力总体上尚未根本缓解，重点区域、重点行业污染问题仍然突出，实现碳达峰、碳中和任务艰巨，生态环境保护任重道远"。因而需要深入打好污染防治攻坚战，"以实现减污降碳协同增效为总抓手，以改善生态环境质量为核心，统筹污染治理、生态保护、应对气候变化，保持力度、延伸深度、拓宽广度，以更高标准打好蓝天、碧水、净土保卫战，努力建设人与自然和谐共生的美丽中国"。

从"九五"时期开始，环境保护主管部门制定出台《污染物排放总量控制计划》。"十三五"时期以来，《大气污染防治行动计划》《水污染防治行动计划》和《土壤污染防治行动计划》等专项行动出台实施。与此同时，工业、农业农村、海洋、林草等领域规划计划也涵盖生态环境保护和生态文明建设内容。总之，通过规划设定目标、重点任务和保障措施，成为我国生态文明建设和生态环境保护的重要举措。

3. 在发展中保护，在保护中发展，是美丽中国建设的重要途径

现代化，是一个国家或一个地区工业化和城市化过程，既不可能从天上掉下来，也不可能是一条路径、一个模式。因为每个国家的国情不同，发展基础、文化基因和人民勤劳特性等不尽相同，自然禀赋也有差异。

中国是世界上最大的发展中国家，不能只顾发展而不顾生态环境保护，也不能只顾生态环境保护而不求发展。只有经济发展，才能不断满足人民群众日益增长的物质文化需要。但如果只是一味追求经济增长的规模和速度，不顾资源环境容量，不仅资源难以支撑，环境难以容纳，经济社会发展也难以继续。经济发展需要生态环境作基础，没有良好的生态环境就无法支撑经济社会发展；生态环境保护需要资金投入，没有一定的经济基础也难以推动生态环境保护。发展与保护的相互影响驱动了理念创新，反过来又为人与自然和谐共生提供了科学指引。

习近平总书记指出，生态环境保护和经济发展是辩证统一、相辅相成的。发展经济不能对资源和生态环境竭泽而渔，生态环境保护也不是舍弃经济发展而缘木求鱼，要坚持在发展中保护、在保护中发展，实现经济社会发展与人口、资源、环境相协调。生态环境问题是在发展中产生的，也要靠发展来解决。要紧紧围绕高质量发展这个首要任务，把生态环境保护工作融入经济社会发展大局，加强生态环境政策与各类政策的协同配合，支撑稳经济一揽子政策和接续措施落地见效，推动经济实现质的有效提升和量的合理增长。

持续推进供给侧结构性改革，源头严防、过程管理、绩效考核、责任追究，生产者责任延伸、三线一单、排污许可、生态环境损害赔偿、一岗双职、中央环保督察、生态文明建设目标评价考核和责任追究等制度相继出台，为生态文明建设提供了强有力的制度保障。战略性新兴产业、高新技术产业和现代服务业发展迅疾。从源头减量入手，淘汰落后、化解过剩产能，整治"散乱污"企业及其产业集群。开展生态设计，发展清洁生产产业，建设绿色园区和绿色工厂。煤炭在一次能源消费中的占比从68.5%下降到了56%，新能源、可再生能源开发和利用规模稳居世界第一。2023年，新能源汽车产销量超过940万辆，同时累积淘汰老旧和高排放机动车辆3 000多万辆。不断加强生产生活全过程的环境管理，环境建设标准、效率和质量提升，江河湖海生态系统、海洋环境质量显著改善。

生态环境问题在发展中产生，也要在发展中加以解决。进入 21 世纪以来，我国不断推动产业结构优化，大力发展高附加值、高技术含量、竞争力强的战略性新兴产业，逐步构建绿色低碳循环发展经济体系。以环境标准淘汰落后技术、产品与产能，开展生态设计，培育壮大节能环保产业、清洁生产产业、清洁能源产业，建设绿色园区和绿色工厂，培育新动能、新经济、新业态。积极推动循环经济发展，循环经济一头连着资源，一头连着生态环境保护。如我国早期的小型造纸厂是水体污染的主要来源之一，但将叶绿素、碱等加以回收利用，不仅可以减轻污染，还能提高资源利用效率。为推动循环经济的发展，变废为宝、化害为利，我国先后发布《循环经济发展战略及近期行动计划》《循环发展引领行动》和《"十四五"循环经济发展规划》，以发展的途径促进资源利用效率提高和污染物排放减少。

统筹发展与保护的关系，政策重点与时俱进，既有计划分步骤解决环境问题，也创新发展理念，从重经济增长、轻环境保护到经济增长与环境保护并重，再到以环境质量改善为核心，党的二十大报告还提出了降碳、减污、扩绿、增长协同，本质是构建发展和保护相互协调的体制机制。我国一直将提高能效、降低二氧化碳排放强度、发展非化石能源和增加森林蓄积量作为约束性指标，近十年来我国单位国内生产总值能耗比 2012 年降低 26.2%，以年均 3% 的能源消费增速支撑了年均 6.5% 的经济增长。公众积极参与生态环境保护并付诸行动，如少用一次性餐具、倡导"光盘行动"、乘坐公共交通和共享单车出行、开展垃圾分类等。生态文明、人与自然和谐共生、污染防治攻坚战、双碳目标等成为热词，美丽中国建设渐入佳境。坚定不移走生态优先、绿色发展之路，走一条更高质量、更为公平、更加安全、更可持续的现代化之路。

4.问题导向，解决影响群众健康的紧迫环境问题

问题导向是生态环境保护工作重点的选择原则。列宁曾说过，问题是时代的口号。我国经济增长和环境保护战略从改革开放初期的"有水快流""靠山吃山靠水吃水",到"既要金山银山、也要绿水青山,宁要绿水青山、不要金山银山",再到党的十九大提出的"人与自然和谐共生的新时代"。1998年实施的"一退三还"是环境政策转折点。"跨世纪行动""零点行动""向污染宣战""蓝天保卫战""中央环保督查"等,均是具有里程碑意义的政治动员。

我国最初的环境污染治理,从一些城市的黑臭水体治理起步。20世纪90年代,淮河污染引起社会关注。我国提出,到2000年污染物排放总量冻结在1995年水平,实现环境功能区达标和工业污染源达标排放("一控双达标");严格控制新上项目新增污染物排放,所有新上项目增加的排放量由同一地区其他污染源等比例消减;并开始实施三河(淮河、海河、辽河)三湖(滇池、太湖、巢湖)以及"两控区"(二氧化硫和酸雨控制区),后又增加一市(北京市)一海(渤海)的污染防治工作简称"33211"工程。根据国务院部署,1997年12月31日零点前实现淮河流域所有重点工业企业废水基本达标排放,否则将关停并转不达标企业。进入21世纪,面对一段时间内重污染天气、黑臭水体、垃圾围城、农村环境等民心之痛、民生之患问题,我国政府相继实施了大气、水、土壤污染防治工程以及蓝天、碧水、净土保卫战,以满足群众从"盼温饱"到"盼环保"、从"求生存"到"求生态"的诉求。

我国环境治理在借鉴基础上加以创新,改变传统的污染治理思路和方法是形势使然。传统的污染防治是"末端治理",常常是将污染物的一种形态转化为另一种形态,不仅要反复治理,而且也"费而不惠",必须加以改变。在环境管理上,我国开始由政府的单一行政管控,到以命令控制为主、市场化手段为辅,再到命令控制与市场化手段并重的变化。在污染治理思路和措施上,由末端治理向生产全过程控制转变,由浓度控制向浓度与总量控制相结合转变,由分散治理向分散与集中控制相结合转变,以适应环境保护形势变化的需要。

协同推进降碳减污扩绿增长。能源、环境和气候变化是同根同源的,能源开发利用中要排放污染物和温室气体，优化能源结构因而称为统筹解决发展和保护以及应对气候变化的关键。生态环境部发布了《减污降碳协同增效实施方案》，要求将协同增效一体谋划、一体部署、一体推进、一体考核，以促进产业结构、能源结构、交通运输结构和用地结构的优化调整，推动落实工业企业提标改造、燃煤锅炉整治、机动车提升排放水平等措施和要求，加快绿色低碳技术攻关和推广应用，用发展环保产业的办法解决环境污染问题[1]。党的二十大报告要求以降低二氧化碳等温室气体为总抓手，解决存在的能源生产消费、污染物和温室气体排放问题，实现经济社会环境效益的有机统一。

深入推进重大战略区域生态环境保护，支持京津冀三地建立生态环保协同工作机制，印发实施黄河流域、粤港澳大湾区、成渝地区双城经济圈生态环境保护规划，开展长江三角洲区域生态环境共同保护规划实施情况跟踪评估，推进海南自由贸易港生态环境保护与建设。推动"三线一单"生态环境分区管控落实落地，组织制定加强生态环境分区管控的指导意见。严格"两高一低"项目环评审批，加强督察执法，坚决遏制一批"两高一低"项目盲目建设。出台《减污降碳协同增效实施方案》，着力探索减污降碳协同增效的技术方法和工作路径。

5. 源头严防，过程严控，责任追究，不断完善生态文明制度体系

构建源头严防、过程严管、损害严惩、责任追究制度，生产、流通、消费等各环节落实生态文明建设和生态环境保护要求，以形成经济发展、生态环境保护与应对气候变化相互促进的长效机制。

主管部门能力增强、生态环境保护法规逐步健全、中央环保督察持续实施，确保了中央出台的政策措施得到有效实施。从城乡建设部中独立出来后，成立国家环保局（1988年）、国家环保总局（1998年）、环境保护部（2008年，成为国务院组成部门）、生态环境部，保证了生态环境部门

———————
[1] 周宏春：《让人与自然和谐共生为中国式现代化添彩》，《中国环境报》2022年10月25日，第3版。

直接参与国家的政策协调和生态文明建设的推动工作。

制度逐步健全。党的十八大以来，《关于加快推进生态文明建设的意见》和《生态文明体制改革总体方案》相继出台，确立了生态文明"四梁八柱"制度。国家发展改革委等部门联合出台《绿色发展指标体系》和《生态文明建设考核目标体系》，建立健全自然资源、国土空间开发保护、全面节约、有偿使用和生态补偿制度、评价考核和责任追究制度、完善环境监管等制度。此外还实施了党政同责、一岗双责、排放权许可、河长制、湖长制等制度。2018 年 5 月，全国生态环境保护大会更提出生态文明和生态环境保护的治理结构的要求。

中央环保督察保证了环境政策的落实落地。建立环境保护督察制度，按照督查、交办、巡查、约谈和专项督察程序，实现 31 个省（自治区、直辖市）全覆盖，对重点区域、重点领域、重点行业进行专项督察。2006 年设立东北、华北、西北、西南、华东、华南六大督查中心，作为派出机构，检查环境保护政策措施的执行效果。强化追责问责，特别是中央环保督察制度的实施，启动多轮中央环保督察，严肃查处生态环境保护违法案件，创造了举世瞩目的生态奇迹和绿色发展奇迹。

党的十八大以来，我国将绿色发展理念贯穿于经济社会发展的全过程各环节，从源头抓起，融入节能减排、生态环境保护、绿色低碳等发展理念方法，突出绿色创新与设计、绿色制造与生产、绿色采购与物流、绿色服务与销售、绿色消费与回收循环利用等，构筑"生态产业化、产业生态化"的产业体系，绿色发展成为中国式现代化的重要实现途径。

6. 从引进到引领，开展生态环境保护领域的国际合作

开展国际合作，体现在从国外引进先进理念和技术、利用国际组织和外国政府的技术援助项目推广相关技术、利用国外低息贷款进行生态环境保护工程建设等。作为引进国外先进理念的代表，《寂静的春天》《小的就是美的》《瓦尔登湖》等一批国外环境保护的启蒙性科普作品被翻译成中文；作为引用国外先进技术的例子，我国最初的环境保护措施和工程建设，也借鉴了国外的做法和经验。我国也积极参加环境保护和可持续发展的历次国际峰会，发出中国的时代最强音。从本世纪初开始，特别是从党的十八大开始，注重讲好中国故事，宣传中国在生态文明建设和生态环境保护方面的进展，成为我国生态环境保护领域的工作之一。"讲好中国故事"还成为我国"走出去"的重要内容，为世界文明贡献了中国智慧和中国方案。

习近平总书记指出："世界上没有两片完全相同的树叶，也没有完全相同的历史文化和社会制度。"中国倡导的生态文明，兼容不同文化、不同民族特点，以绿色发展的生动实践为世界文明进步贡献中国智慧、中国方案。习近平主席以全球视野、人类胸怀推动治国理政迈向更高视野、更广时空，多次参加关于气候问题的重大外交活动，为《巴黎协定》的达成、签署、生效和实施作出历史性的突出贡献；从"内促高质量发展、外树负责任形象"的战略高度提出，"应对气候变化是我国可持续发展的内在要求，也是负责任大国应尽的国际义务，这不是别人要我做，而是我们自己要做"。

中国式现代化，注重同步推进物质文明建设和生态文明建设，注重将生态文明原则、理念和目标融入到现代化建设各阶段各方面，给那些既希望加快发展又要保持独立性的国家和民族提供了全新选择。

第六章

美丽中国建设需要系统观念和统筹协调

美丽中国建设，我国当前以生态环境保护为重中之重。"生态兴则文明兴，生态衰则文明衰"。随着人口增长和经济社会发展，我国生态环境问题日趋突出。唐代以前，人类活动主要集中在黄河流域，人口增长和农垦范围扩大导致北方森林草原面积持续下降，生态环境遭到严重破坏；唐代以后，因大量人口南迁，长江流域大面积山林和湖泊被开发为农田，生态环境逐步退化，并成为农业社会的重要问题。①

一、美丽中国建设需要全局性谋划和系统性实施

党的二十大报告强调,要把握好全局和局部、当前和长远、宏观和微观、主要矛盾和次要矛盾、特殊和一般的关系，不断提高战略思维、历史思维、辩证思维、系统思维、创新思维、法治思维、底线思维能力，为前瞻性思考、全局性谋划、整体性推进党和国家各项事业提供科学思想方法。

2022 年 12 月的中央经济工作会议强调要加强政策措施的协调配合，

---

①葛全胜：《以重大生态工程为抓手　加速推进"美丽中国"建设》，《中国自然资源报》2020 年 6 月 15 日。

形成共促高质量发展的合力，要深刻认识我国生态环境问题的长期性、复杂性、艰巨性，深刻把握生态环境形势的阶段性、特殊性、紧迫性，以正确策略方法、奋发有为的精神状态做好生态环境保护工作，建设美丽中国。

1. 整体谋划生态文明建设

在世界观和方法论上，要自觉把握和运用好马克思主义世界观和方法论，坚持并运用好习近平生态文明思想的立场观点方法，以实际行动践行"六个必须坚持"，提高生态环境的治理水平，实现治理能力现代化[①]。

一是必须坚持人民至上。这是我们党的执政宗旨，也是最根本的价值观。生态环境保护是践行以人民为中心的核心事业。时代是出卷人，各级领导是答卷人，人民是阅卷人。要始终坚持人民立场，把改善生态环境质量，提升人民群众的获得感、幸福感、安全感放在重要位置，把人民群众满不满意作为衡量工作的根本标准，着力解决好人民群众身边的突出生态环境问题，以生态环境质量改善实际成效取信于民。

二是必须坚持自信自立。这是立足点，也是道路问题。我国始终坚持在发展中保护、在保护中发展，坚持生态优先、绿色发展，坚决摒弃大量生产、大量消费、大量排放的生产生活方式，走人与自然和谐共生的中国式现代化道路。这是对西方以资本为中心、物质主义膨胀、先污染后治理老路的超越。我们要始终保持道路自信，站在人与自然和谐共生的高度谋划发展，建设人与自然和谐共生的美丽中国。

三是必须坚持守正创新。这是美丽中国建设的内在要求。只有守正才能不迷失方向、不犯颠覆性错误，创新才能把握时代、引领时代。生态文明建设是一项随着时代进步而不断发展的开创性事业。守正要求我们保持并加强生态文明建设的战略定力不动摇。创新要求我们持续加大技术、政

---

① 黄润秋：《深入学习贯彻党的二十大精神　奋进建设人与自然和谐共生现代化新征程——在 2023 年全国生态环境保护工作会议上的工作报告》，2023 年 2 月 16 日，https://www.mee.gov.cn/ywdt/hjywnews/202302/t20230223_1017248.shtml.

策、管理创新力度，运用信息化、数字化等手段，不断提升精准、科学、依法治污水平和治理能力，为实现高质量发展守牢底线、提供支撑、服务保障。

四是必须坚持问题导向。这是美丽中国建设的根本方法论。加快生态文明建设，就是要面向问题，不断发现问题、解决问题。如果不坚持目标导向，就会走偏；如果不坚持问题导向，就会积累问题。生态环境领域还存在不少群众反映强烈的突出问题，面临不少深层次矛盾和顽固性、多发性难题。要增强问题意识，不仅要善于发现问题，还要善于推动问题的解决，做到问题不解决绝不停止，问题不解决绝不松手。树立敢于担当、敢于负责的精神，推动美丽中国建设不断迈向新水平、新台阶。

五是必须坚持系统观念。这是美丽中国建设的基本方法论。生态环境既是一个复杂的自然系统，也是一个涉及多方面、多领域的社会系统，具有自然和人为复合的双重属性。从自然属性出发，坚持山水林田湖草沙一体化保护和系统治理，强化多污染物协同控制和区域协同治理，不断提高生态环境治理的系统性、整体性和协同性。从社会属性出发，要把生态文明建设放到经济社会发展大局中统筹，处理好降碳与安全、经济社会发展和生态环境保护的关系，达到降碳、减污、扩绿、增长的协同效应。

六是必须坚持胸怀天下。这是构建人类命运共同体和地球生命共同体的必然要求。生态文明是人类文明进步的大趋势，我们要用世界眼光、国际标准，站在对人类文明负责任的高度，深度参与全球生态环境与气候治理，共建人类命运共同体，推动建设一个清洁美丽的世界。

在战略战术上要保持战略定力，锚定目标不动摇不放松，对标2035年美丽中国建设目标，分阶段深入攻坚、重点突破，持续巩固、有效衔接，全面提升、根本好转，确保美丽中国目标如期实现。保持力度、延伸深度、拓宽广度，以改善生态环境质量为导向，以更高标准打好蓝天、碧水、净土保卫战，推动污染防治在重点区域、重要领域、关键指标上实现新突破。要进一步突出精准、科学、依法治污，这是必须长期坚持的方针。

在精准治污方面，做到问题、时间、区域、对象、措施的"五个精准"。我国经济转型发展面临诸多困难挑战，要进一步提高精准治污水平，切忌搞"齐步走""大撒网"，对经济发展社会稳定带来不利影响。在制定环保政策时要更好与经济政策统筹，及时发现和纠正政策执行偏差，避免执行"走样"。

在科学治污方面，要对突出生态环境问题成因机理及内在演变规律、传输路径和控制途径深入研究，谋划对策、对症下药、推动落实落地。要鼓励使用更多的现代科技和信息化手段，综合运用"空天地"一体化手段，形成信息化助力非现场执法的应用范例，加强生态环境智慧监管，在精准发现问题、上下联动推动问题解决等方面取得实际成效。

在依法治污方面，坚持依法行政、依法推进、依法保护。部分企业违法违规排污、环境监测数据造假等问题依然突出；地方依法治理生态环境能力不强，政策执行的自由裁量权偏大，运动式、"一刀切"问题时有发生，必须依靠严格执行法律制度来加以解决。要严格规范公正文明执法，防止粗暴执法、选择性执法，优化企业发展环境和营商环境。

在实施策略上，要坚持降碳、减污、扩绿、增长协同推进，做好"六个统筹"。

一要统筹减污降碳协同增效。这是绿色低碳转型发展的迫切需要，也是从源头上、根本上改善生态环境质量的需要。要以结构调整、布局优化为关键，以政策协同、机制创新为手段，围绕工业、交通运输、城乡建设、农业农村、生态建设等领域，在区域、城市、产业园区、企业层面加强协同，推进大气、水、土壤、固废污染防治与温室气体减排协同控制。

二要统筹 PM2.5 与臭氧协同治理。PM2.5 与臭氧有共同前体物 VOCs 和 NOx。加大对 VOCs 和 NOx 的治理力度，同时降低臭氧和 PM2.5，这是大气污染治理迈向深入的必然要求。要坚持协同减排、源头防控，加强石化、化工、工业涂装、包装印刷和油品储运销等领域 VOCs 的全流程治理；推进钢铁等行业超低排放改造，加大锅炉、炉窑、移动源 NOx 减排力度。

三要统筹水资源、水环境、水生态协同治理。着力推动水生态环境保护向水资源、水环境、水生态等要素系统治理、统筹推进转变。将生态用水纳入最严格的水资源管理，推进地表水和地下水污染防治协同，针对水源涵养区、河湖水体及其缓冲带等重要空间开展生态保护修复，逐步恢复流域生态功能和生物多样性，大力推进美丽河湖保护与建设。

四要统筹城市和农村。城市和农村生态环境联系密切、相互影响，既要不断提高城市生态环境治理水平，创造宜业、宜居、宜乐、宜游的良好环境，也要更加重视农村农业生态环境保护，投入更多的人力物力资源打好农业农村污染治理攻坚战，紧盯农村生活污水垃圾治理、黑臭水体整治、化肥农药减量增效、养殖污染防治等重点领域，建设宜居宜业和美乡村。

五要统筹陆域与海洋。海洋生态环境问题表现在海里，根源在陆地上。要遵循陆海生态系统的整体性、内在联系与变化规律，加强监测溯源，健全区域—流域—海域协同一体的综合治理体系。以海湾为基础单元和行动载体，推进入海河流总氮管控、近岸水质改善、入海排污口排查整治和海洋垃圾治理监管协同，建设"水清滩净、鱼鸥翔集、人海和谐"的美丽海湾。

六要统筹传统污染物与新污染物。新污染物治理已引起国内外的广泛关注。要以有效防范新污染物的环境与健康风险为核心，树立全生命周期风险管理理念，加强制度和科技支撑保障，健全新污染物治理体系。开展有毒有害化学品环境风险筛查和评估，重点管控新出现的污染物，科学制定并实施全过程环境风险管控措施，降低新污染物环境风险。

加强生态保护和建设，要以习近平生态文明思想为根本遵循，处理好人与自然关系，处理好经济发展与环境保护的关系，既不能为眼前利益和一时增长竭泽而渔、杀鸡取卵，也不能因生态环境保护而放弃发展、甘于贫困。山清水秀但贫穷落后不是生态文明，生活富裕但生态系统退化也不是生态文明。良好的植被、优美的生态环境是美丽中国的标志。资源环境生态"一体三面",人类生存于自然、离不开自然;地球是我们的母亲,必须保护;人类活动必须尊重自然、顺应自然、保护自然。要利用自然造福人类,谋长远持续发展,谋子孙万代幸福,建设人与自然和谐共生的美丽中国,形成中国式现代化建设的新格局。

2. 美丽中国建设需要我们持续不懈的努力

习近平生态文明思想,不仅是我国生态文明建设的根本遵循,还将推动我国由工业文明时代快步迈向生态文明新时代,迈向中华民族伟大复兴和永续发展的彼岸。

党的二十大报告系统擘画了人与自然和谐共生的现代化的发展目标与战略路径,我们必须以中国式现代化推动经济社会的全面绿色转型,必须牢固树立和践行"绿水青山就是金山银山"的理念,以发展思路和途径解决发展中出现的各种问题。在目标上,要建设美丽中国,实现中华民族永续发展;在原则上,要坚持生态优先、节约集约、绿色低碳发展,以尽可能少的资金投入收到生态环境保护和修复的最大效益;在观念上,要坚持山水林田湖草沙一体化保护和系统治理,避免"单打一";在途径上,要统筹产业结构调整、污染治理、生态保护、应对气候变化,协同推进降碳、减污、扩绿、增长,避免西方国家"先污染后治理""以邻为壑"以及向发展中国家转移污染型产业来改善自身生态环境质量的做法,避免"治理了一种污染又产生了另一种污染"的污染治理传统思路和办法,建设美丽中国、美丽世界。

以中国式现代化全面推进中华民族伟大复兴,道路已经确定,目标已经明确,号角已经吹响,我们要自信自强、守正创新,踔厉奋发、勇毅前行。我们必须正确认识和把握人与自然关系,牢固树立人与自然是生命共同体的价值理念;推进技术含量和生产率高、排放少或零排放、低成本的绿色技术大规模、系统性替代。发挥市场在资源配置中的决定性作用和政府作用,推动国家减排目标任务分解落地;进一步调动地方、企业、社会组织和个人的积极性、创造性,推动形成绿色低碳的生产生活方式。积极参与全球生态环境和气候治理体系建设，支持"一带一路"国家和地区的绿色低碳发展。讲好中国故事，用实际行动彰显负责任的大国担当，让中国式现代化展现出更加强大的吸引力、说服力、感召力，为构建"美美与共"的清洁美丽世界贡献中国智慧、中国方案、中国范例。

要深入打好污染防治攻坚战、推进美丽中国建设，要以习近平新时代中国特色社会主义思想为指导，深入贯彻习近平生态文明思想，完整、准确、全面贯彻新发展理念，加快构建新发展格局，着力推动高质量发展，以人与自然和谐共生的美丽中国建设为统领，以改善生态环境质量为核心，统筹产业结构调整、污染治理、生态保护，应对气候变化，持续深入打好蓝天、碧水、净土保卫战，着力推动生态环境基础设施建设等重大工程项目实施。开展中央生态环境资金预储备项目清单编制试点，研究出台金融支持生态环保项目政策与措施，跟踪指导并规范实施 EOD 项目，持续加大中央生态环境资金项目监督力度。推进清洁生产审核创新试点，大力发展生态环保产业。不断健全现代环境治理体系，改善生态环境质量，防范生态环境风险，为全面建设社会主义现代化国家开好局起好步提供有力支撑。

加强生态保护和修复监管。加强生态保护红线和自然保护地生态环境监管，加强自然保护地生态环境保护综合执法。开展国家级自然保护区生态环境保护成效评估，选择重点区域组织开展生态状况调查评估。推动出台生物多样性保护重大工程规划，更新《中国生物多样性保护战略与行动计划》。深入推进生态文明建设示范创建活动，推动能耗"双控"逐步向碳排放总量和强度"双控"制度转变。做好全国碳市场管理工作，扩大行业覆盖范围，建立碳排放数据质量管理长效机制，扎实开展碳排放领域监督执法。制定温室气体自愿减排交易管理办法，研究编制甲烷排放控制行动方案，健全温室气体清单编制体系，推动建立排放因子库。深化气候适应型城市、低碳城市建设试点，开展温室气体排放环境影响评价试点。

分区分类探索美丽中国建设实践。聚焦区域重大战略打造美丽中国先行区，谋划以生态环境高水平保护支撑重大战略区域高质量发展的具体举措。扎实推进乡村生态振兴，建设美丽乡村，加强美丽河湖、美丽海湾保护与建设。深化京津冀协同发展生态环境保护联建联防联治，协同推动长江经济带生态环境保护和经济发展，推动黄河流域高质量发展和高质量生态保护，深化粤港澳大湾区生态环境保护合作，推动成渝地区双城经济圈共建绿色低碳高品质生活宜居地，高标准推进海南国家生态文明试验区建设。

二、美丽中国建设需要处理好的若干关系

在推进美丽中国建设中，要处理好与"五位一体"总体布局中其他建设的关系，生态文明与传统文明的关系，与绿色循环低碳发展的关系，生态文明建设与社会建设的关系，生态文明建设与文化建设的关系，分类施策，实现人与自然和谐共生，实现经济社会可持续发展。

1. 生态文明与传统文明的关系 ①

人类文明是不断发展演化的。从时间上看，人类文明经历了原始文明、农业文明和工业文明。生态文明与传统文明的关系是传承、是扬弃、是超越、是创新。

人类从诞生起就依附于自然。原始社会，人类生产活动靠简单采集渔猎，必须依赖集体力量才能生存，人与生物、环境协同演进。以铁器出现使用为标志，人类利用和改造自然的能力产生质的飞跃，进入了农耕文明时代。恩格斯在《自然辩证法》一书中写到：美索不达米亚、希腊、小亚细亚以及其他各地居民，为了得到耕地，毁灭森林，但他们做梦也想不到的是，失去森林、失去水分积聚中心和贮藏库的这些地方，竟成了不毛之地。阿尔卑斯山的意大利人，当他们把山北坡枞树林砍光用尽时，却把高

---

①周宏春：《论生态文明的若干关系》，《中国改革》2013 年第 3 期，第 90-99 页。

山畜牧业的根基毁掉了；更没有料到的是，山泉在一年的大部分时间内竟然枯竭了，雨季还使更加凶猛的洪水倾泻到平原上。

中华大地也曾上演类似的事情。史料记载，现今植被稀少的黄土高原、渭河流域、太行山脉曾森林遍布、山清水秀，地宜耕植、水草丰美。由于毁林开荒、乱砍滥伐，生态环境遭到破坏。塔克拉玛干沙漠的蔓延，湮没了盛极一时的丝绸之路；河西走廊沙漠扩展，毁坏了敦煌古城。科尔沁、毛乌素沙地、乌兰布和沙漠蚕食，侵占了富饶美丽的蒙古草原。楼兰古城因屯垦开荒、盲目灌溉，导致孔雀河改道而衰落。河北北部围场，早年树海茫茫、水草丰美，同治年间开围放垦后，千里松林几近荡然无存，出现数十万亩荒山秃岭。

对于古今中外的这些深刻教训，我们一定要认真吸取。我们要牢记我国古人先哲对自然要取之以时、用之有节的思想，节约资源、保护环境。

英国的工业革命开启了工业文明时代。工业文明的兴起，人类社会才逐渐"忘记"自然规律及其约束，追求一种超越自然资源制约和生态规律约束的普遍性（无论地域）、即时性（不分时节）和无限性（不加节制）。由于生产力发展，人类开始了对大自然空前规模的征服，创造了巨大财富，也导致严重的环境危机，西方国家"八大环境公害"（比利时马斯河谷烟雾事件、美国多诺拉烟雾事件、英国伦敦烟雾事件、美国洛杉矶光化学烟雾事件、日本水俣病事件、富山骨痛病事件、四日市哮喘病事件、日本米糠油事件等有害气体与毒物事件）就是例证。洛杉矶光化学烟雾事件，先后导致近千人死亡、75% 以上市民患上红眼病。伦敦烟雾事件，在 1952 年12 月首次暴发的短短几天内，死亡近 4 000 人，随后 2 个月近 8 000 人死于呼吸系统疾病，1956 年、1957 年、1962 年又发生 12 次严重的烟雾事件。日本水俣病事件，因工厂把含有甲基汞的废水直接排放到神奈川的水俣湾中，人食用受污染的鱼和贝类后患上极为痛苦的汞中毒病，患者近千人，受影响者多达 2 万人。1962 年，美国科普作家蕾切尔·卡森创作出版了《寂静的春天》一书，敲响了工业社会环境危机的警钟。

1972 年，罗马俱乐部出版《增长的极限》研究报告，首次向世界发出警告，"如果让世界人口、工业化、污染、粮食生产和资源消耗按现在的趋势继续下去，这个行星上的增长极限将在今后一百年中发生"，引起了世界各国的高度重视。同年，联合国人类环境会议在斯德哥尔摩召开，发表《人类环境宣言》，提出了"只有一个地球"的口号，号召人类在开发利用自然的同时，也要承担维护自然的责任和义务。

1987 年，时任挪威首相的布伦特兰夫人在《我们共同的未来》报告中系统地阐述了可持续发展理念的内涵。1992 年，在巴西里约热内卢召开的联合国环境与发展大会，通过了《里约宣言》和《21 世纪议程》等文件，号召世界各国在促进经济增长的同时，不仅要关注发展的数量和速度，更要重视发展的质量和可持续性。

2. 生态文明建设与绿色循环低碳发展的关系

党的十八届三中全会提出，生态文明建设途径是绿色发展、循环发展、低碳发展。进入新时代，我国不断深化对生态文明建设内涵的认识。绿色发展提升为发展理念，并统领节能减排、循环经济、环境质量改善、低碳经济等各项工作。

绿色发展也是发展，是资源环境容量约束下的发展，是一种可持续的生产方式和消费模式。我国经济已经由高速增长阶段转向高质量发展阶段，绿色发展将成为普遍形态。全面建成小康社会，既不能只讲生态环境保护、守护"绿水青山"而放弃经济发展，也不能走"先污染后治理""边污染边治理"的老路，更不能"吃祖宗饭、断子孙路"。要坚持生态优先、绿色发展，调整产业结构，改变"大量生产、大量消耗、大量排放"的生产模式和消费模式，走一条绿色、低碳、可持续发展之路。

循环经济，是指在生产、流通和消费等过程中进行的减量化、再利用、资源化活动的总称，是从资源利用效率角度评价发展的。传统的经济增长将地球看成为无穷大的资源库和排污场，经济系统的一端从地球大量开采资源、生产产品，另一端向环境排放大量废水、废气和废渣，是一种线性增长模式，表现为"资源—产品—废弃"形式；按"物质代谢""过程耦合""资源共享"关系延伸产业链，经济增长从依赖自然资源开发利用转向自然资源和再生资源利用，是一种集约的增长模式，以"资源—产品—废弃—再生资源"为表现形式。

低碳经济，核心是能源技术创新、制度创新和人类生存发展观念的根本性转变，是以低能耗、低污染、低排放为特征的经济增长模式，涉及生产方式、生活方式和价值观念的根本性变革。低碳经济，2003 年英国《我们能源的未来：创建低碳经济》一书中的定义是：通过更少的自然资源消耗和更少的环境污染物排放，获得更多的经济产出，创造更高生活水准和更好生活质量的途径，为发展、应用和输出先进技术创造机会，也创造新的商机和更多的就业机会。通过税收、融资等优惠，引导社会资金增加对低碳技术研发投入，大力发展以生物质能、太阳能、风力发电、节能装备、水电环保等为重点的产业，形成新的增长动能。

加快生态文明建设，要处理好当前建设与长远发展的关系。既要立足当前，又要着眼长远；既要安排当前，又要谋划长远；既要采取有力有效的行动，解决紧迫的环境问题，又应坚持预防为主原则，避免环境污染影响群众健康和生态系统；既要着眼第二个百年奋斗目标和中华民族伟大复兴，又要筹划中长期生态文明建设的战略目标、原则和路径，建成人与自然和谐共生的现代化。要结合各地各行业实际，将宏观战略细化深化分化优化，形成切实可行的生态文明建设的施工图、工笔画，确保建设美丽中国、实现永续发展的目标如期完成。

3. 生态文明建设与社会建设的关系

新中国成立以来，我们在经济社会现代化过程中面临着继承与弘扬优良传统，走一条人与自然和谐共生的工业化和城市化道路的选择。从新中国成立初期的农业现代化，到改革开放后的农村城市化以及新型工业化和新型城镇化，整体上并没有摆脱"追赶型"的现代化思路。在我国发展取得了历史性成就的同时，也积累了大量的生态环境问题，并成为民生之患、民心之痛，成为经济社会发展的"短板"。

生态文明建设是民生的重要方面。习近平总书记指出，环境就是民生。生态文明建设可使人民群众公正地享受发展成果，使社会更加和谐。多谋民生之利，多解民生之忧，解决好人民最关心最直接最现实的利益问题，在学有所教、劳有所得、病有所医、老有所养、住有所居上持续取得新进展。把生态文明建设作为实现好、维护好、发展好人民群众根本利益的一项重要任务，把维护人民群众的环境权益作为工作判断的最高标准。

在生态建设中改善民生，在改善民生中保护环境。随着我国居民生活水平的提高，小康社会的日益接近，群众关心的民生，不再单纯是"吃饱穿暖"，而是更高层次的需求。如对于良好生态环境的诉求越来越高，关注流域生态保护、关注饮用水源、关注雾霾天气等与生活相关的议题。生态环境质量的优劣直接影响人的生命安全，一些疾病的发生与蔓延也源于环境恶化。加强生态建设，只有实现自然资源的可持续利用和生态环境的良性循环，才能有民生的不断改善。如果不注重改善民生，便难以实现生态环境的良性循环；如果只注重改善民生而忽视生态环境改善，民生也难以得到持续改善。

生态文明建设要服务于社会建设。在项目审批、环境违法案件和污染纠纷处理中，必须把握一条底线：是否维护了群众的环境权益，是否把群众的健康和安全放到了第一位。因为人民群众的民主权利应当包括环境权利，必须切实维护好；另一方面，人民群众依法实行民主监督，管理包括环境保护在内的公共事务和公益事业，是人民当家作主最有效、最广泛的途径。确保人民群众喝上干净的水，就要不断加大水源地保护和农村生态环境保护和建设力度；确保人民群众呼吸到新鲜空气，就要减少雾霾天气的发生和不利影响；确保人民群众吃上放心食物，就要扶持和激励生态农业建设和生态产品开发，进一步加大农业面源污染治理和食品安全监管力度，对粮食、蔬菜、肉类、海产品的生产、加工、流通各环节和全过程加强监管，大力发展特色经济林果、蔬菜、药材和畜牧业，实现"三农"互动多赢。

4.生态文明建设与文化建设的关系

生态文明建设是遵循生态学和社会学规律的人类自觉，是在生产力高度发达、物质极其丰富的基础上，实现人与自然和谐共生的实践成果。人类生存发展是自然演进的组成，恩格斯曾经指出："我们连同我们的肉、血和头脑都是属于自然界和存在于自然界之中的。"人与自然的辩证关系表现为：一方面，人类从自然界索取资源与空间，享受生态系统提供的服务功能，向自然排放废弃物，人类活动影响自然的结构、功能与演化进程；另一方面，自然界向人类提供生存和发展所需要的资源和环境，容纳和消化人类活动产生的废弃物，自然变化，如自然灾害、环境污染和生态破坏等又会反作用于人类，制约人类生存和发展。

生态文明建设是一项系统工程，直接关系到国计民生和社会经济发展，不仅需要党和政府的高度重视和坚强领导、有效指导，也需要各部门密切配合，需要全社会共同努力。随着我国经济持续快速发展和人民生活水平提高，人们对生产安全、食品安全、供水安全及环境质量等有了更高诉求。解决或缓解资源环境问题，不但要加强水利、环保、土地、林业、农业、工业等部门的专业管理，还需加强社会管理。专业管理应侧重正常情况下的管理，坚持依法管理、统一管理和科学管理；社会管理应侧重于特殊紧急重大情况下的危机管理，要通过多种途径，不断提高管理能力和管理水平。

加快生态文明建设，要处理好树牢理念与自觉践行的关系。推进生态文明建设，必须树立绿色发展理念，增强社会大众的生态文明意识。生态文明理念不会自发形成，需要一个长期过程。我们必须加大生态文明理念宣传教育的广度、力度和深度，切实增强全民的节约意识、环保意识、生态意识，营造爱护生态的良好社会风尚，使生态文明理念真正成为每个社会成员的广泛共识和行为准则。同时，我们"既要改变思维方式，又要改变行为方式；既要改变生产方式，又要改变生活方式；既要改变经济发展方式，又要改变社会发展方式"。无论政府、社会、企业还是个人，都要从长远着眼、从细节入手，落实保护环境人人有责的理念，以自觉的行动来贯彻和体现生态文明观，身体力行推动人与自然和谐发展。

把生态文明纳入教育体系，全面融入社会建设，推进生态环境知识普及和提高，注重基础性、广泛性、持久性、针对性和趣味性；普遍、常态、永久地开展敬畏自然、保护生态环境、节约资源、协同共生的宣传和教育；在全社会牢固确立人人遵循、人人监督的生态公平正义的道德规范和制度激励体系。利用好市场机制，健全资源消耗最小化、效用和服务最大化的长效机制，所有人都无权多占有资源，从而把平等、效率、正义有机地统一起来，使所有人都能实现各尽所能、各得其所。大力开展生态文明系列创建活动，积极发挥各类社团组织的推动作用，使广大人民群众主动参与生态建设和环境保护。

三、避免生态文明建设的若干误区

要统筹规划、长短衔接、因地制宜、政策配套，建设人与自然和谐共生的现代化，既是党的十九大、党的二十大报告的明确定位，也是我们党带领全国人民的奋斗目标。绿色发展，是理念，更是发展。发展是绿色的基础，绿色是发展的目标，也是发展的结果。没有发展、没有财富积累，就会出现"捧着绿色的金饭碗讨饭吃"的怪象。

生态文明建设是新时代"五位一体"总体布局的重要任务之一。通过当今有关生态文明建设的研讨会、生态文明示范区规划评审及调研中可以发现，社会各界对生态文明及"两山论"的认识见仁见智，虽然不乏深入理解、认真践行的情况，但也存在一知半解、望文生义、断章取义等情形。对当前存在的理论和实践层面的偏差甚至认识误区，有必要加以讨论。

一是误以为生态好就是生态文明。文明是社会进步状态，生态文明是指人与自然和谐状态。"生态兴则文明兴，生态衰则文明衰"是习近平总书记关于生态文明的著名论断，既是对文明变迁的历史反思，也是对当今世界的真实观照；揭示了现象与本质的关系：人是生态文明的主体，人类社会的文明程度决定环境状况。按因果关系可以表述为，人类社会文明是因，生态兴衰是果。恩格斯关于自然报复人类的论述，就列举了文明衰败及其与生态环境关系的若干事实。如果地球没有进入人类社会，上述关系就不一定成立。例如，5 000万年前的中生代，地球上植被茂盛、恐龙很多，历史学家却没有称之为文明时代。人类进入文明时代，生态文明不仅要有良好的生态环境，更要有物质文明和精神文明的协调，精神文明对生态环境保护尤为重要。世界银行有关研究发现，一些贫困地区的环境很好，但由于物质贫乏，人们不得不"砍柴烧"，结果导致水土流失和生态退化等问题。这些问题反过来加剧了贫困，形成"贫困—生态退化—贫困"的恶性循环。换句话说，人们还不能从环境状况推断出一个地方是否是文明社会的结论。

二是误以为生态文明建设必然妨碍发展，甚至要放弃发展。现实中，一些人"只谈绿水青山不谈金山银山"强调环境保护的重要性，忽视经济发展的基础性。虽然我国生态文明建设的提出和推进是对高投入、高消耗、高污染、低效益的传统发展方式的深刻反思，但不是不要发展，而是要高效益、高质量的发展；发展不仅指经济发展，更不能简单等同于GDP增长。"既要绿水青山，也要金山银山"强调在发展中保护，在保护中发展。既不能以环境为代价谋求一时一地的发展，也不能只讲环境保护。山清水秀但贫穷落后不是生态文明，生活富裕但环境污染也不是生态文明。精准脱贫位列"三大攻坚战"之中，反映了党中央国务院对经济发展与环境保护的兼顾。如果不从实际出发，将环境保护放在优先位置、将保护区无限扩大，就会碰到一个现实问题：没有财政收入拿什么去恢复或重建自然生态系统？从这个意义上说，生态文明建设要平衡好经济发展与环境保护的关系，把握好一个"度"。照搬发达国家的环保优先，犹如"东施效颦"，会误导管理者决策，这是需要避免的。

三是误以为"有了金山银山也买不来绿水青山"，等同于"宁要绿水青山，不要金山银山"。"宁要绿水青山，不要金山银山"，强调的是宁愿不开发也不能破坏生态环境，因为生态环境一旦遭到破坏，恢复起来很难。因此，破坏了绿水青山的金山银山，宁可不要；以人体健康为代价的一时发展，宁可不要；损害长远利益的发展，宁可不要。但是"有了金山银山也买不来绿水青山"既不客观，也不准确。其一，对联合国环境署认为的"不适宜人生存的地方"，花"金山银山"去买"绿水青山"是得不偿失的，也是难以维持下去的；其二，塞罕坝、库布其治沙实践证明：只要人们付出劳动，可以实现"荒漠变绿洲"。换句话说，没有资源投入，无法重建"绿水青山"。因此，在我们强调"宁要绿水青山，不要金山银山"的同时，也不应该否认绿水青山可以带来金山银山，金山银山也可以用来建设绿水青山。如果过分强调"有了金山银山，也买不来绿水青山"，对生态文明建设是不利的。

四是误以为生态文明建设仅是对环境保护工作的提升。生态文明建设，有广义和狭义之分。广义的生态文明建设，包括生态环境建设、生态经济建设、生态社会建设、生态文化建设等方面。狭义的生态文明建设，包括国土空间优化、整治与可持续安全；资源节约、高效与可持续利用；环境保护、污染治理与环境质量持续改善；生态保育、修复与可持续承载等方面。由此可见，环境保护仅是狭义的生态文明建设的一部分。无疑，在生态环境成为社会"短板"的当下，环境保护是生态文明建设的重中之重，但不能把生态文明建设仅看成是对环境保护工作的提升。否则，生态文明建设可能与"五位一体"总体布局中的其他建设脱节，甚至激化人与自然矛盾。与之相关，生态文明建设绝非仅是生态环境部门的职责，而需要几乎所有政府部门均担负起相应职责。空间优化、资源节约、环境保护、产业升级、绿色建筑、绿色交通、科技创新、社会转型、生态文化、绿色消费、绿色财税、绿色金融等，都是生态文明建设的重要组成部分。2018

年的国务院机构改革，为建立健全生态文明建设的领导体制和部门联动机制创造了条件，尽管如此，仍需要加强集成、协调统筹。

五是误以为生态优先就是环境保护优先。资源、环境、生态，是从不同角度界定人类生存和发展所依赖的自然界的，三者是统一体。资源侧重于利用的目的，如经济资源、战略资源等；环境侧重于生存目的，如宜居环境、优美环境等；生态侧重于生物与环境之间的相互关系，人是其中的生物物种之一。生态优先，是生物优先、环境优先，还是生物与环境的关系优先，存在多解性；美丽中国强调的是特色，强调的是人与自然和谐共生。认识上的模糊性会带来行动上的歧义，如一些地方以生态建设之名行开发破坏之实；一些地方花巨资在河流和湿地上建起"三面光"的人工水泥堤坝，破坏了动植物与水的联系；一些地方"一刀切"关停企业，不仅影响经济发展，更增加了就业压力和社会稳定的隐患。所有这些，均与生态文明建设原则和重点南辕北辙。我们不能把生态文明建设与物质文明建设对立起来，既不能走进"经济发展必然破坏生态环境、生态环境保护必然影响经济发展"的误区，也不能忽视经济建设和民生改善，而要统筹兼顾，实现"多赢"。

六是误以为生态文明能在一个晚上就建成。"罗马不是一天建成的"，生态文明建设是一项复杂的系统工程，需要一个长期的建设过程，不能立竿见影，必须按照自然规律和经济规律办事。一些地方误以为生态文明建设只是一个口号，会随着时间的推移而被人们逐渐淡忘，没有从实际出发积极探索切实可行的"绿水青山"与"金山银山"的转化途径；一些地方违背自然规律，"运动式"建设生态城市，搞什么大树进城，指望"今天栽树、马上乘凉"。我们应清醒认识到，生态文明建设不是喊喊口号，而是中国共产党在新的历史时期庄严作出的政治宣言，是"人民对美好生活的向往就是我们的奋斗目标"这一党的执政为民理念的具体体现，是建设美丽中国、实现中华民族伟大复兴中国梦的具体举措，是对广大人民群众改善环境质量呼声的有力回应。这就要求采取集约、高效、循环、可持续的方式和环境友好途径，开发利用自然资源、环境容量和生态要素，体现保护"绿水青山"就是做大"金山银山"、破坏"绿水青山"就是损耗"金山银山"的价值观和政绩观。

七是误以为生态建设就不能对森林进行可持续经营。在践行"两山理论"过程中出现了一些不当倾向，沈国舫院士提出三个需要引起重视的问题。[①]第一，自然保护地区划和生态红线的划定有偏大倾向。有的人采取简单的一切都封起来的策略，有的人反对自然生态系统的经营利用项目，有的人主张不许伤害任何有生命之物，有的人希望别人跟他一样终身成为素食主义者，甚至过着苦行僧式的隐居生活。第二，"一刀切"禁止砍伐。从实施天然林保护工程到天然林区全面禁止商业性采伐是很大转变，但除生态屏障建设外，要有可持续经营的国家储备林基地目标。2005 年中国工程院一项咨询研究项目表明，东北林区的不同林区和林业局，要长达 20—40 年的休养生息时间。吉林长白山林区、黑龙江牡丹江林区（有大量人工林）、伊春林区、大兴安岭林区，也不能"一刀切"禁止砍伐。过去的过度砍伐和现在不切实际的"一刀切"禁止砍伐均会限制发展。第三，一些人盲目反对伐木达到令人哭笑不得的地步。部分人不了解木材是国家建设和民生不可或缺的重要原材料，更是可恢复、可再生、低能耗、可降解的绿色材料。欧洲森林经营 200—300 年，在资本主义发展初期曾受到破坏，经过近 100 年修复，进入正常可持续经营状态。我国作为一个发展中国家，应从中得到一些启发。

总之，与生态文明建设原则和重点南辕北辙的东西，都应当避免。

[①] 沈国舫：《对当前践行"两山理论"的一些倾向的看法》，2020 年 8 月 16 日，https://m.163.com/dy/article/FK5EFU140519D9DS.html.

第三篇

绿色转型篇

美丽中国建设，需要经济社会的绿色转型和系统性变革，并与一定的经济社会发展阶段相对应。大自然是人们生存和发展的前提，经济是美丽中国建设的基础，绿色发展是美丽中国建设的必要举措。美丽中国建设，必须构建绿色低碳循环发展的经济体系，推动新型工业化的不断升级，大力发展循环经济以提高资源利用效率，以降碳减污扩绿增长为主线推动构建新型能源体系，以资源环境的可持续性支撑美丽中国建设目标的实现。

第七章
美丽中国建设之基是绿色低碳循环发展经济体系

国务院印发《关于加快建立健全绿色低碳循环发展经济体系的指导意见》（以下简称《意见》），围绕建立健全绿色低碳循环发展的生产体系、流通体系、消费体系，加快基础设施绿色升级，构建市场导向的绿色技术创新体系，完善政策法规体系等全方位提出了明确的目标和任务，为我国相当长一个时期立足新发展阶段、践行新发展理念、构建新发展格局，加快实现经济社会全面向绿色化、高质量发展制定了时间表和路线图。

一、绿色低碳循环发展经济体系的特征

我国为什么要建立健全绿色低碳循环发展经济体系？自《意见》发布以来，有许多专家学者从不同角度对此进行了论述与解读。以下从四个方面予以简要论述[1]。

一是顺应绿色低碳国际潮流的需要。从《巴黎协定》签署及各国公布的碳达峰、碳中和时间表看，我国推进的速度最快、任务最艰巨，因而实

---

[1] 周宏春：《对构建我国绿色低碳循环发展经济体系的思考》，《工业安全与环保》2021 年第 47 期，第 7—9 页。

施的力度也必然更大。有人说气候变化已形成共识,其实这一说法并不严谨,甚至不科学,因为对科学问题的探索很难形成共识。如光的传播是靠粒子还是靠波动并没有形成共识,这才有了波粒二象性理论。波粒二象性是指某物质同时具备波的特质及粒子特质,波粒二象性是量子力学中的一个重要概念。气候变化是客观存在的,气候变化的速度在加快也被事实所证明,但是什么原因导致气候变化在科学上尚没有得到严格证明;尽管如此,并不妨碍应对气候变化政治共识的形成,实现碳中和也已成为世界各国的共同取向。因此,从转变经济发展方式入手,走一条适合中国国情的绿色低碳发展道路,建立健全绿色低碳循环发展经济体系成为必然选择。

二是现代经济体系的重要特征。党的十九大报告提出现代经济体系的内涵,不少学者纷纷给出自己的解读。作者认为,中国特色社会主义现代化强国的经济基础是农业现代化,因为"无农不稳";重点支撑是工业现代化,因为"无工不富"。实现我国碳中和远景目标,建设富强民主文明和谐美丽的现代化强国,绿色低碳循环发展经济体系必然成为建设社会主义现代化强国的经济基础。

三是高质量发展的本质要求。高质量发展是我国未来一个时期经济社会更可持续、更具活力、更有效率、更高质量发展的核心内涵,具体表现为效益优先、质量第一。这里的质量和效益,既包括经济发展的质量和效益,也包括生态环境的质量和效益,两者相辅相成、相互促进。应当坚持前瞻性思考、全局性谋划、战略性布局、整体性推进,实现发展规模、速度、质量、结构、效益、生态和安全的协调统一。

四是建设美丽中国的应有之义。生态文明建设的基本原则是节约优先、保护优先、自然恢复为主,要求我们的一切行为活动都必须以尊重自然、顺应自然、保护自然为前提。生态环境是生产力,保护生态环境就是保护生产力,改善生态环境就是发展生产力。大自然与生态是一笔巨大而宝贵的财富;自然界之美,美在物种多样性,美在地貌多样性,美在条件多样性。如果没有多样性,形成"千城一面",还会有人去欣赏自然景观吗?

还会有旅游产业的生存空间吗？肯定没有。我国一些地方出现过度保护、过度"植树种草"现象，这种不符合自然条件、不遵循自然规律的做法，还是少干为好！

二、绿色低碳循环经济体系的发展重点与途径

《意见》中对从生产、流通、消费、基础设施建设等领域到工业、农业、服务业三大产业，从产业结构、能源结构、运输结构到企业、园区、供应链，从绿色技术创新体系构建到完善政策法规体系进行了全方位部署和安排，是系统解决我国经济社会发展中资源环境问题的路线图、施工图，具有理念的引领性和实践的可操作性。从地方政府推进《意见》落实的角度看，可以从以下四个方面予以重点考虑。

一是在绿色低碳循环经济体系建设中，既要统揽全局，又要把握好生产、生活领域的关键环节；既要敢于创新突破，又要做到行稳致远。要制定碳达峰碳中和中长期目标及转型发展时间表、路线图，重点布局未来零碳经济。在建立健全绿色低碳循环发展生产、流通、消费体系的同时，还应加快推进基础设施绿色升级和绿色技术创新体系构建，不断完善地方绿色化法律法规政策体系。绿色低碳循环发展经济体系建设，离不开政府的引导引领，需要建立完善正向激励和负向约束机制。应鼓励和支持不同层面、各个领域所开展的理论创新、科技创新、管理创新、机制创新和模式创新，充分激发自下而上的改革实践活动，不断总结经验，加强学习交流，形成良好的外溢效应。应坚持市场机制，强化企业主体地位，为绿色低碳循环发展注入持久和强大动力。

二是从工业园区入手，进一步调整园区空间布局，优化园区产业结构，加大园区绿色基础设施建设力度，提升园区管理服务水平、机制创新能力，以促进园区产业集约化、功能化、规模化发展。改革开放以来，我国经开区、高新区、保税区、自贸区的实践探索，对各地乃至全国经济社会发展和国

际合作交流起到了非常重要的作用。我国分别设立了国家级开发区、省级开发区、各级各类园区，形成了多类别多层次的园区体系，成为我国经济发展综合实力最强、开放程度最高、发展最具活力的产业集聚载体和平台。我国经济社会发展已进入高质量为重点的阶段，各类园区项目建设应当由"捡到篮子就是菜"向"系统集成优化提升"转变，园区招商引资由"拼政策""比优惠"向"拼服务""拼营商环境"转变，优化营商环境成为园区发展的重中之重。如何紧扣绿色低碳循环经济体系构建这个主题，不同园区可以因势利导，各显神通。

各类园区应围绕"三节三减"协同开展。"三节"是节地、节能、节水；"三减"是减材（如汽车轻量化）、减污（减少污染物排放）、减碳（减少二氧化碳排放），本质是提高资源利用效率，减少污染物和二氧化碳等温室气体排放。实施途径包括，企业进入园区（企业集群）、产业集聚，形成集约化发展的新局面。园区要更加注重通过产业链招商进行补链强链，保障产业链供应链安全。各类园区应尽可能围绕一个主线培育特色产业。在确保重点园区开发建设的同时，可以针对一些重复建设、布局趋同等问题，着力推动企业集群、产业集聚，促进园区产业向专业化、集约化、规模化发展；对新入园企业和项目要合理引导，形成特色鲜明、上下游产业配套的企业集群。打造旗舰园区，积累可复制、可推广的经验，提升入园企业的品质和竞争力。

三是以推行清洁生产为抓手，开展园区企业全生命周期的资源环境气候管理。在《意见》中，"清洁生产"一词被多次提及，不仅与节能环保、清洁能源等一起作为率先突破的重点，还提出要全面推行清洁生产，依法在"双超双有高耗能"行业实施强制性清洁生产审核。清洁生产首次于1976年在巴黎召开的"无废工艺和无废生产国际研讨会"上提出，本意是在生产过程中消除各种污染源。1989年5月，联合国环境规划署定义了清洁生产的概念，指通过污染物审核（英文是audit，为避免与经济审计混淆，故采用审核一词）、工艺筛选、实施防治污染措施等技术和管理手段，使自然资源得到合理利用，实现企业经济效益最大化、对人类健康和环境的危害最小化。清洁生产的分析工具是全生命周期评价（LCA）。

对企业而言，还需要分析更多对象，如"六流六链"。"六流"即物质流、能量流、信息流、资金流、商品流和废物流，"六链"即人才链、产业链、供应链、知识链、价值链和创新链。应当从提升企业价值链的关键环节入手，充分考虑人流、物流、信息流、资金流等生产力要素，以需求为导向延伸产业链、提升价值链；从出口替代入手，促进产业升级，打造现代农业、文化产业等类园区。地方政府应为企业提供系统的培训服务与战略咨询服务，大力发展生产性服务业；企业不仅要关注销售数据和利润，还要积极主动融入国内、国际经济的大循环中。要集中力量实施核心技术产品"攻尖"和自主创新产品"迭代"应用计划，解决"卡脖子"问题，实现核心关键技术的全面突破。要激发人才创新活力，显著提升技术创新和制度创新能力，在新基建、新技术、新材料、新装备、新产品、新业态上不断取得新突破，实现产业形态高级化、标准化、绿色化、智慧化，产业链现代化水平明显提高。

四是坚持系统观念，统筹减污降碳协同增效。根据中国工程院的研究，能源—环保—气候具有同源性特征，也就是污染物排放、温室气体排放均与能源利用有关，同时产生同时排放。因此，要特别重视能源的清洁、高效、可持续利用。首先是㶲的利用最大化，这就要求在能源使用中做到温度对口、梯级利用，如在燃煤发电厂开展余热利用，减少冷却塔蒸汽排放等，不仅可以最大限度地提高能源利用效率，还可以减少城市热岛效应；其次是污染物治理一体化，如对火电厂污染物治理尽可能将除尘、脱硫、脱硝、脱汞同时完成，而不是分别脱除治理，这样不仅可以减少运营费用，也可以避免在处理一种污染物时又向大气排放另一种污染物（如脱硝产生的氨逃逸增加了雾霾发生的几率，造成二次污染）；继而是将二氧化碳变废为宝，如发电厂排放的二氧化碳，通过收集、过滤净化等过程制成产品（可以达到食品级和工业纯级别）。二氧化碳的工业途径很多，如温室大棚、粮库、烤烟、石油开采等生产过程都需要使用不同纯度的二氧化碳。将上面的环节一环一环地紧密联系起来，或许能产生一个新经济门类——碳循环经济。

到 2050 年，我国将实现建成社会主义现代化强国的伟大目标，届时我国人均 GDP 将在现有基础上翻番并达到中等发达国家水平乃至更高；如果不转变粗放的传统发展方式，能源资源支撑不了，生态环境容纳不了，发展也就不可能持续。建立健全绿色低碳循环发展的经济体系，既是推动高质量发展、建设现代化强国的现实需要，也彰显了我国积极应对气候变化、展现大国担当的决心和魄力。

三、实现自然受益型经济发展的良性循环

全球有超半数的 GDP 总量中度或高度依赖于自然及其提供的生态系统服务。人类活动却不断将气候变化与自然生态系统崩溃推向不可扭转的临界点。世界经济论坛《2022 年全球风险报告》将气候行动失败、极端天气事件、生物多样性丧失与生态系统崩溃列为未来十年最严重的三大风险[1]。传统的商业模式将不可持续，必须转向自然收益型的经济。

1. 中国转向自然收益型经济的必要性

中国是世界上生物多样性最丰富的国家之一。为实现碳中和目标与自然受益型的经济发展，政府、企业、投资者以及公民的通力合作可以铺就通往崭新未来的大道，中国企业有能力也必须发挥关键作用。

中国逐步完善生物多样性保护体制机制，强化执法检查和责任追究等政策措施，推进了生物多样性保护和管理。"十三五"期间，中国持续加强生态环境执法监管，实施环境行政处罚措施。随着生态文明和可持续发展理念深入人心，越来越多的消费者开始反思自身的消费行为对生态环

---

① 朱春全：《迈向自然受益的商业未来——新自然经济的进展和趋势》，《可持续发展经济导刊》2022 年第 C2 期，第 48–51 页。

境的影响，并转向选择使用环保型商品，如使用有机食品、优先使用可持续认证产品等。自然退化和损失会给企业带来合规风险，而消费者和投资者也为企业带来转型压力。评级机构将自然信息披露纳入评估体系，机构投资者则要求企业对经营的环境风险承担更多责任。环境、社会与治理（ESG）表现日益成为投资者评估企业价值的重要依据。

中国自然生产系统面临严峻风险。中国拥有丰富的生物多样性，是世界上已知10%的植物和14%的动物物种故乡，其中包括3 000种濒危物种。随着经济快速增长和城镇化率持续提高，中国的自然生态系统付出了沉重的代价。与20世纪50年代相比红树林面积减少了40%，中度和重度退化面积占草原生态系统的1/3以上，受威胁的脊椎动物物种约21%。2000—2010年十年间生态系统调查评估发现，城镇、森林和湿地面积增加，而农田、灌丛、草地和荒漠面积减少。2010年，仅约20%的森林、灌丛和草地生态系统达到优、良等级，总体质量较低。水土流失、土地沙化、石漠化、自然栖息地减少等问题依然严重，流域生态环境问题恶化、海岸带破坏、城镇人居环境恶化、矿产资源开发破坏生态系统等问题突出。近年来，生态系统退化问题得到有效缓解，布局得到明显恢复。

应对气候变化和遏制生物多样性丧失需要协同推进。中国有着独特机遇，可以引领全球向自然受益、净零排放和公平的经济转型。中国提出到2030年前实现碳达峰、2060年前实现碳中和的目标，并承诺到2030年扭转森林覆盖率下降的趋势。应对气候变化不利也将会对未来经济与社会系统带来一系列冲击。因此，凝聚社会、企业和政府之间的共识并形成合力，共同遏制自然系统与生物多样性的丧失十分迫切。作为联合国《生物多样性公约》缔约方大会第十五次会议（COP15）的东道国，中国提出与自然和谐相处的生态文明建设目标，将保护生物多样性提到了国家战略层面。对自然及其生态系统服务的保护、恢复与可持续管理，对实现《巴黎协定》的气候目标至关重要。研究表明，中国陆地生态系统每年可储存800亿吨二氧化碳，相当于2019年排放量的8倍。协同推进气候变化应对和生物多样性保护势在必行。

健康的自然生态系统不仅是环境保护的内在要求，也会对经济和社会带来巨大的积极影响。研究发现，中国 GDP 总量的 65% 因自然损失而面临风险。过去 40 年，中国经济实现了前所未有的增长，人均收入从 1978年的 120 美元上升到 2019 年的 9 000 美元，城镇化率从 1978 年的 18% 上升到 2019 年的 63.9%。另一方面，中国自然生态系统也为这种指数级的经济增长付出了代价。自 20 世纪 50 年代以来，中国红树林面积减少了40%，超过 20% 的脊椎动物物种面临较高的灭绝风险。碳中和、自然受益型经济不仅具有较好的复原力，也将创造新的商业机遇。有关研究表明，到 2030 年，15 项转型中的 3 个关键社会经济系统有望为中国带来 1.9 万亿美元的新增商业价值，创造 8 800 万个就业岗位。世界经济论坛发布的《中国迈向自然受益型经济的机遇》报告发现，中国 GDP 总量的 65%（相当于 9 万亿美元）面临自然损失的风险。城镇化、购买力的提高以及消费者行为变化叠加在一起，给中国自然资本带来巨大压力，还可能将关键生态系统推至无法逆转的拐点，威胁中国经济发展与社会福祉的基础。

2. 促进自然受益型食物、土地和海洋利用系统发展的措施

自然受益是以 2020 年为基线，人类成功从生物多样性不断丧失的逆向循环，转向生物多样性不断恢复的良性循环。在新的自然经济系列中，与生物多样性密切相关的三大社会经济系统是：食物、土地和海洋利用，基础设施和建成环境，能源和开采。社会经济系统依赖于自然生态系统及其服务，生产活动又会直接给自然系统带来巨大压力，并可能损害自然生态系统及其服务，导致人类自身的发展受到威胁[1]。

三大社会经济系统不仅是自然损失的主要原因，也是危机的主要受害主体，且对中国经济发展和商业繁荣至关重要。从生物多样性下降转向恢复有三个关键节点与目标：从 2020 年起努力实现生物多样性的净零损失，

---

[1] 王倩、刘现荣、贺倩、王影：《迈向自然受益的未来：三大系统转型的中国机遇与路径》，《可持续发展导刊》，2022 年第 C1 期，第 98-101 页。

并转向有益自然的发展轨道；到 2030 年实现自然正增长；到 2050 年自然系统完全恢复，实现人与自然和谐共生的愿景。要打造自然受益型的经济，实现人与自然和谐共生的经济模式重大变革，三大系统转型至关重要。为此，提出对策建议如下：

（1）食物、土地和海洋利用：改变人的生产与消费方式

到 2030 年，自然生态体系的 6 个转型可以创造近 5 961 亿美元的额外年收入，创造 3 400 万个新增就业岗位。中国 27% 的土地已受到荒漠化的影响，高产农田仅占耕地总面积的 1/3。而这些，既是与自然相关的风险，同时也存在巨大的商业机遇，可以激励企业实施再生农业和其他自然受益型的商业模式。比如某乳制品公司过去 10 年中在乌兰布和沙漠投资超过 11 亿美元，种植各类树木 9 700 万棵，绿化面积达 200 多平方千米，将沙漠变成了生产有机牛奶的牧场。

加快生态系统恢复，以免陆地和海洋资源的过度开发，还要控制森林、草原、湿地、淡水、海洋等生态系统过度利用。企业的未来行动十分重要，如在大宗商品供应链中不能涵盖毁林的政策，采用基于自然的气候解决方案，实现减排目标。发展稳产高产可持续农业。中国农业生产面临诸多挑战，如化肥农药的不合理施用导致耕地质量退化。政府因而需要继续推进农业改革，加强小农户培训和能力建设，鼓励大型农场发展精准农业，大力推动农业生物技术研发，到 2035 年实现农业生产与资源环境承载力的基本匹配。管护健康、高产的海洋。对已存的海洋环境污染需要进行治理，对海洋资源实行可持续管理。未来，中国要继续推进海洋渔业资源保护和可持续利用，实施更加严格的休渔制度，打击非法远洋捕捞，推广可持续水产养殖。加强森林可持续经营。中国森林覆盖率已从 1949 年的 8.6% 提高至 2020 年的 23%，但也存在质量不高，可持续森林经营认证比重较低等问题。未来，中国需继续大力推动森林资源保护、恢复与可持续经营，发展碳汇林、商品林、经济林和林下经济等多种经营的现代林业。

践行人与自然和谐共生的消费方式，这就要求人们摆脱对资源高消耗型食品的消费，杜绝浪费。未来，可从供给与需求两端双向发力，推动市场向多元化的饮食结构和资源利用效率更高的消费模式转变。建立透明、可持续的供应链。彻底改变农林牧渔产品生产和消费方式，透明、可持续的供应链不可或缺。通过发展订单农业和农超对接直接供应等模式，减少供应链各环节的食物损失；利用数字信息技术建立农产品透明溯源系统，以可追溯的信息保障食物安全。

（2）基础设施与建筑：城市与交通的绿色化

据估计，到 2030 年中国城市人口可能达 75%，远高于 2020 年的 63.9%。随着社会经济发展以及城市化进程的推进，将给自然受益型经济转型带来商机。到 2030 年，将产生 5 900 亿美元新增商业价值，创造 3 000 万个新的就业岗位。佛山市南海固废处理环保产业园就是一个典型案例。园区利用创新技术与循环利用解决日益严峻的城市固废问题。产业园总面积 30.7 公顷，建成了可持续垃圾综合处理系统，能进行污泥干化、垃圾焚烧及 26 种主要危险废物的处理。在不同处理厂，资源可以得到循环利用和协同效益。例如，垃圾焚烧产生的电能用于整个园区供电，垃圾焚烧蒸汽产生的余热可用于污泥干化等。

要创建紧凑型建成环境。通过科学的空间规划和土地利用总体规划以及公共交通导向型开发模式，创建紧凑型建成环境。实施自然受益型建成环境规划设计。在确定基础设施建设区时选择对生态环境没有影响或影响最小的方案；综合考虑建筑中各部分和工程建设全周期对自然的影响，选用可持续材料和节能设备；扩大城市绿色空间，保护生物多样性，推动森林城市建设。未来，中国应抓住共享住宿、共享办公设施、共享停车场和智能停车技术等商业机会，提高房屋和土地利用率，缓解城市扩张。发展自然受益型市政公用设施，这是管理和减少空气污染、水污染和固体废弃物的重要手段。应重点关注三大重点领域：加强城市管网建设及改造；在加强城市排水系统建设的同时构建海绵城市，提高城市韧性；推动污水和固废的"减量化、资源化、无害化"。发展自然受益型交通基础设施，包括强化交通选线选址的生态优化，采纳并使用"无害化"的穿（跨）越生态敏感区技术和标准，使用经久耐用型的环保材料，推广利用清洁能源，减少基础设施对环境和人类健康的影响，推广绿色长途运输等。将自然作为基础设施建设的前置条件，将湿地和森林纳入建成环境规划，减少对人造工程建设的需求。经验表明，将自然作为基础设施组成部分，除了能发挥减缓气候变化的重要作用外，还可以节省大量成本，创造可观收益。

（3）能源与采掘业：打造低碳经济的同时保护和恢复自然

到 2030 年，能源与采掘业的自然受益转型将带来 5 860 亿美元的新增商业价值，创造 800 万个新的就业岗位。如实现"双碳"目标的关键战略在于电动汽车的推广利用，会带动电池的需求不断增加。随着能源转型的加速以及对某些金属的需求增长，能源与采掘业对自然的压力将增加。为减轻负面环境的潜在影响，2018 年工信部鼓励汽车制造商承担报废电动汽车电池的回收责任。中国自主汽车品牌之一的吉利汽车出资成立一家合资企业，致力于最大限度回收利用废旧锂电池。2019 年，吉利汽车报废汽车材料平均回收率为 96.8%，充分展示了汽车电池等汽车资源的绿色制造潜力，在中国及其他地区创造了新的商机。

发展节约和循环型生产方式。实现能源及其开发利用的系统转型，要以循环高效的模式重新设计产品、服务和生产体系，以最大限度节省能源资源消耗和经济成本。开展自然受益型矿产资源开采。在矿产资源开采过程中，最大限度地减少对土地破坏，避免或减缓采掘业对生物多样性的不利影响。按"避免、减少、修复、抵消和补偿"顺序，在矿产资源开采的全生命周期向自然受益型方案方式的转变。未来，矿业企业应进一步打造负责任的采购供应链，利用新型信息技术发展科学化的开采方式，减少对生态系统的影响；行业组织和大型企业应为中小型采矿主提供必要的知识和技能培训。推进自然受益型能源转型，实现雄心勃勃的"双碳"目标，需对太阳能、风电及储能设备进行巨大投入。中国政府已表明决心，要从化石燃料过渡到清洁能源。在采用自然气候解决方案时，需谨慎平衡新能源（如生物质能）的效益以及生产和应用过程中对自然的影响。要打造可持续的材料供应链。打造可持续的材料供应链，要求采购的透明性和材料的可追溯。中国编制了《中国负责任矿产供应链尽责管理指南》，将通过各类保护倡议、采掘和材料业治理框架、企业承诺和履责，以及充分利用区块链等技术，搭上第四次工业革命和技术创新的快车，打造更可持续的材料供应链。

如果不采取行动应对自然损失，未来可能会付出极高的代价。我们不能忽视这一问题，因为发挥商业领导力的时机已经成熟。现在采取行动的企业可以提高自身韧性、增强战略业务优势，确保创造长期价值，并获得经济利益。世界经济论坛期望通过"自然领军者"社区计划，与中国乃至全球的公共与私营部门合作，共同引领变革，为当代和子孙后代创造一个更美好、更强大、更美丽的世界。

第八章
美丽中国建设需要新型工业化支撑

在人类社会发展史上，迄今还没有一个经济现象能和工业化相提并论。工业化虽然只有二三百年历史，创造的物质财富却大大超过以往各个时代的总和。中国工业化成就令世人惊叹：仅用短短几十年时间就建成体系完整、产能巨大的工业体系，成为世界制造业第一大国和第二大经济体，成功探索出一条符合中国国情的新型工业化道路。党的十六大、党的十七大和党的十八大均要求推进新型工业化，党的十九大报告进一步指出，"推动新型工业化、信息化、城镇化、农业现代化同步发展"。新时代又赋予了新型工业化的新内涵和实现路径[①]。

一、工业化是社会主义现代化强国建设的重要途径

工业化与现代化密不可分，现代化是人类社会从传统社会向现代社会的变迁过程，重要动力是经济增长和结构变革。换言之，现代化是由工业化驱动的现代社会变迁的过程。发达国家实现工业化的时间虽然不尽相

---

①周宏春：《碳中和背景下中国新型工业化的实现路径》，《经济要参》2022年第 21 期。

同，但都通过工业化实现了现代化。建设富强民主文明和谐美丽的社会主义现代化强国，必须完善现代化动力机制。工业化作为现代化的内涵，党领导全国人民经过不懈探索，用短短几十年的时间走完了发达国家几百年的工业化历程，走出一条具有中国特色的社会主义工业化道路，创造了经济发展的"中国奇迹"。

为中国人民谋幸福，为中华民族谋复兴，是中国共产党人的初心使命。1945 年党的七大报告提出，中国工人阶级的任务，不但是为着建立新民主主义的国家而斗争，而且是为着中国的工业化和农业近代化而斗争。后来"一五"计划提出，集中主要力量发展重工业，不放松农业、轻工业。1954 年 9 月，毛泽东同志宣布：准备在几个五年计划之内，将我们现在这样一个经济上文化上落后的国家，建设成为一个工业化的具有高度现代文化程度的伟大的国家。1964 年 12 月，"四个现代化"第一次被正式提出，要把我国建设成为一个具有现代农业、现代工业、现代国防和现代科学技术的社会主义强国；并提出两步走设想：第一步，建立一个独立的比较完整的工业体系和国民经济体系；第二步，全面实现农业、工业、国防和科学技术的现代化，使我国经济走在世界的前列。

党的十六大提出，坚持以信息化带动工业化，以工业化促进信息化，实现科技含量高、经济效益好、资源消耗低、环境污染少、人力资源优势得到充分发挥的新型工业化道路。科技含量高，是要发挥科技是第一生产力的作用，提高产品质量和竞争力。经济效益好，是要从主要依靠增加投入、铺摊子、追求数量增长转到以经济效益为中心的轨道上来，实现增长方式由粗放型向集约型的转变。资源消耗低，要求坚持资源开发和节约并举，把节约放在首位，努力提高资源利用效率。环境污染少，要求注重从源头上防治环境污染和生态破坏，避免走传统工业化"先污染后治理"的老路。人力资源优势得到充分发挥，要处理好发展资金技术密集型产业与劳动密集型产业的关系，通过教育和培训增强劳动力的能力，实现经济社会的可持续发展。

党的十八大以来，以习近平同志为核心的党中央以全球视野和战略眼光，对加快推进新型工业化做出一系列重大决策部署。习近平总书记指出，一个国家一定要有正确的战略选择，我国是个大国，必须发展实体经济，不断推进工业现代化、提高制造业水平，不能脱实向虚。我国紧紧抓住了经济全球化背景下的贸易投资自由化、技术进步和产业转移等历史机遇，有力推动经济结构调整、转型和升级，建成世界唯一拥有联合国产业分类中全部工业门类的国家，包括汽车、电脑在内的 220 多种工业产品产量位居世界首位，实现了工业经济向高质量发展的转变，成功步入中高收入国家行列。

2017 年，党的十九大绘就了两个阶段目标的社会主义现代化蓝图。从 2020 年到 2035 年，基本实现社会主义现代化；到本世纪中叶，建成富强民主文明和谐美丽的社会主义现代化强国。加快建设实体经济、科技创新、现代金融、人力资源协同发展的产业体系，是建设现代经济体系的核心内容。随着 2020 年开启全面建设社会主义现代化国家新征程，我国将从基本实现工业化向全面实现工业化迈进。2030 年我国人均 GDP、三次产业结构、制造业占比、人口城镇化率、非农就业占比等指标都将处于后工业化阶段。按照"中国制造 2025"规划，到 2035 年制造业将整体达到世界制造强国的中等水平。

2021 年 7 月 1 日，习近平总书记在庆祝中国共产党成立 100 周年大会上宣告："经过全党全国各族人民持续奋斗，我们实现了第一个百年奋斗目标，在中华大地上全面建成了小康社会，历史性地解决了绝对贫困问题，正在意气风发向着全面建成社会主义现代化强国的第二个百年奋斗目标迈进。"将中国建设成为工业化国家，是近代以来多少仁人志士想实现而没有实现的梦想，在中国共产党领导下这个梦想必将变成现实。

二、我国新型工业化的挑战与面临的全新形势

我国新型工业化面临全新的内外部形势，主要表现在以下方面：

一是马克思主义工业化理论，可使我们跨越"卡夫丁峡谷"。马克思在经典著作中系统论述了资本主义的发展得益于工业革命的推动。发达国家在推进工业化过程中，先进的工业生产方式导致人类对自然资源的过度开发利用，并造成环境污染。马克思指出，必须赋予工业生产以社会主义性质，实现健康的、无愧于人本性的人与自然的物质交换，在人与自然和谐相处的前提下追求社会生产的发展。19世纪七八十年代马克思和恩格斯提出的跨越资本主义的"卡夫丁峡谷"理论，即东方落后国家有可能避免资本主义制度所带来的一切灾难性波折，而享有资本主义制度所创造的一切积极成果，对于我们走新型工业化道路，避免西方发达国家的生态危机，实现从工业文明向生态文明的跨越具有重大而深远的战略意义。

二是技术进步，可以促进新型工业化快速发展。以移动互联网、云计算、大数据、物联网为代表的新一代信息技术，为新型工业化带来难得的历史机遇，将实现研发设计、原材料供应、加工制造和产品销售等工业生产全过程的精准协同、生产资源要素优化整合和高效配置；将网络协同制造、远程运维服务、环境数据感知等数字技术与能源监测管理有机结合起来，可实现工业生产节能增效和能源管理智能化。利用物联网、大数据等技术可以改善资源回收利用方式。诸多工业企业承担起资源回收责任，创新"互联网＋"回收利用模式，建立高效、规范的回收体系，对于资源综合利用、产业协同转型升级大有裨益。

三是顺应绿色低碳的国际潮流，为新型工业化开辟新途。随着"创新、绿色、智能"的浪潮席卷全球，可以实现工厂、园区、供应链、产品的生命周期全流程覆盖。我国向国际社会宣布，二氧化碳排放力争在2030年前达到峰值，争取在2060年前实现碳中和，成为新型工业化的一个重要考量，是质量、能效、环保等标准外的又一个重要政策导向。在绿色低碳

循环发展的现代经济体系中，工业企业要加速推进绿色制造与智能制造融合，实现从传统制造向绿色智能工厂转型、从工业园区向绿色智能园区转型、从传统产业供应链向绿色智能供应链转型、从传统工业产品开发向绿色智能产品和服务转型。

四是新时代推进新型工业化必须顺应经济从高速增长阶段转向高质量发展的大趋势，改变过去一味追求规模和速度的思路，着力把提高供给体系质量作为主攻方向，由制造业价值链的中低端迈向中高端，从传统迈向自动化智能化，不断提升制造业技术、标准、质量、效率、效益和竞争力。

在充分肯定我国工业化取得巨大成就的同时也要看到，相对于人民日益增长的美好生活需要，相对于社会主义现代化强国建设要求，我国工业化存在发展不平衡不充分问题。传统工业化模式强调资源和生产要素禀赋，充分发挥低成本劳动力和其他生产要素价格优势。进入新时代，我们亟需实现从全球产业分工的价值链低端向中高端的转型升级。

第一，整体生产要素水平较低。总体上看，在较长一段时期内，我国经济增长主要依赖资源与初级劳动投入，在产业分工价值链中的位置不高，无论是产品定价还是品牌价值。在关键基础材料、核心基础零部件、先进基础工艺和产业技术基础等方面与发达国家存在较大差距，钢铁、石化化工、建材等行业低水平产能过剩问题突出，在国际市场缺乏产品和服务的定价权。关键装备、核心零部件和基础软件等依赖进口和外资企业的现象较为严重。

第二，实体经济与虚拟经济发展不平衡。近年来，我国面临实体经济结构失衡、金融与实体经济失衡、房地产与实体经济失衡等矛盾和问题，实体经济在国民经济中的占比有所降低。同时，实体经济整体供给质量不高，高品质、个性化、高复杂性、高附加值的产品供给不足，无法有效满足城乡居民消费升级需求，这反过来又加剧了实体经济与虚拟经济发展的不平衡。

第三，创新能力和高端产业发展不充分。产业数字化转型滞后，虽然在电子商务、线上支付等领域较为先进，但在生产领域明显滞后于发达国家，特别是工业互联网、物联网发展不尽如人意，相关行业营业收入、研究投入等与世界先进水平相比存在较大差距，高级生产要素尤其是与数字经济相匹配的人才、关键技术不足问题较为突出，一些重要装备几乎全部依赖进口，新冠疫情带来的供应链断裂成为企业的心头之"痛"。

第四，区域工业发展总体上不平衡。我国工业化水平总体上呈现东部、中部、西部梯次降低的情形。上海、北京、天津、粤港澳大湾区等步入后工业化阶段，而大部分中西部省份基本上处于工业化中期。一段时期以来，"退二进三""腾笼换鸟"成为一些地方领导的"口头禅"。结果是二产退了、居民收入也降低了；"笼子腾出来了，鸟却没有进来"。因此，产业转型升级一定要从实际出发，基于二产延伸三产，"退二优二"并举。"无中生有"也不能"一厢情愿"，而要取决于地方发展定位和招商引资能力等因素。

第五，工业化快速发展与资源环境承载力不匹配。虽然我国一直倡导走资源节约型环境友好型工业化道路，但在一段时间内，产业结构偏重、能源结构偏煤、运输结构偏路、住房高层为主的现象突出；资源约束趋紧、环境污染严重、生态系统退化成为经济社会发展的制约因素；绿色低碳发展的基础薄弱，能源转型明显滞后于产业结构转型，土地城市化快于人口城市化，不仅带有普遍性，也成为我国走新型工业化道路的制约因素。

三、新型工业化的发展路径与促进建议

美丽中国建设，离不开工业的绿色转型发展。从国际趋势看，减材去毒降碳是绿色发展的重要"标尺"；我国推进资源循环利用、发展循环经济，施行清洁生产、发展清洁生产产业，发展低碳经济、应对气候变化，均顺应了这一时代潮流。

减材，又可以称为减材料化，指在产出数量和质量不变的条件下减少

物料投放强度，产品既要变轻变小变薄，又要经久耐用。这是提高资源利用效率的重要途径。德国伍珀塔尔气候、能源和环境研究所 1994 年提出，在一代人时间内将资源效率提高 10 倍；在不降低发达国家生活水平的前提下，缩小贫富差距，让子孙后代在地球上持续生存和发展。我国大力推进的循环经济可以收到物质投入减量化和提高资源利用效率的效果。

减毒物化，要求在产品生产和使用中尽可能减少或削减有毒有害物质的使用，这是清洁生产的重要内容，也是环境友好的应有内涵。在做法上，可以尽可能使用有毒化学品名录以外的化学品，主要途径包括：改变或重新设计生产工艺单元，开展产品生态设计；重新研制原料配方，用无毒或低毒的物质和原料替代有毒或危险品，进行原料替代，利用新的技术和设备更新，对现有工艺和设备进行工艺改进，高效处理处置含有毒有害的产品，以减轻对人体健康的危害。在现实中，并非所有污染物都能达到"零排放"，因而需要处理处置。对于环保设施建设、运营和服务而言，应在系统化、标准化、生态化、市场化、社会化等方面做好文章。采用市场化手段，本质是经济地处理污染物，必须发挥政府作用，通过法律法规、标准制定、公众意识、监督执行等措施，实现经济发展与环境保护的协调。

降碳，也就是降低国民经济的碳排放强度，发展低碳经济是一条重要途径。要通过制度安排、政策措施保障，推动提高能效、可再生能源和温室气体减排等技术开发和利用，促进社会经济朝着高能效、低碳排放的模式转型。低碳经济的当前发展重点：一是对新上项目提高"高碳"产业准入门槛，以免留下长久的"锁定"效应。二是调整产业结构，推进产业和产品向利润曲线两端延伸：向前端延伸，从生态设计入手形成自主知识产权；向后端延伸，形成品牌与销售市场网络，提高核心竞争力。三是发展高新技术产业和现代服务业，用高新技术改造钢铁、水泥等传统产业，实现低碳转型。

1. 应加强顶层设计，梳理产业转型升级方向

坚持改革思维，坚持系统协同推进。加大政策支持力度，建设新型工业化必需的各类基础设施，包括新基建、公用技术装备。推动科学基础研究、核心技术研发和产业发展的有机链接，切实加强产学研用合作，建立国家重点实验室、联合研发中心。推动机制体制创新，培育创新环境，政府要加强宏观引导和政策支持，企业要提高自主创新意识和创新能力。通过生产智能化、分工网络化、产品定制化、过程绿色化，提高工业劳动生产率和资源利用率，加快现代化经济体系建设步伐，走出一条具有中国特色的新型工业化道路。

高质量发展，要体现在产业政策中。产业政策，可以统筹财税、金融、外贸、技术、人才等政策的制定和实施。应坚持市场主导、政府引导，立足当前、着眼长远，整体推进、重点突破，自主发展、开放合作等原则，发挥市场在资源配置中的基础性作用，健全统一、开放、竞争、有序的现代市场体系，将节能环保、新一代信息技术、生物产业、高端装备制造业、新能源、新材料、新能源汽车等培育成为经济增长的新动力。

2. 坚持创新驱动，推动高质量的新型工业化

要加快突破若干重要战略性行业的重大关键共性技术、核心零部件生产，以制造业数字化、网络化、智能化为核心，增强系统集成能力、基础配套能力和标准制定能力；加快信息技术、生物技术、新材料技术、新能源技术渗透，带动以绿色、智能为特征的技术革命，推动传统制造业转型升级，推动智能化、数字化技术与制造业深度融合，尽快转到以提高全要素生产率为主的增长方式轨道上来；着力推动战略性新兴产业发展，使之尽快成为我国经济中高速增长、产业迈向中高端水平的排头兵。要坚持"四个面向"，重视并坚持市场导向，研发并推广应用成本低、效益高、减排效果明显、安全可控、应用前景广阔的绿色低碳技术，抢占创新制高点、把握主动权。要推进工业化与信息化的融合互动、技术创新与商业模式创新的融合互动、制造业与服务业的融合互动，努力实现中国制造向中国创造、中国速度向中国质量、中国产品向中国品牌的转型升级，实现中国制造由大变强的战略目标。

高质量发展，应体现在顶层设计与实践探索中。我国地域辽阔，各地发展条件和发展水平千差万别，不可能采用一个模式。顶层设计，应体现"顶天立地"要求；"顶天"要顺应发展大势，明确发展与改革的原则性和方向性；"立地"应使工作有抓手。对理论上争论不休或难以找到妥善办法解决的复杂问题，不能坐在办公室"闭门造车"，而要发挥企业和群众的主观能动性和首创精神。唯有如此，各种复杂问题才能迎刃而解。

高质量发展，要体现在依法依规与大胆闯、大胆试之中。习近平总书记明确指出，要"大胆试、大胆闯、自主改""允许改革有失误，但不允许不改革"。为此，一要鼓励广大干部按照中央确定的原则大胆闯、大胆试，有利于高质量发展就应当得到肯定。二要完善干部激励和考核机制，建立健全容错纠错机制，注重绩效考核；对那些锐意进取、敢作敢为并取得成绩的予以奖励，对那些不作为、乱作为乃至"顶风作案"的予以警告，直至依法处理。

3. 坚持绿色发展，绘就新型工业化的底色

鉴于能源、环境和气候的同源同时性，应推动煤炭清洁高效安全低碳利用，发展规模化储能、智能电网、分布式可再生能源和氢能技术，积极发展电动汽车、高速铁路、智能家居等新型电气化技术和设备。要将绿色设计、绿色技术工艺、绿色生产、绿色管理、绿色供应链、绿色就业贯穿于产品全生命周期之中，在保障供应、降低成本、提升效率、控制风险等方面获得效益。发展绿色制造，开发绿色产品、建设绿色园区和工厂、打造绿色供应链、壮大绿色企业、强化绿色低碳监管，从根本上摒弃传统工业化过程中的高能耗、高污染物和高碳排放。发展清洁生产产业，构建现代绿色制造体系，提高高技术制造业和服务业比重，实现工业的绿色低碳发展。把可持续发展融入企业战略与运营管理之中，并与安全、质量、节能、环保、降碳等措施有机结合，以供应链创新与变革推动企业管理创新与变革、行业发展变革，构建客户、企业、供应商组成的产业生态，建立健全绿色低碳技术评估、交易体系和科技创新平台，不断提高碳生产力。

高质量发展，要体现在创新环境培育上。创新驱动，是高质量发展的内在要求。新一轮科技革命和产业变革正在重构全球创新版图；只有抓住机遇，才能提高创新能力。一是探索建立多元化、多渠道、多层次的投入体系，健全课题招标或委托制度，完善公开公平公正和科学规范透明的选题立项机制，形成全方位、多层次的科技创新格局。二要为高质量发展提供不竭动力。企业、高校和科研院所是技术创新的主体和源头，只有赋予其更大的科研立项自主权，坚持问题导向，重视原创性，才能加速产学研用一体化进程。

高质量发展，需要体现在创新成果供给上。要深化供给侧结构性改革，提高科研成果产业化水平。一要聚焦重点领域和战略性新兴产业开展科技攻关，推进研究方法、技术手段和决策支持创新，顺应移动互联网、数字化和智能化发展趋势，瞄准智能制造方向，加快制造业由中低水平向先进水平升级。二要增加成果供给。经济发展对科技创新成果需求巨大，以市场为导向，加强基础性、原创性的研究，推动已有新技术、新材料、新装备和新工艺等创新成果产业化；鼓励企业大胆创新，承担产业化项目，推动创新成果与产业直接对接，不断推出科技含量高、附加值潜力大的科技产品，提高成果转化率。

4. 高质量发展要落到好产品上

由高速增长转向高质量发展，表现在供给侧结构性改革深化，产业结构优化、动力转换和质量提升，经济活力、动力和潜力不断释放，稳定性、协调性和可持续性增强等方面。在我国解决了城乡居民生活"有没有"问题并转向解决"好不好"问题[1]。

高质量发展，既是我国发展大势所趋，也是社会主要矛盾变化和建成社会主义现代化国家的内在要求，追求效率更高、供给更有效、结构更合理、人与自然更和谐、发展更具可持续性，将体现在当前和今后一个时期

---

[1]周宏春：《高质量发展要落到好产品层面》，《中国商界》2019年第1期，第54-55页。

发展思路、宏观政策、调控措施的制定和实施中。习近平总书记在 2018 年 3 月 5 日参加十三届全国人大一次会议内蒙古代表团审议时指出，推动经济高质量发展，要把重点放在推动产业结构转型升级上，把实体经济做实做强做优。以创新驱动高质量发展，是贯彻新发展理念、破解发展难题和突出矛盾的关键。

高质量发展，要体现在制度创新上。社会行为是制度安排的结果，科技创新有赖于制度创新。一要深化创新管理体制改革，优化创新资源配置。要破除阻碍创新的体制束缚，坚持市场导向组织开展研究与创新。二要加强诚信体系建设，惩戒失信行为，形成诚信为基的技术创新软环境。三要健全激励约束机制。建立规范高效、公开透明、监管有力的资金管理制度，使资金使用规范化、合理化，形成"用正确办法做正确事情"的社会氛围。

高质量发展，要体现在人才资源开发上。人才是支撑创新发展的第一资源。一要建立吸引人才、凝聚人才、发挥人才作用的激励机制，造就一大批具有国际领先水平的战略科技人才、领军人才、青年科技人才与创新团队。二要重视绩效导向。以具备真才实学、能为国家和社会发展作贡献为导向，不拘一格选好、用好人才，打破人才自由、合理、科学流动的体制机制障碍。三要完善以增加知识价值为导向的分配政策，赋予科研人员更大的人财物支配权和技术路线决策权，提高成果转化收益分享比例，激发科研人员的主动性和积极性。

高质量发展，要落在产品质量不断提高上。因此，工业产品、农产品、日用品乃至城乡设施和住宅楼宇的质量均应提高。《中国制造 2025》提出，要加强新一代信息技术产业、高档数控机床和机器人、航空航天装备、海洋工程装备及高技术船舶、先进轨道交通装备、节能与新能源汽车、电力装备、新材料、生物医药及高性能医疗器械等领域的创新，并落在技术、工艺和产品上。要突破关键共性技术，组织实施重大应用示范工程，提高产品质量和国际竞争力。

好产品是生产出来的，也是管出来的。只有健全社会诚信体系，好产品才会多起来，假冒伪劣产品才会变少，高质量发展才能落地，人民获得感、幸福感才能增强。

5. 加强体制机制创新，形成新型工业化的合力

新型工业化并非工业领域的单打独斗，而是一个庞大复杂的系统工程，是生产要素、资源环境与生产方式的系统性、整体性变革，在全面建设社会主义现代化强国中发挥着重要作用。数字经济将改变产业范式、产业组织形态乃至发展规律，从而为经济理论和实践提出新的挑战。从理论看，传统工业化创造了物质财富。根据经济发展水平和产业结构变化可以分为初期、中期和后期三个阶段，但对后工业化阶段的产业如何发展并没有描绘。从实践看，新型工业化中仍有许多问题，如数据资源产权、交易流通、跨境传输和安全保护等，要通过建立新的法律、制度、标准等予以保障，要通过设立新的基础制度和标准加以规范。从各国经验看，在新一轮科技革命和产业变革的影响下，衡量制造业水平的标准和反映竞争力的核心要素正在重塑。将我国建设成为制造强国必须推动互联网、大数据、人工智能和实体经济的深度融合，扩大工业产品需求空间，以满足消费者的个性需求，显著降低企业集设计、生产、销售于一体的生产成本，以免传统工业化后期的产能过剩和产业外迁带来产业的"空心化"，并形成以人为中心的服务型制造发展模式。要从制约工业发展的主要瓶颈入手，从供给侧效率提升短板入手，加快推动实体经济、科技创新、现代金融、人力资源的协同，推进以制造业为主体的实体经济转型升级。

地区间合作、"一带一路"倡议、全球化纵深发展等，均为要素流通、特别是智慧物流的发展提出了新的需求，新一代信息技术发展及其产业化也为要素流通创造了条件。智慧物流，本质是对要素流通与服务的信息化、在线化、数字化、智能化，应当借助互联网、物联网、大数据、云计算、人工智能、区块链等新一代信息技术，通过数据联通、分析和优化组合，实现物流资源与要素的高效配置，促进物流服务提质增效、物流与互联网、相关产业的良性互动、互利多赢，进而实现物流行业乃至地区的可持续

发展。

6.发挥两手作用，提升我国工业在全球分工价值链的定位

从价值链上看，我国的工业在国际产业分工中处于中下游，面临欧盟、日本强大的制造能力和美国工业标准控制能力的双重挤压。而今，世界产业分工面临第三次转型，为我国工业发展提供了补齐短板、走新型工业化道路的机遇。要加快发展先进制造业，培育若干世界级先进制造业集群，推动"中国制造"向"中国创造"升级，建设制造强国；加强人才、技术和标准管理，引导和支持制造业从主要提供产品向既提供产品又提供服务转变。必须把生态文明建设融入新型工业化各环节全过程，建立健全绿色低碳循环发展经济体系，促进人与自然和谐共生。要发挥政府与市场两手作用，围绕工业发展的重点、难点和堵点问题进行突破，以创新为导向，以推动工业走向国际分工中高端和保障消费者权益为目标，引导国际合作向更大规模、更广领域、更高层次发展，积极主动融入国际产业链和价值链体系，努力在国际分工中占据更加有利的位置，在合作中提升产业自主发展能力与核心竞争力。涉及国计民生的重要领域，政府应提供公共管理和公共服务；对于新兴产业和新业态，要发挥理论创新、制度创新、文化创新的作用，主动参与和推动经济全球化，不断壮大我国经济实力和综合国力。产业升级的动力是市场需求，这也是党的十八大以来一直强调的"发挥市场配置资源的决定性作用和政府作用"的精神之所在。

第九章
美丽城乡建设与富碳农业发展

推进以人为本的城市化，使城市更健康、更安全、更宜居，成为美丽城市建设重点。习近平总书记强调："城市是人集中生活的地方，城市建设必须把让人民宜居安居放在首位，把最好的资源留给人民。"美丽乡村不仅美在山水田园风光，也美在文化，文化是美丽乡村之魂之韵。许多乡村有自然山水景色，有人气有活力，农耕文化底蕴深厚。美丽乡村建设要坚持"绿水青山就是金山银山"理念，只有业兴、家富、人和、村美才是真正的美，才能让人读得出历史，记得住乡愁。城镇化和美丽乡村建设，只有协调联动同步推进，才能交相辉映，实现生产空间集约高效、生活空间宜居适度、生态空间山清水秀。

一、城市的兴起及其韧性的增强

城市的产生和发展是一个历史的过程，是人类文明的重要组成部分，也反映了人类文明与社会进步。考古资料表明，世界最早的城市是位于约旦河注入死海北岸的古里乔，距今已有 9 000 年左右的历史。古罗马城在顶峰时，人口总数达到 80 万—130 万规模，800 年之后才有城市超过这个规模。严格地说，那时的城市还不是真正意义上的现代城市。

1. 城市的兴起最初源于安全的考虑。

城市的兴起，一种认识是出于防御的需要。"城"是为了防卫，并且用城墙等围起来的地域。"市"则是进行交易的场所。《管子·度地》说"内为之城，外为之廓"。《世本·作篇》记载：颛顼时"祝融作市"。颜师古注曰："古未有市，若朝聚井汲，便将货物于井边货卖，曰市井。""城"和"市"共同构成城市雏形。

工业化以来人口不断膨胀的城市，一度成为传染病肆虐的温床，也催生了现代公共卫生体系。1854年，人口超过百万的伦敦暴发霍乱，科学家约翰·斯诺首次用科学方法绘制了疫情地图，并锁定、拆除了传染源，从而使霍乱得到有效控制。换言之，现代公共卫生体系成为城市应对突发疫情、保障居民健康的至关重要的"铠甲"。

现代城市，是人口、资金、信息等生产力要素集聚地，是交通、供水、供气、供电、通讯等生命线工程集聚地；世界80%的国民生产总值、70%以上的劳动力在城市就业。高速发展的交通体系和互联网使城市系统内和系统间的连接更为广泛而复杂，要素流动性也得到了前所未有的加强。另一方面，城市是资源消耗和污染物排放集中地。如果公共服务赶不上需求增长将引发一系列矛盾，包括资源约束、交通拥挤、环境污染等"大城市病"。

在这样的背景下，生态城市、花园城市、森林城市、环境城市、智慧城市、韧性城市等一系列概念应运而生，目的是改善人居环境、实现城市的可持续发展。

从城市发展历史看，城市受到突发自然灾害的冲击而消亡并非天方夜谭。意大利庞贝古城被火山灰埋在地下，城市以及其中的居民无一幸免。郑州、徐州等城市考古发现"城下有城"；1976年唐山地震、2008年汶川地震等，城市建筑不仅遭到损毁，也造成大量人员伤亡。即使技术进步和社会发展现代化了，人类也无力对抗巨大的自然灾害冲击。唯有认识自然，尊重自然规律，科学布局，增强城市韧性，才能实现城市可持续发展。

近年来，"城市看海"引发热议，因为雨季总有一些城市受淹，每当此时，人们就会追问城市下水道，因为它是"一座城市的良心"。"水是生命之源、生产之要、生态之基"也常见于政府文件和领导讲话，表明有水城市就有活力。另一方面，郑州、徐州等黄河中下游城市"城下有城"被考古证实，反映黄河之水携带大量泥沙曾经将这些城市淹没、掩埋，后代人又在原址上建起了新城。因此，在我国新型城市化进程中，海绵城市建设在做好城市排水的同时，应防范水安全风险，保障人民生命财产安全。

居民健康应成为城乡建设的重要导向。从空间维度看，要实现全方位、全面覆盖、不留死角的治理，不能只考虑时间维度，还要考虑空间维度，横向到底，纵向到边。以群众满意为目标，不仅要建现代化的楼宇，更要关注下水道等看不见的城市"良心"；不仅要建硬件，更要关注软实力；不仅要建城，更要延伸到城郊和农村，实现城乡一体化，发展成为城市群。

要基于大数据、物联网等信息通讯技术，构建城市神经网络传感系统，以精准捕捉人流物流信息流等信息，接入信息互联、数据共享的智慧城市监测管理平台，并对城市多维空间尺度的风险进行趋势分析和研判，为疫情防控工作提供高效精准的辅助支撑。

经历多轮的信息化建设，我国城市已有基础，同时我们要敏锐捕捉正显露的产业机遇，大力发展生物医药、医疗健康、数字经济、平台经济、互联网经济、智能制造等，在不断完善城市原有设施基础上，投资布局新基建，发展应急产业，增强技术自主可控度和供应链自给率。

促进要素流动畅通，对乡村振兴、城乡一体化建设非常重要。新阶段，要研究电子商务与物流企业高质高效数字化物流管理规则，建立新业态、新商业模式的监管规则，形成开放、包容、共享、公平营商环境，数据安全、数据垄断、信息安全等是焦点。对新业态管理，也考验着政府部门智慧：如果管得太细，会扼杀行业创新活力，陷入"一管就死"的尴尬；如果放手不管，将变成一种无序状态，会让投机者得利、消费者受损。因此，监管部门一方面要坚持底线思维，增强安全意识，对与人民生命财产安全、社会稳定、文化安全、金融风险等密切相关的业态和模式，严格规范准入条件；另一方面，要科学合理界定平台企业、资源提供者和消费者的权利、责任及义务，明确履责范围和追责标准，促进行业规范有序发展。

2. 建设海绵城市需完善的防洪体系以增强韧性

韧性城市是一座城市的个体、社区、机构、商业体或系统，在遭受持续的慢性压力或突然的灾害冲击下的生存、适应和发展能力。城市韧性与否体现在硬件和软件两方面。硬件主要是城市规划布局、功能分区、城市建筑和生命线工程等，软件包括数据库、日常运营和应急管理能力等。如果在巨大的自然灾害冲击面前城市难以抗拒，建设突发事件的应急体系则是城市可持续发展的必然选择[①]。

（1）构建更富韧性的城市空间格局

面对人口膨胀、交通拥堵、资源紧缺、垃圾围城、雾霾频发等问题，开展风险及应对能力的普查，建立系统完整的数据库，为城市韧性提升奠定基础。通过科学的规划布局，从基础设施、产业布局、生态环境、治理体系等各方面全方位增强城市韧性，全面提高城市响应能力、应变能力、抗压能力、恢复能力，实现由单一灾害分析向多灾种耦合评估转变，由单一专业、单一部门孤军作战向多专业、多部门、多元主体协同作战转变，建设充分彰显中国特色社会主义制度优势、拥有现代治理体系和治理能力的韧性城市。

应综合考虑现有行政区划、城市布局、人口规模及公共医疗资源分布情况，将地理边界限定的"人居空间"与"健康设施单元"组合起来，构成城乡"安全健康单元"。通过完善的整体布局和持续的功能运行，迅速适应和化解小型疫情及其带来的灾害，而面对大型疫情与各类灾害冲击时，以尽可能小的代价维护城市功能，实现城乡可持续运转。

---

① 周宏春：《建设海绵城市以免雨季"看海"》，《中国经济时报》2016年5月27日。

要从选址开始统筹谋划、未雨绸缪，做好设施、物资特别是人才储备，这是应对突发事件的必要前提。经历 2003 年"非典"后，我国加大了对疾病预防控制体系建设投入，公共卫生事业飞速进步，活跃在新冠疫情阻击战中的相关队伍，就是他们的缩影。

新冠疫情暴露了城市治理总体上跟不上城市发展步伐，城市抵御冲击能力还不能满足现代化的要求，城市内部和城市间高频次、复杂化的人口流动成为应急管控的关键。

建设韧性城市、提高城市韧性，就要在受到冲击时能快速化解、应对并重组，以"防—适—用"的响应机制加以应对："防避"一些本来可以避免的灾害；"适应"无法防避的灾害并调整自身的状态将灾害的危害程度降低到最低；"利用"灾害发生的机会进行自身完善以便对未来灾害应对产生更强的抵抗力和适应力。

城市韧性的构建具有系统性、长效性，须由被动的应急响应转变为主动的规划调控，在充分尊重城市系统演变规律前提下进行战略部署与应对。

（2）提升危机快速响应处置能力

构建健全的应急管理体系，从资源保障、信息沟通、风险预警、应急协调、恢复重建等方面完善各层级联动机制，建设一体化城市运行管理平台，提升危机响应应急能力。

从时间维度看，要持之以恒，久久为功，功成不必在我，功成必定有我。立足当前，放眼长远，既不能只顾眼前不顾将来，不能单纯"头疼医头、脚疼医脚"，也不能只顾将来而忽视当前紧迫问题的解决。加强城中村改造，保护特色旧城，融传统与现代于一体，能让外来人、后来人看到城市的厚重历史。不忘初心，方得始终，要避免"拆东墙补西墙"，严格标准建成"百年大计"的"营盘"，不达目的誓不罢休。

从主体看，要坚持党的领导，多元主体，分工负责，协同治理，共享成果。以多样化方式创新社会治理体系，要从过去自上而下的单向管理转向多方互动的良性治理，以利于亿万人民群众参与的生动实践，真正让人民群众成为社会治理的最广参与者、最大受益者、最终评判者，寻求社会意愿和诉求的最大公约数，从而建设人人有责、人人尽责、人人享有的社会治理共同体，不断满足人民日益增长的美好生活需要。

加快补齐公共卫生体系短板，提升全社会应对突发公共卫生事件能力，必须充分调动公共卫生专业力量，让公共卫生专业人才做好专业的事情。只有通过有组织的社会努力，完善治理结构、实现治理能力现代化，才能有效应对各种突发公共卫生事件，预防疾病、促进健康，减轻灾害冲击带来的人民生命财产损失，实现城市的可持续发展。

3. 积极探索海绵城市建设

海绵城市是一个全新理念，源于城市雨水利用和排洪防涝。力图通过对城市规划和建设的管控，采用影响小的"渗、滞、蓄、净、用、排"等工程措施，就近收集、存蓄、渗透和净化雨水，控制城市雨水径流，补充地下水，"源头分散""慢排缓释"，最大限度地减少城市建设对水文循环和生态系统的干扰。海绵城市也是一个形象比喻，就是改变传统的建大管子、以快排为特征的雨水管理思路，尊重自然、顺应自然，让城市如同"海绵"般地"呼吸吐纳"，让雨洪"化害为利"，建设自然积存、自然渗透、自然净化的海绵城市。

2015年9月29日，国务院常务会议提出，海绵城市要与城镇棚户区、城乡危房改造和老旧小区有机更新相结合，与地下管廊建设相结合，在城市新区、各类园区、成片开发区全面推进海绵城市建设。"十三五"规划纲要提出，"加强城市防洪防涝与调蓄、公园绿地等生态设施建设，支持海绵城市发展，完善城市公共服务设施"。2015年10月11日，《国务院办公厅关于推进海绵城市建设的指导意见》下发，要求通过海绵城市建设，将70%的降雨就地消纳和利用。

住建部在推进海绵城市建设中，重视增强建筑小区、公园绿地、道路绿化带等的雨水消纳功能，在非机动车道、人行道等扩大使用透水铺装；并从"源头减排、过程控制、系统治理"着手，协同解决城市内涝、雨水收集利用和黑臭水体治理等问题。我国两批 30 个城市进行了海绵城市建设试点，在内涝缓解、水环境质量改善、技术促进、运作模式和社会认可等方面取得了初步进展，但在技术力量、社会资本参与、建设项目小散多等方面也存在明显的不足。总体上看，我国的海绵城市建设仍处于探索阶段。

顶层设计。要明确海绵城市建设的指导思想和基本原则、重点任务和保障措施，发挥自然生态功能和人工干预功能，以利于修复城市的水生态、涵养水资源；以解决城市受淹、雨水收集利用、黑臭水体治理为突破口，提高城市防涝能力，扩大公共产品供给，逐步实现小雨不积水、大雨不内涝、水体不黑臭、热岛有缓解，促进人与自然和谐发展。在城市总体规划、专项规划和工程规划中体现海绵城市建设的要求，须对城市供水、排水防涝、节水、中水利用、污水排放与治理等进行统筹协调和系统设计，形成从责任主体到规划、设计、建设和运行维护一体化；在城市水系、道路广场、园林绿化、居住区、工商业区的建设中强化海绵城市设计，细化指标目标，确保实现预期目标。

问题导向。地下管线老化、逢雨必涝、马路拉链、垃圾围城，与生活密切相关的城市基础设施问题屡见不鲜。随着城市数量和规模的急剧扩大，解决"城市病"成为许多城市的紧迫任务。让城市不再"看海"，要从原因分析入手，对症下药加以解决。城市内涝受淹的原因大致包括：气候变化或厄尔尼诺现象造成降水不均（突发降水强度大）、地面塌陷、局地条件不利于排水；已建排水管网的排水速度和覆盖密度满足不了城市建设需求；城市建成区地表不断硬化，径流系数不断提升，雨水下得急就造成大范围积水；传统的解决雨洪思路是尽快把水排掉而不是利用。只有坚持问题导向，加强城市地基的地质调查勘查，才能对症下药解决城市内涝、受淹或"看海"问题。

凝聚共识。为什么我国那么多城市缺水？一个重要的原因是水泥地太多，把涵养水源的林地、草地、湖泊、湿地都给占用了，切断了水的自然循环，雨水来了只能当污水排走，地下水越抽越少。解决城市缺水问题，必须顺应自然，在提升城市排水系统时优先把雨水留下来，更多地利用自然力量排水。我国的海绵城市建设还没有一个可推广模式。大多数城市围绕雨水还是以排为出发点，主要考虑城市安全。现阶段针对雨水收集利用，应通过海绵体的建设，将富余的雨水补给地表水和地下水。虽然海绵城市建设没有照搬的模式，但应总结现有试点经验，尽可能模块化、可复制。

夯实基础。按照海绵城市"渗、滞、蓄、净、用、排"等原则实施空间规划，注重"多规合一"及其与部门间的规划衔接。从实际出发，组织开展"雨水净化、利用技术研究与应用示范"，结合城市生态保护、土地利用、绿地系统、市政设施、环境保护等领域，合理确定城市年径流总量控制率。设立雨水利用监测点，对雨水花园、生态滤沟的水质净化、水量削减、负荷承载等指标进行监测，以得出土壤、雨水的相关数据，为海绵城市建设提供科学依据。突出面源污染处理、雨水收集利用、暴雨重现期提升等重点问题，因地制宜出台经济务实的治理措施和技术路线图，并细化为施工图。推广绿色建筑，推广太阳能综合利用、地源热泵、外墙外保温和节地、节材、节水、节能等绿色建筑等技术，鼓励设计、建设高星级绿色商业开发项目，从单体示范向规模化、区域化发展过渡。

经济合理。海绵城市建设，需要排水防涝设施、城镇污水管网建设、雨污分流改造、雨水收集利用设施、污水再生利用、漏损管网改造等项目规划和建设，住建部提出了有关海绵城市、黑臭水体整治、大管廊三大工程，明确提出工程进度和考核目标，测算出海绵城市每平方千米的建设成本在 1.6 亿—1.8 亿元；其中渗、滞、蓄等源头减排约占 1/3。中央财政连续三年为"海绵城市"建设试点提供资金支持，试点城市吸引社会资金超过 500 亿元，无疑将引导和鼓励更多城市在防灾减灾和生态建设方面的多元化发展。应发挥配置资源的决定性作用，以小区、社区为单位，采用生态措施，以尽可能少的资金投入治理污水。

完善法规。研究制定《城市雨水利用规范和条例》，形成硬约束和长效机制。制定技术标准或建设指南，提出海绵城市建设技术路线图。加强标准引领，严格规划设计条件，土地出让应严格控制地下建筑密度，地面透水率必须不低于相关标准。在各地的实施中，因地制宜，既要符合国家最新出台的海绵城市建设技术标准要求，又有基于实用性创新；以透水地面覆盖率、雨水综合利用率、绿化覆盖率、排涝防洪标准等为主，构建指标体系，自建项目强制性执行，社会项目激励性推广，并对海绵城市建设进行考核；形成大排水管与小通道连贯、"小海绵"地块与整体协调的系统工程。

形成合力。海绵城市建设涉及规划、土地、环保、建设、执法等各方面，应加强全生命周期监督管理，完善具有引导性和竞争性的综合治理结构。住建部、环保部、水利部、国土资源部等部门，应当加强协调，形成合力。对于黑臭水体治理，环保、水利部门不仅要在公布黑臭水体名单上联合，还要从示范工程中找到操作模式和运行机制，克服部门执法权限及行政地域权限，真正形成合力。

建设海绵城市是民生工程，要摒弃单一思维和传统发展模式，不仅要用好城市雨水，更要防灾减灾，为人类的生存和发展留出更多空间，让雨季的城市不再"看海"。

二、富碳农业可以让二氧化碳"变废为宝"

工业革命以来，伴随煤炭、石油等化石能源的开发利用，犹如打开了魔瓶的盖子，大量二氧化碳等温室气体排放到大气层，引起全球气候变化危及地球生态系统。人类千方百计地想收回"魔鬼"，研究了各种技术路径，如收集运输储存（CCS）技术，但存在多耗能且有泄露风险。利用工业排放的二氧化碳发展富碳农业，不仅可以改变自然碳循环，降低二氧化碳排放强度，还能为人类提供必需的生存、生活资料，可谓一举多得[1]。

由于设施农业的密闭性（如大棚中的二氧化碳含量低于 200ppm），植物光合作用受到限制，也影响植物生产潜力的发挥。自 20 世纪 80 年代起，中国农业大学、中国农科院等单位和企业开始研究植物的二氧化碳利用，开发了开放式二氧化碳富集装置平台系统，进行二氧化碳富集，并根据作物生长需要搭配其他微量元素形成气体、液体碳肥施用于设施农业；采用计算机对设施农业的温度、湿度、光照、二氧化碳浓度及营养液等进行自动控制，大幅提高了农作物产量，更促进了农、林、牧、副、渔业协同发展。富碳农业由此应运而生！

1. 发展富碳农业的重大意义

大气层中每年二氧化碳循环量约为 1 万亿吨，人为排放 300 亿吨。植物通过光合作用，可以吸收水、二氧化碳等元素生长壮大。植物光合作用的理想 CO_2 浓度为 800—2000ppm。在水、光、二氧化碳等元素充分时，光合作用的最大理论效率可达 11%。中国农业实际利用的太阳光尚不足 1%，远低于西方国家 3%—5% 的利用率。

可以收到增产降碳的双赢效果。富碳农业，以用代治、以"疏"代"堵"，将工业排放的二氧化碳收集起来加以富集生产碳肥并用于农业生产，可以实现多赢。按照联合国政府间气候变化专门委员会（IPCC）的减排目标，我国承担 3.6 亿吨二氧化碳的年减排量。通过发展富碳农业，可产出 7.2 亿吨农林干物质（生物质和粮食等），其中 2.5 亿吨可作食物，是 2014 年全国粮食总产量的 43%。

是农民脱贫致富奔小康的产业之基。农业富碳化，不仅可以增加农业收入，还能开辟新的创新创业空间。农产品值钱了、农民增收了，"三农"

---

①《富碳农业：二氧化碳掀起的一场绿色革命》，《经济参考报》2019 年 8 月 8 日。

问题也就迎刃而解。北京交通大学富碳研究中心沈阳科技工作站在东北三省施用二氧化碳气肥的多年实践表明，农作物均产生了增产效果。如粮食类的增产情况为：小麦 86%，水稻 45%，玉米 45%；蔬菜类增产情况分别是：西芹 45%，黄瓜 46.5%，豇豆 43.5%，西红柿 47%，白菜 40%；油桃增产达 45%。

促进一二三次产业融合发展。富碳农业，通过碳、氢、磁、菌、水、光六大元素重组和运用，可以推动农业绿色革命和新能源技术革命，带动了市、县、乡（镇）产业结构升级。通过对二次产业（工业）排放二氧化碳的工业化利用，发展形成三次产业（服务业），再反哺一次产业（农业），实现一二三次产业的融合发展。

为农业可持续发展提供不竭地力支撑。发展富碳农业，在不增加资源消耗、污染物排放的同时，还能避免植物残体、动物粪便遗弃造成水体富营养化、蓝藻爆发，土壤板结，蓄水蓄气能力降低，保持土壤肥力相对稳定。发达国家的耕地有机质含量超过 3%，而我国耕地有机质平均含量仅 2.08%，每年还以 0.05 个百分点在下降，制约农业可持续发展。

还能制成众多产品。如提供农副产品保鲜；工业级干冰可为粮仓创造全封闭冷库保鲜储存条件，为农副产品提供保鲜存储将提升附加值。减少农药化肥大量使用产生的各种危害。

总之，富碳农业，一是可以从源头降低温室气体排放强度，用于发展乔、灌、草等防护林，有利于美丽城乡建设，同时替代钢铁、水泥、玻璃等行业部分过剩产能；二是种养结合，可以创造丰富多样的可食生物，作物果实口感好，还能创造更多的就业机会，缓解农村劳动力老龄化的压力；三是减少食物中残留的化学物质"入口"，因而有利于人体健康，尤其有利于孩子的成长发育；四是保护种子多样性，避免物种趋同导致灾难性后果，更主要的是开辟了一条"疏堵"结合应对气候变化的新途径。

2. 我国利用二氧化碳发展富碳农业的模式

调研发现，在国内至少存在与农业有关的利用二氧化碳的四种模式。

一是种植草本植物。一些地方种植草本植物吸收二氧化碳，收割草本植物生产建材以部分替代木材、塑料等。类似的做法有不少。中国富锌富硒有机茶之乡、现有 35 万余亩锌硒茶园的贵州省凤冈县，施用碳肥收到了增产、杀虫和土地修复、增加茶叶叶绿素质量等方面的效果，碳肥生产中的干冰用于保鲜可提升锌硒茶叶质量。据测算，几十万亩茶园全生命周期每年可以固碳千万吨，如果由此产生的碳减排量进入交易市场还可以进一步提高茶农收入。

二是发展设施农业。2014 年，率先发展富碳农业的山西省，按先进的大棚温室二氧化碳单位面积每平方米 35 千克施用量计算，180 万亩温室大棚一年二氧化碳施用量达 420 亿千克（4 200 万吨），相当于全省当年的碳减排任务。中电投集团在重庆合川双槐电厂投运万吨级燃煤电厂二氧化碳捕集装置，不但验证了碳捕集环节的有效性和低成本，还让工业排放废气变成价值不菲的商品，而捕获提纯产生液体二氧化碳的单位成本约每吨 200 元—300 元。

三是种植能源植物。在荒漠化土地或沙化土地种植能源植物，以吸收二氧化碳并提高植被覆盖率。在鄂尔多斯的调研中了解到，一家企业探索出创新性利用二氧化碳的途径。由植物生长期所决定，这些植物几年后需要砍伐，砍伐下来的干物质用于生物质发电，烟囱排放的废气收集起来并净化通入水池用于螺旋藻养殖，形成荒漠化土地绿化—生物质发电—螺旋藻生产模式，不仅减少了二氧化碳排放，还增加了人类需要的营养品螺旋藻供给。

四是人工干预天气。将二氧化碳收集提纯转化为干冰，可以在北方缺水地区实施"天气的人工干预"，替代地表的远距离调水。如能在三江源的黄河流域和长江流域的分水岭实施天气人工干预，可以增加黄河流域的降水量，对缓解黄河流域水资源短缺状况，保护三江源生态安全屏障及黄河流域的经济腾飞将起到重大作用。

富碳农业，本质上是对现行碳减排思路和技术路线的颠覆，将工业排放的二氧化碳看作资源，采取物化循环途径以强化农业的生物和化学循环，收到增产减碳的双赢效果。物化手段包括：一是富集化，将工业排放的二氧化碳收集起来制成碳肥，施用于大棚作物以提高设施农业生产率；二是肥料化，将二氧化碳转化为铵盐或钠盐施用于农作物以替代部分速效肥；三是矿化，将工业排放的二氧化碳转化为钙盐或镁盐，改善土壤中的化学循环以提高土地生产力；四是将工业排放的二氧化碳制成干冰进行人工天气干预，改变雨水的时空分布，起到空中调水的效果。

与国际社会关于二氧化碳的抵消（offset）性质类似，富碳农业的运用范围更广泛，二氧化碳等温室气体的吸收利用量更大。如果将全国各地工业排放的二氧化碳捕集加工后施用于树木、粮食、茶叶、花卉、瓜果、蔬菜、中药材等的生长，产出生物质，不仅可以为老少边穷地区增加财富，还能走出一条尊重自然、利用自然造福人类的可持续发展之路。

3. 促进富碳农业发展的对策建议

为促进我国富碳农业的健康发展，特此提出建议如下：

一是提高认识。应对全球气候变化，践行习近平主席"巴黎协定"承诺，是我们这代人的责任和担当；实现 IPCC 的减排目标，必须另辟蹊径，以发展的思路和途径控制大气层中二氧化碳浓度升高的问题。化学农业，忽略了土壤中固有、空气中存在、秸秆和动物粪便中广泛分布的微量元素，一味"补"必然带来不良后果。回归碳汇农业，既减轻碳减排对经济发展的影响，又增加有机食品和生态产品供给，是造福当代利在千秋的伟大事业。

二是加大政策扶持力度。发展富碳农业，存在众多的现实困难和挑战，如需要的人工投入大，尤其是杂草控制等需要人工或人工操作机器，不如飞机喷洒农药那样简单，因而常常被认为是落后的代名词。事实恰恰相反，富碳农业发展的每个环节都要付出人工劳动，对我国这样一个人口大国而言，无论是就业，还是将"饭碗端在自己的手中"，都不可或缺。发展富碳农业，受益的是农民、消费者和生态环境。因此，应当出台相关扶持政策，建立长效机制，加大富碳农业发展投资比重，吸引社会资金投入。研究制定相关法规条例，将富碳农业产品纳入政府采购清单，使富碳农业的发展走上健康持续发展轨道。

三是技术研发和推广应用。富碳农业是一项重大技术创新，应列入各地科技计划，加强二氧化碳富集、利用技术研发和成果转化。全国现有设施农业 5 600 万亩，每亩可固碳 2—3 吨，每年可消耗二氧化碳 1 亿—1.6 亿吨。全国 60 亿亩草原可消纳 12 亿吨二氧化碳，约占中国排放二氧化碳等温室气体的十分之一。通过生物质的循环利用，畅通碳的自然循环，解决地球凉热问题。

四是树立负责任的大国形象。富碳农业，可以促进城乡一体化，通过生产并提供更多的绿色食品、生态产品，不仅可以调动农民的积极性，让农民富起来，也可以使食品安全得到保障。这样的农业模式需要人与自然和谐共生，需要人与人的合作，这也正是我国生态文明建设的应有之义。从更广意义上说，可以让"富碳农业"和有中国特色的生态经济，承担起保护全球气候的责任和义务，成为中华民族和全中国人民为之自豪的国家名片，使中国政府在国际舞台上具有更强大的话语权，并为世界可持续发展贡献中国智慧和中国方案。

推动富碳农业的发展，建设粮食安全、生态安全的健康中国，"确保中国人的饭碗牢牢端在自己手中"，实现"两个一百年"的奋斗目标，构建人类命运共同体，时不我待，势在必行。

三、美丽乡村建设模式

美丽乡村是指拥有独特风貌、精神文明鲜明、生态环境优美、经济繁荣发展的乡村，也是人居环境良好、民生福利完善、生态文明建设高效、生活氛围和谐、产业转型升级成功的地方。党的十六届五中全会提出建设社会主义新农村的重大历史任务时提出"生产发展、生活宽裕、乡风文明、村容整洁、管理民主"等要求。2023 年中央"一号文件"发布，提出"和美乡村"的概念，从"美丽乡村"变为"和美乡村"。

从美丽的角度考察，农村或乡村是美丽中国内涵最丰富、特色最明显的地方。即使从旅游和文化的角度考察，美丽乡村也是异彩纷呈的。

1. 观光农业

观光农业，以农业资源为基础，以农业文化和农村生活文化为核心，通过规划、设计与施工，吸引游客前来观赏、品尝、购物、习作、体验、休闲、度假的一种新型农业与旅游业相结合的生产经营形态，为满足人们精神和物质生活而专门开辟的、可吸引游客前来开展观（赏）、品（尝）、娱（乐）、劳（作）等活动的农业。

观光农业，由最初沿海一些地区城市居民对郊野景色的游览和果蔬的采摘活动，快速发展为全国范围内的观光农业的全面建设。

观光农业的形式和类型很多。根据德、法、美、日、荷兰等国和我国台湾地区的实践，规模较大的主要有下列类型：

观光农园：在城市近郊或风景区附近开辟特色果园、菜园、茶园、花圃等，让游客入内摘果、拔菜、采茶、赏花，享受田园乐趣。这是国外观光农业最普遍的一种形式。

农业公园：即按照公园的经营思路，把农业生产场所、农产品消费场所和休闲旅游场所结合为一体。

教育农园：这是兼顾农业生产与科普教育功能的农业经营形态。代表性的有法国的教育农场，日本的学童农园，我国台湾地区的自然生态教室等。

民俗观光村：到民俗观光村体验农村生活，感受农村气息。

从结构上看，可以分出以下类型：

观光种植业：指具有观光功能的现代化种植，利用现代农业技术，开发具有较高观赏价值的作物品种园地，或利用现代化农业栽培手段，向游客展示农业最新成果。如引进优质蔬菜、绿色食品、高产瓜果、观赏花卉作物，组建多姿多趣的农业观光园、自摘水果园、农俗园、果蔬品尝中心等。

观光林业：指具有观光功能的人工林场、天然林地、林果园、绿色造型公园等。开发利用人工森林与自然森林所具有多种旅游功能和观光价值，为游客观光、野营、探险、避暑、科考、森林浴等提供空间场所。

观光牧业：指具有观光性的牧场、养殖场、狩猎场、森林动物园等，为游人提供观光和参与牧业生活的乐趣。如奶牛观光、草原放牧、马场比赛、猎场狩猎等各项活动。

观光渔业：指利用滩涂、湖面、水库、池塘等水体，开展具有观光、参与功能的旅游项目，如参观捕鱼、驾驶渔船、水中垂钓、品尝海鲜、参与捕捞活动等，还可以让游人学习养殖技术。

观光副业：包括与农业相关的具有地方特色的工艺品及其加工制作过程，都可作为观光副业项目进行开发。如利用竹子、麦秸、玉米叶、芦苇等编造多种美术工艺品，可以让游人观看艺人的精湛技艺或组织游人自己参加编织活动。

观光生态农业：建立农林牧渔等土地综合利用的生态模式，强化生产过程生态性、趣味性、艺术性，生产丰富多彩的绿色食品，为游人提供观赏和研究良好生产环境的场所，形成林果粮间作、农林牧结合、桑基鱼塘等农业生态景观，如广东珠江三角洲形成的桑、鱼、蔗互相结合的生态农业景观典范。

2. 2014 年农业部公布的美丽乡村建设十大模式

为深入贯彻党的十八大和习近平总书记系列重要讲话指示精神，进一步推进生态文明和美丽中国建设，农业部于 2013 年启动"美丽乡村"创建活动，开展了 2014 年中国最美休闲乡村和中国美丽田园推介活动。2014 年 2 月，农业部正式对外发布美丽乡村建设十大模式，分别为：产业发展型、生态保护型、城郊集约型、社会综治型、文化传承型、渔业开发型、草原牧场型、环境整治型、休闲旅游型、高效农业型，从而为全国的美丽乡村建设提供范本和借鉴。

产业发展型模式。主要在东部沿海等经济相对发达地区，特点是产业优势和特色明显，农民专业合作社、龙头企业发展基础好，产业化水平高，初步形成"一村一品""一乡一业"，实现了农业生产聚集、农业规模经营，农业产业链条不断延伸，产业带动效果明显。江苏省张家港市南丰镇永联村最为典型。

生态保护型模式。主要在生态优美、环境污染少的地区，其特点是自然条件优越，水资源和森林资源丰富，具有传统的田园风光和乡村特色，生态环境优势明显，把生态环境优势变为经济优势的潜力大，适宜发展生态旅游。典型是浙江省安吉县山川乡高家堂村。

城郊集约型模式。主要在大中城市郊区，其特点是经济条件较好，公共设施和基础设施较为完善，交通便捷，农业集约化、规模化经营水平高，土地产出率高，农民收入水平相对较高，是大中城市重要的"菜篮子"基地。典型是上海市松江区泖港镇。

社会综治型模式。主要在人数较多、规模较大、居住较集中的村镇，特点是区位条件好，经济基础强，带动作用大，基础设施相对完善。典型是吉林省松原市扶余市弓棚子镇广发村。

文化传承型模式。主要在具有特殊人文景观，包括古村落、古建筑、古民居以及传统文化的地区，其特点是乡村文化资源丰富，具有优秀民俗文化以及非物质文化，文化展示和传承的潜力大。典型是河南省洛阳市孟津县平乐镇平乐村。

渔业开发型模式。主要在沿海和水网地区的传统渔区，其特点是产业以渔业为主，通过发展渔业促进就业，增加渔民收入，繁荣农村经济，渔业在农业产业中占主导地位。典型是广东省广州市南沙区横沥镇冯马三村。

草原牧场型模式。主要在中国牧区半牧区县（旗、市），占全国国土面积的40%以上。其特点是草原畜牧业是牧区经济发展的基础产业，是牧民收入的主要来源。典型是内蒙古锡林郭勒盟西乌珠穆沁旗浩勒图高勒镇脑干宝力格嘎查。

环境整治型模式。主要在农村脏乱差问题突出的地区，其特点是农村环境基础设施建设滞后，环境污染问题，当地农民群众对环境整治的呼声高、反应强烈。典型是广西壮族自治区恭城瑶族自治县莲花镇红岩村。

休闲旅游型模式。主要在适宜发展乡村旅游的地区，其特点是旅游资源丰富，住宿、餐饮、休闲娱乐设施完善齐备，交通便捷，距离城市较近，适合休闲度假，发展乡村旅游潜力大。典型是江西省婺源县江湾镇。

高效农业型模式。主要在中国农业主产区，特点是以发展农业作物生产为主，农田水利等农业基础设施相对完善，农产品商品化率和农业机械化水平高，人均耕地资源丰富，农作物秸秆产量大。典型是福建省漳州市平和县三坪村。

3. 2022 年中国美丽休闲乡村名单

建设中国美丽休闲乡村是带动乡村生产生活生态价值提升、拓宽农民增收致富渠道的重要途径，是促进农村一二三次产业融合发展的重要举措。经各省（自治区、直辖市）遴选推荐、专家评审和网上公示，农业农村部公布 2022 年中国美丽休闲乡村名单[①]，推介北京市门头沟区妙峰山镇炭厂村等 255 个乡村为 2022 年中国美丽休闲乡村，其中北京市密云区溪翁庄镇尖岩村等 84 个乡村同时为农家乐特色村。

2022 年中国美丽休闲乡村有三大特点：一是创新业态丰富。将农业观光采摘、农业科技科普有效结合打造成高科技生态农场，建设含星空笔记、科学实践等沉浸式自然博物教育营地，搭建光影秀与传统农耕文化融合的互动式舞台。九成入选的乡村结合不同农时，举办采茶节、稻田音乐节等富有农味的节庆活动。二是农民主体地位凸显。2022 年推介的农家乐特色村，农民既是经营者，利用自家农房农地经营农家乐特色项目；又是从业者，村内休闲农业从业人员中农民占比超过 85%，平均带动农户超过300 户；更是分享者，将近九成的入选村中农户的主要收入为乡村休闲旅

---

①农业农村部：《农业农村部办公厅关于公布 2022 年中国美丽休闲乡村名单的通知》，2022 年 11 月 11 日，http://www.moa.gov.cn/govpublic/XZQYJ/202211/t20221114_6415375.htm.

游经营性收入。三是数字赋能营销服务。多数入选村利用 APP、直播平台等开展营销宣传、门票预约和客房预订，同时通过大数据等技术实现消费导引、客流计算等功能，让服务迈向智能化、信息化和高效化。

2022 年中国美丽休闲乡村名单（＊号表示农家乐特色村）

省市区	美丽休闲乡村
北京市	门头沟区妙峰山镇炭厂村　顺义区马坡镇石家营村　平谷区峪口镇东樊各庄村　密云区溪翁庄镇尖岩村＊
天津市	津南区八里台镇西小站村　北辰区双街镇庞咀村　蓟州区穿芳峪镇东水厂村　静海区台头镇北二堡村
河北省	石家庄市正定县新安镇吴兴村　承德市双滦区偏桥子镇大贵口村＊　秦皇岛市卢龙县蛤泊镇鲍子沟村＊　保定市易县安格庄乡田岗村＊　邢台市信都区浆水镇前南峪村　沧州市青县清州镇司马庄村　衡水市饶阳县王同岳镇张口村　张家口市怀来县桑园镇后郝窑村＊
山西省	太原市阳曲县黄寨镇录古咀村＊　大同市阳高县龙泉镇守口堡村＊　晋城市泽州县北石店镇司徒村　晋中市祁县古县镇东城村　运城市稷山县稷峰镇姚村　运城市盐湖区泓芝驿镇王过村　忻州市静乐县王村镇下王村＊　临汾市洪洞县大槐树镇秦壁村
内蒙古自治区	呼和浩特市新城区保合少镇恼包村＊　呼伦贝尔市莫力达瓦达斡尔族自治旗腾克镇腾克村　兴安盟科右前旗察尔森镇察尔森嘎查　赤峰市宁城县黑里河镇打虎石村　通辽市经济技术开发区辽河镇新农村鄂尔多斯市乌审旗无定河镇无定河村　锡林郭勒盟多伦县滦源镇大孤山村＊　巴彦淖尔市临河区双河镇进步村
辽宁省	沈阳市法库县四家子蒙古族乡公主陵村　鞍山市千山风景名胜区温泉街道办事处庙尔台村＊　辽阳市弓长岭区汤河镇瓦子沟村＊　葫芦岛市兴城市三道沟满族乡头道沟村　朝阳市凌源市大王杖子乡宫家烧锅村　抚顺市抚顺县上马镇北湖村　本溪市桓仁县雅河乡湾湾川村铁岭市银州L龙山乡七里屯村
吉林省	长春市九台区龙嘉街道红光村　吉林市桦甸市八道河子镇新开河村四平市双辽市双山镇百禄村　辽源市龙山区寿山镇永治村　通化市东昌区金厂镇夹皮沟村　白山市抚松县仙人桥镇黄家崴子村　白城市通榆县向海蒙古族乡向海村＊　延边朝鲜族自治州龙井市智新镇明东村

续表

省市区	美丽休闲乡村
黑龙江省	绥化市肇东市昌五镇昌盛村　黑河市爱辉区新生乡新生村　双鸭山市饶河县西林子乡小南河村　牡丹江市宁安市镜泊镇复兴楼村　佳木斯市抚远市乌苏镇抓吉赫哲族村　齐齐哈尔市甘南县甘南镇美满村　大兴安岭地区塔河县十八站鄂伦春民族乡鄂族村　七台河市勃利县勃利镇元明村
上海市	浦东新区新场镇新南村　金山区吕巷镇和平村　崇明区三星镇新安村　青浦区练塘镇徐练村
江苏省	苏州市吴江区七都镇开弦弓村　常州市金坛区薛埠镇仙姑村　徐州市邳州区官湖镇授贤村*　南京市溧水区和凤镇吴村桥村　扬州市邗江区甘泉街道长塘村　镇江市句容市后白镇西冯村*　盐城市东台区五烈镇甘港村　泰州市姜堰区溱潼镇湖南村*　淮安市金湖县吕良镇孙集村　无锡市新吴区鸿山街道大坊桥村　连云港市连云区高公岛街道黄窝村*　宿迁市沭阳县新河镇双荡村
浙江省	杭州市西湖区转塘街道上城埭村*　湖州市德清县莫干山镇仙潭村*　舟山市普陀区东极镇东极村*　温州市泰顺县柳峰乡墩头村　金华市兰溪市诸葛镇诸葛村*　台州市温岭市石塘镇海利村*　衢州市江山市峡口镇枫石村　嘉兴市平湖市林埭镇徐家埭村　丽水市缙云县壶镇镇岩下村*　绍兴市柯桥区湖塘街道香林村*
安徽省	合肥市庐江县罗河镇鲍店村*　黄山市休宁县板桥乡梓坞村*　安庆市岳西县冶溪镇琥珀村　宿州市泗县大庄镇曙光村*　滁州市南谯区施集镇井楠村*　六安市舒城县春秋乡文冲村　阜阳市太和县双浮镇刘老桥村　马鞍山市博望区丹阳镇百峰村　淮南市八公山区山王镇林场村*　芜湖市繁昌区孙村　镇中分村*　铜陵市义安区钟鸣镇水村村
福建省	三明市沙县区夏茂镇俞邦村　龙岩市长汀县南山镇中复村　漳州市华安县仙都镇大地村*　福州市永泰县嵩口镇大喜村　南平市武夷山市五夫镇兴贤村　莆田市涵江区白塘镇双福村　泉州市晋江市英林镇湖尾村*　宁德市屏南县代溪镇北墘村
江西省	九江市庐山市西海风景名胜区柘林镇易家河村*　萍乡市芦溪县银河镇紫溪村*　吉安市新干县桃溪乡板埠村　宜春市铜鼓县高桥乡梁墩村　抚州市南丰县洽湾镇洽湾村*　赣州市章贡区沙河镇流坑村　宜春市铜鼓县棋坪镇游源村　上饶市广信区五府山镇船坑畲族村*　南昌市新建区象山镇河林村　鹰潭市余江区平定乡蓝田村

续表

省市区	美丽休闲乡村
山东省	泰安市岱岳区道朗镇里峪村　菏泽市单县浮岗镇小王庄村　潍坊市高密市阚家镇松兴屯村　济宁市兖州区新兖镇牛楼村　淄博市博山区池上镇中郝峪村*　威海市文登区米山镇西铺头村　东营市利津县盐窝镇南岭村*　烟台市栖霞市桃村镇国路夼村　枣庄市薛城区沙沟镇张庄村　济南市章丘区文祖街道石子口村
河南省	洛阳市栾川县秋扒乡小河村*　开封市尉氏县张市镇榆林郭村　平顶山市宝丰县商酒务镇杨沟村*　南阳市淅川县九重镇邹庄村*　新乡市辉县市张村乡裴寨村*　鹤壁市鹤山区姬家山乡西顶村　周口市西华县黄桥乡裴庄村*　驻马店市平舆县西洋店镇西洋潭村*　焦作市沁阳市紫陵镇坞头村　信阳市新县吴陈河镇章墩村*
湖北省	武汉市江夏区湖泗街道海洋村　武汉市黄陂区木兰乡雨霖村*　十堰市茅箭区茅塔乡东沟村　宜昌市五峰土家族自治县采花乡栗子坪村*　襄阳市南漳县东巩镇陆坪村*　荆州市荆州区八岭山镇铜岭村　荆州市洪湖市乌林镇乌林村*　孝感市汉川市沉湖镇赵湾村　黄冈市红安县七里坪镇八一村　咸宁市嘉鱼县陆溪镇印山村
湖南省	株洲市醴陵市枫林镇隆兴坳村　邵阳市隆回县岩口镇向家村　长沙市宁乡市大成桥镇永盛村　益阳市高新区谢林港镇清溪村*　岳阳市华容县禹山镇南竹村　娄底市新化县奉家镇下团村*　常德市临澧县修梅镇高桥村　长沙市浏阳市古港镇梅田湖村　湘潭市湘潭县乌石镇乌石峰村*　郴州市苏仙区栖凤渡镇瓦灶村　永州市宁远县湾井镇下灌村　衡阳市石鼓区角山镇旭东村
广东省	深圳市深汕特别合作区赤石镇大安村　阳江市江城区埠场镇那蓬村　湛江市雷州市龙门镇足荣村　惠州市龙门县蓝田瑶族乡上东村　清远市英德市连江口镇连樟村　梅州市梅县区丙村镇红光村　汕尾市城区捷胜镇军船头村　东莞市茶山镇南社村　中山市南朗街道崖口村　潮州市湘桥区桥东街道社光村*
广西壮族自治区	南宁市上林县大丰镇东春村*　柳州市城中区静兰街道环江村*　桂林市龙胜各族自治县龙脊镇金江村*　防城港市港口区企沙镇牛路村　贵港市港南区新塘镇山边村　贺州市钟山县清塘镇英家村　河池市巴马瑶族自治县那桃乡平林村*　来宾市金秀瑶族自治县金秀镇六段村　崇左市江州区新和镇卜花村　梧州市长洲区倒水镇富万村*
海南省	三亚市吉阳区大茅村　琼海市博鳌镇朝烈村　五指山市水满乡毛纳村　屯昌县新兴镇沙田村*　保亭黎族苗族自治县什玲镇水尾村

续表

省市区	美丽休闲乡村
重庆市	渝北区大盛镇天险洞村 大渡口区跳磴镇石盘村 彭水苗族土家族自治县善感乡周家寨村 黔江区阿蓬江镇大坪村 开州区满月镇甘泉村 大足区棠香街道和平村 忠县磨子乡竹山村 梁平区竹山镇猎神村* 城口县厚坪乡龙盘村* 潼南区太安镇蛇行村 万州区恒合土家族乡石坪村 北碚区静观镇素心村
四川省	成都市金堂县淮口街道龚家村 自贡市贡井区建设镇重滩村 攀枝花市米易县攀莲镇贤家村* 遂宁市安居区常理镇海龙村 乐山市夹江县新场镇团结村 南充市西充县义兴镇有机村* 宜宾市翠屏区白花镇一曼村 广安市华蓥市禄市镇凉水井村 达州市万源市固军镇三清庙村 巴中市恩阳区下八庙镇万寿村 雅安市石棉县安顺场镇安顺村 阿坝州汶川县三江镇乐活村*
贵州省	贵阳市开阳县禾丰乡马头村* 遵义市赤水市大同镇民族村* 遵义市余庆县松烟镇二龙村 六盘水市六枝特区郎岱镇花脚村 安顺市西秀区大西桥镇鲍家屯村 毕节市黔西市大关镇丘林村* 铜仁市碧江区坝黄镇木弄村* 黔南布依族苗族自治州荔波县瑶山瑶族乡瑶山村* 黔东南苗族侗族自治州从江县高增乡占里村 黔西南布依族苗族自治州兴义市则戎镇半边街村
云南省	昆明市石林县石林街道和摩站村* 大理州宾川县拉乌乡箐门口村 临沧市凤庆县勐佑镇勐佑村 德宏傣族景颇族自治州梁河县河西乡芒陇村* 曲靖市会泽县大桥乡杨梅山村* 楚雄彝族自治州禄丰市一平浪镇大窝村* 玉溪市新平县戛洒镇新寨村 红河哈尼族彝族自治州个旧市鸡街镇毕业红村*
西藏自治区	林芝市工布江达县错高乡错高村 拉萨市达孜区德庆镇白纳村* 那曲市巴青县雅安镇约雄村*
陕西省	安康市平利县老县镇蒋家坪村 商洛市镇安县青铜关镇丰收村 咸阳市淳化县十里塬镇庄子村 榆林市吴堡县张家山镇辛庄村* 宝鸡市眉县汤峪镇汤峪村* 延安市宝塔区河庄坪镇赵家岸村 西安市鄠邑区玉蝉街道胡家庄村 汉中市城固县原公镇青龙寺村
甘肃省	兰州市皋兰县什川镇上车村* 临夏回族自治州康乐县八松乡纳沟村* 甘南藏族自治州碌曲县尕海镇尕秀村 陇南市两当县杨店镇灵官店村 临夏回族自治州东乡族自治县高山乡布楞沟村 酒泉市瓜州县三道沟镇三道沟村

续表

省市区	美丽休闲乡村
青海省	海东市民和回族土族自治县官亭镇喇家村　海南藏族自治州贵德县河西镇团结村　海北藏族自治州祁连县八宝镇白杨沟村　海东市平安区古城回族乡石碑村＊　黄南藏族自治州尖扎县尖扎滩乡来玉村＊
宁夏回族自治区	固原市隆德县凤岭乡李士村　吴忠市青铜峡市叶盛镇蒋滩村　中卫市中宁县余丁乡黄羊村　吴忠市利通区古城镇新华桥村＊　银川市灵武市郝家桥镇胡家堡村
新疆维吾尔自治区	喀什地区疏附县塔什米里克乡喀什贝希村　阿克苏地区阿克苏市依干其镇依干其村　阿勒泰地区富蕴县可可托海镇塔拉特村　昌吉回族自治州昌吉市六工镇十三户村　吐鲁番市托克逊县夏镇南湖村＊　伊犁哈萨克自治州特克斯县乔拉克铁热克镇阿克铁热克村
新疆生产建设兵团	第三师51团6连　第五师81团4连

（据农业农村部网站资料编制）

第十章
能源绿色低碳化是"双碳"目标实现的关键

实施"双碳"战略，是以习近平同志为核心的党中央经过深思熟虑作出的重大战略决策，是一场广泛而深入的经济社会系统性变革，绝不是轻轻松松就能实现的。习近平同志指出："为推动实现碳达峰、碳中和目标，中国将陆续发布重点领域和行业碳达峰实施方案和一系列支撑保障措施，构建起碳达峰、碳中和'1+N'政策体系。"

一、建设美丽中国，推进能源绿色发展要有新担当

中国工程院碳达峰碳中和重大咨询项目，组织 40 多位院士、300 多位专家、数十家单位，重点围绕产业结构、能源、电力、工业、建筑、交通、碳移除等方面，系统开展中国实现碳达峰碳中和战略及路径研究。2022 年 3 月 31 日，在北京发布重大咨询项目成果《我国碳达峰碳中和战略及路径》，提出通过积极主动作为，中国二氧化碳排放峰值有望控制在 122 亿吨左右，在 2060 年前可实现碳中和。具体内容主要包括八大战略、七条路径和三项建议。

八大战略：节约优先战略，秉持节能是第一能源理念，不断提升全社

会用能效率；能源安全战略，做好化石能源兜底应急，妥善应对新能源供应不稳定，防范油气以及关键矿物对外依存风险；非化石能源替代战略，在新能源安全可靠逐步替代传统能源的基础上，不断提高非化石能源比重；再电气化战略，以电能替代和发展电制原料燃料为重点，大力提升重点部门电气化水平；资源循环利用战略，加快传统产业升级改造和业务流程再造，实现资源多级循环利用；固碳战略，坚持生态吸碳与人工用碳相结合，增强生态系统固碳能力，推进碳移除技术研发；数字化战略，全面推动数字化降碳和碳管理，助力生产生活绿色变革；国际合作战略，构建人类命运共同体的大国责任担当，更大力度深化国际合作。

七条路径：一是提升经济发展质量和效益，以产业结构优化升级为重要手段实现经济发展与碳排放脱钩；二是打造清洁低碳安全高效的能源体系是实现碳达峰碳中和的关键和基础；三是加快构建以新能源为主体的新型电力系统，安全稳妥实现电力行业净零排放；四是以电气化和深度脱碳技术为支撑，推动工业部门有序达峰和渐进中和；五是通过高比例电气化实现交通工具低碳转型，推动交通部门实现碳达峰碳中和；六是以突破绿色建筑关键技术为重点，实现建筑用电用热零碳排放；七是运筹帷幄做好实现碳中和"最后一公里"的碳移除托底技术保障。

提出的三项建议：一是保持战略定力，做好统筹协调，在保障经济社会有序运转和能源资源供应安全前提下，坚持全国一盘棋、梯次有序推动实现碳达峰碳中和。二是强化科技创新，为实现碳达峰碳中和提供强大动力，尤其是必须以关键技术的重大突破支撑实现碳中和。三是建立完善制度和政策体系，确保碳达峰碳中和任务措施落地。加快推动建立碳排放总量控制制度，加速构建减污降碳一体谋划、一体推进、一体考核的机制，不断完善能力支撑与监管体系建设[①]。

党的二十大报告明确提出"加快规划建设新型能源体系""积极稳妥

---

① 韩扬眉：《我国碳达峰碳中和战略及路径》，《中国科学报》2022年3月31日。

推进碳达峰碳中和"等要求。新型能源体系的核心是，能源供给安全化、能源结构低碳化、终端消费电气化、供需调节智能化。在我国提出 3060 目标后，降碳成为生态环境保护工作的总抓手；国家层面"1+N"政策体系以及减污降碳扩绿增长协同等措施的相继出台实施，不单是应对气候变化，也要求与污染治理、生态环境改善、应对气候变化的协同推进，中国经济社会系统将由此发生深刻变革，迈上中华民族伟大复兴的新征程。

建设美丽中国，推进能源绿色发展要有新思路。要坚定不移地以习近平新时代中国特色社会主义思想指导能源发展改革工作，紧紧围绕担负的伟大历史使命，准确把握新时代中国特色能源发展的方向道路。要紧紧围绕落实全面建设社会主义现代化国家的战略安排，谋划制定新时代中国特色能源发展的目标任务。要紧紧围绕贯彻落实新发展理念，丰富完善推动新时代中国特色能源发展的政策体系。要紧紧围绕坚持以人民为中心的发展思想，不断增进新时代中国特色能源发展的民生福祉。

建设美丽中国，要坚持节约集约循环利用的资源观，提高能源资源利用综合效益。深入推进能源技术革命，优化能源生产管理模式，不断提高能源转换效率，降低产煤、炼油、发电等综合能耗、水耗。要反对能源浪费和不合理消费，坚决控制能源消费总量，倡导简约适度、绿色低碳的生活方式。要积极创新能源消费模式，促进能源梯级综合利用，提高清洁能源在终端能源消费中的比重。要坚决打好能源领域污染防治攻坚战、打赢蓝天保卫战，力争用 5 年左右的时间，基本实现雾霾严重城市化地区散煤供暖清洁化。展望未来，能源绿色发展的巨幅画卷渐次展开，我们将共创人与自然和谐共生的生动格局！

二、以降碳减污协同增效为抓手构建新型能源体系

实现碳达峰、碳中和，是一场广泛而深刻的经济社会变革。要以习近平新时代中国特色社会主义思想为指导，深入贯彻习近平生态文明思想，

立足新发展阶段，完整、准确、全面贯彻新发展理念，加快构建国内国外双循环相互促进的新发展格局，实现更高质量、更有效率、更加公平、更可持续、更加安全的发展，创造高品质生活。科学把握污染防治和气候治理的整体性，以结构调整和布局优化为关键，以政策协同、机制创新、综合集成为手段，完善法规标准，强化科技创新支撑，实现环境效益、气候效益、经济效益多赢。

结构优化可以收减污降碳协同增效之效[①]。我国能源禀赋是"富煤、缺油、少气"，这是相对于化石能源而言的；我国风、光、水等可再生能源资源丰富，充分利用之可以不断优化能源结构。我国优化能源结构方向：减少化石能源消费比重，大力发展新能源可再生能源，推动构建新型能源体系，以满足经济社会发展和居民生活对能源供应安全的需求。"十四五"时期要严格合理控制煤炭消费增长、"十五五"时期，要逐步减少煤炭消费，提高煤电效率和污染物治理水平。严禁在国家政策允许的领域以外新建扩建燃煤自备电厂，重点削减散煤等非电用煤。推进北方地区冬季清洁取暖，新改扩建工业炉窑采用清洁低碳能源，优化天然气使用方式，优先保障居民用气。大力发展风能、太阳能、生物质能、海洋能、地热能等非化石能源，实施可再生能源替代行动，因地制宜开发水电，在严监管、确保安全前提下有序发展核电，提高非化石能源消费比重。构建以新能源为主体的新型电力系统。可再生能源发电存在间歇性和人为不可控性，建的光伏发电板再多没有太阳光发不了电，建的风机再多没有风发不了电，建的水电站容量再大上游不来水也发不了电。因此，可再生能源发电必须配套发展氢能和智慧能源。加快规划建设新型能源体系和新型电力系统，形成以新能源为主体的电力体系；发展智慧能源，是利用第一代信息技术，特别是大数据、人工智能等，实现电能的优化配置和高效利用，降低污染物和二氧化碳等温室气体的排放水平。

---

①周宏春、李长征、周春：《我国能源领域科学低碳转型研究与思考》，《中国煤炭》2022 年第 48 卷第 1 期，第 2—9 页。

减污降碳扩绿增长，要从源头严控入手，并贯穿于能源加工、转化的全过程，实现效率变革。中央已提出能源作为原料利用、"能耗"双控考核要向"碳排放"双控转变等方向和要求。煤炭、油气等化石能源开采要减少对地表植被生态、地下水系统的破坏。煤炭和油气发电、化工和氢能生产等，均属于能源转化范畴。要按照清洁生产的要求，审核生产过程中的各种废物排放，尽可能将排放物转化为有用元素。在目前技术经济条件下，煤电仍是调峰的最经济途径。在煤炭发电过程中，要研发低温裂解的可能性和技术经济性，以满足可再生能源入网不稳定性的灵活性调峰。在煤化工产业发展过程中，要改变工艺流程，一部分用煤环节改成用电或用氢，制造业生产装备和产品采用低碳技术，采用数字技术提高生产和管理效能。探索利用催化剂、改变原料结构等途径，将二氧化碳尽可能转化为一氧化碳并用作化工生产原料。要统筹煤炭转化利用与石油化工发展，形成合理的分工结构。"十三五"期间，我国在煤炭清洁高效转化利用领域部署了一批重大项目，取得了煤炭清洁利用和煤化工发展的不少成果。要通过多学科多领域交叉融合，研究分子层面的元素转化途径；要研发碳基材料功能和市场，提出新概念、发展新方法、创制新材料、拓展新市场。鉴于氢可以用作燃料、原料以及可随机动车船移动的特点，应尽可能利用可再生能源电力发展绿氢，积极培育市场，发展形成氢的生产—运输—储存—使用产业链，重视氢的"闪爆"等安全保障。

增加绿电供应，发展碳汇产业，降低单位能源生产和消费的碳排放。按照绿色矿山的建设要求，在矿产资源开发规划的同期就要做好复垦规划，及时修复生态环境，并发展碳汇林业或相关产业。在矿区尽可能建设太阳能、风能等可再生能源发电设施，以增加绿色电力供应，提高非化石能源消费比重。重视固废资源化利用的价值。提高资源化比例，实施垃圾焚烧发电或制沼气，增加可再生电力或生物质气，减少垃圾填埋产生的甲烷等温室气体。碳排放的源头治理，就是要让二氧化碳不排放、少排放。减少碳排放也有一些措施可以被称作末端治理。比如通过植树造林形成森林碳汇，利用碳捕获、利用与封存（CCUS）等碳移除技术，对已经排放出来的二氧化碳进行捕获、存储和治理。大力发展碳循环经济，利用烟囱排放的余热和二氧化碳等，经过一定的物理化学作用转化成人工合成"油气"，在黑龙江七台河电厂已经中试成功。大连物理化学研究所李灿院士提出的"液体阳光"，利用太阳能、风能等可再生能源分解水制绿氢，由绿氢加二氧化碳在催化剂作用下合成出甲醇，用以替代化石能源，项目正在推进。所有这些，都将探索并走出一条适合中国国情的碳达峰碳中和之路。

三、另辟蹊径，走一条符合中国国情的碳中和之路

我国生态文明建设进入以降碳为重点、生态环境质量改善由量变到质变的关键时期。要坚持先立后破、立破并举，坚持全国一盘棋，将碳达峰、碳中和纳入生态文明建设整体和经济社会发展全局，既要保障能源安全，又要推动能源绿色低碳发展，避免"碳冲锋"和"运动式减碳"等倾向。研发煤炭的低温裂解、二氧化碳转化为一氧化碳途径，形成"利用碳少排碳乃至不排碳"的新型能源体系。研发碳基材料，提高节约集约利用水平。推进重点行业如钢铁、石化、城乡建设、交通运输等行业绿色转型，加快推动形成绿色低碳的生产方式和生活方式，为实现应对气候变化《巴黎协定》的目标作出更大努力和贡献[①]。

碳达峰碳中和是无法效仿西方国家经验的一项伟大工程。总体上看，二氧化碳等温室气体排放强度变化，与一国或一地的能源禀赋、发展阶段等密切相关。从能源禀赋看，我国一次能源结构以煤为主，虽然 2021 年我国人均能耗仅 3.5 吨标准煤，但人均二氧化碳排放几乎与欧盟国家相当。从发展阶段看，随着一国或一地工业化和城市化的推进，能源消耗和温室

---

①周宏春：《另辟蹊径 走一条符合中国国情的碳中和之路》，《中国商界》2021 年第 10 期，第 34-35 页。

气体排放强度会增加；在服务业占比达到 70% 左右、城市化率达到 80% 左右时，碳排放总量达峰并开始持续下降。从环境保护的推进次序看，西方国家的温室气体减排是完成了局部性环境污染治理、区域性环境污染治理后才提到议事日程的，旨在解决气候变化这一全球性环境问题。总体上，发达国家的碳达峰是自然缓慢的达峰过程。作为对比，我国的工业化和城市化历史任务尚未完成，人均收入水平处于世界平均之下；2020 年中国服务业占比仅 54% 左右，城市化率也仅 63%。由此可见，我国到碳达峰碳中和拐点还有一段不小的距离。另一方面，我国单位 GDP 能耗却是世界平均水平的 1.5 倍，要在远少于发达国家所用时间内完成最高碳排放强度降幅，减碳任务重大而艰巨。更主要的是，我们不能效仿发达国家的做法，必须从实际出发，尽早规划，开拓创新，另辟蹊径，走一条符合中国国情的碳中和之路。

我国碳排放强度"倒 U 形"曲线可以是压缩型的。我国走了一条压缩型的工业化和城市化道路，用几十年的时间完成了西方国家二三百年的城市化进程。同样，我国也可以形成一条压缩型的二氧化碳排放"倒 U 形"曲线。事实上，碳减排峰值包括强度峰值、人均峰值和总量峰值。有关研究发现，一国或一地的能源强度变化规律为：在工业化启动后，能源强度持续增加，在能源强度到达峰值后开始下降。出现拐点的条件是，经济结构从能源密集型的重工业为主向服务业为主的转变；产品结构从附加值低的产品向附加值高的产品转变，从物质生产向知识生产和服务转变。1820 年来的碳排放曲线显示，美国不仅强度高，而且波动时间长，与国土面积大、工业化起步早等有关。从"十一五"时期以来我国一直推进节能减排工作，尤其是 2013 年以来我国加大了污染防治攻坚战的力度，生态环境质量改善之快有目共睹，从而为我国形成一条压缩型的碳排放曲线创造了可能。就可再生能源发展而言也是如此。2005 年，国外网站曾有人说："光伏是富人消费的奢侈品。"而今，在我国光照条件好的地方几乎都能看到光伏发电。我国风能、太阳能发电不仅在发电装机中占比迅速提高，总量也居世界首位，其根本原因在于我国有着巨大的市场容量，更有集中力量办大事的制度优势，为新能源、新技术的发展创造了条件。

不能用"昨天的经验规划我国未来的碳减排"。凡做过模型预测的人都知道，要用模型预测未来，先要对已有数据进行拟合：模拟过去、预测未来。分析历时数据，在拟合—调参等多轮试算的基础上构建相关关系式（在计算机上会简化为多元一次方程组）。在中国工程院"能源革命"第一期课题启动会上，有权威专家说："没有一个能源预测是准确的。"究其原因，既有相关系数低，如能有国人所说的"七不离八"（0.84）就不错了，更主要的是脱离了中国国情和发展阶段：改革开放以来中国经济发展进入"腾飞"阶段，用线型模式进行预测难免会"风马牛不相及"。需要用什么样的思维或模型预测我国未来能源结构、二氧化碳排放强度降低曲线呢？有人认为我国"以新能源为主体的电力体系"，可再生能源发电比例将在80%以上。"把鸡蛋放到一个篮子里"，从能源安全角度看，存在安全隐患，是否会出现"亚马孙热带雨林中的一只蝴蝶，偶尔扇几下翅膀，引起美国得克萨斯州两周后的一场飓风"？而且，随着宇宙空间的探索和技术进步，核能利用潜力越来越大，为什么一定要用过去的经验来预测未来的能源结构及其二氧化碳排放曲线呢？明智的选择可能是，为颠覆性技术突破和产业化留有空间。

不能追求"毕其功于一役"，而要准备打一场"持久战"。碳中和是我国的一项长期发展战略与政策导向，应当统筹谋划，做好顶层设计，抓主要矛盾。由于发展阶段、资源禀赋、产业结构、技术水平、人口素质、尤其是集中力量办大事的制度优势与国外不同，要从实际出发，做好产业结构和能源结构优化、绿色低碳技术研发和应用、激励和约束制度等安排，提出碳排放总量目标及其达峰路线图。能源是碳达峰的核心，能源供给端低碳化是方向，我国能源体系要更清洁、更高效、更经济、更安全、更可持续。截至 2019 年，中国水电、风电、光伏发电累计装机容量均居世界首位，在建核电装机容量世界第一。这是很多研究人员事先未曾想到的。能源消费端重点是系统优化，如将发电—供热等工程衔接起来，提高能源效率。要处理好减污降碳与能源安全、产业链供应链安全、粮食安全、居民生活的关系，以最小成本控制二氧化碳排放。实现"双碳"目标将撬动万亿投资，为能源、交通、建筑、工业、林业等领域带来巨大的发展机遇。今天的投资不仅要带动当前的经济增长，也要为未来的绿色低碳发展奠定基础。

气候变化是人类面临的共同问题，需要人类同舟共济、携手应对。应对气候变化，是我们自己要做，不是别人要我们做。我国是生态文明的倡导者、践行者，也是一个有着高度责任感的国家，理应承担"共同而有区别的责任"，减少二氧化碳等温室气体排放。经过不懈努力，我国碳达峰碳中和目标是可以实现的，也一定能够实现。

第十一章
循环经济是资源效率变革的重要实现途径

循环经济，一头连着自然资源，一头连着生态环境。《关于"十四五"循环经济发展规划》（以下简称《规划》）确立了发展循环经济是我国经济社会发展的一项重大战略。在分析"十三五"循环经济发展成效、"十四五"面临形势的基础上，提出了循环经济发展的总体要求，规划部署了重点任务、重点工程和行动，政策措施和组织实施，是"十四五"我国发展循环经济、部署相关工作的重要依据。

一、发展循环经济是生态文明建设的内在要求

立足新发展阶段、贯彻新发展理念、构建新发展格局，以中国式现代化全面推进中华民族伟大复兴，是我国推动循环经济发展的背景。发展循环经济，走生态优先、节约集约、美丽中国建设的必由之路，对保障国家资源安全，促进石化行业绿色低碳发展意义重大[①]。

发展循环经济是建设现代经济体系的内在要求。发展循环经济，要坚

[①] 周宏春：《明确方向、突出重点　促进循环经济健康持续发展》，《中国经贸导刊》2021 年第 15 期，第 29-31 页。

持问题导向、重点突破、市场主导、创新驱动等原则，将创新、协调、绿色、开放、共享发展理念贯穿于发展各领域全过程，构建资源循环型产业体系和废旧物资利用体系，是提升资源利用效率、保障资源安全的重要举措。以工业现代化为抓手，推动制造业迈上绿色低碳、创新引领、智能制造、智慧物流、专利和知识产权等价值链高端，培育新的增长点，形成增长新动能；以产业生态化和生态产业化为主体的生态经济为基础，以供给侧结构性改革为主线，不断优化经济结构，构建起以绿色低碳循环发展的经济体系为内涵特征的现代经济体系。

发展循环经济是转变发展方式的重要内容。"开采—生产—消费—废弃"的传统线性经济增长模式，导致大量物质资源的消耗和废弃物的产生排放，对自然生态系统造成空前的破坏，威胁人类的生存发展和生态系统安全。循环经济通过可回收利用各类资源的循环利用和高效利用，从线性式的发展方式向资源—产品—再生资源的循环型发展转变，从粗放型的增长转变为集约型的增长，从依赖自然资源开发利用的增长转变为依赖自然资源和再生资源的增长，从重视发展的数量和增长速度向发展的质量和效益转变，从根本上消除经济社会发展对资源的压力和对环境的破坏，形成资源节约型、环境友好型的生产生活方式。

发展循环经济是减污降碳扩绿增长的必然选择。西方国家工业化经历了"先污染后治理"的过程，实践证明，"末端治理"是费而不惠的措施，难以从根本上化解资源环境约束问题。循环经济一头连着资源，一头连着生态环境保护，采取源头预防、过程控制、末端治理相结合的措施，施行清洁生产，实现效率变革，最大限度地减少人类活动对自然资源的消耗；在变废为宝、化害为利、提高资源效率的同时，能有效改善环境质量，满足人民群众对天蓝、地绿、水清、环境更宜居的新诉求，实现经济增长与自然资源消耗、污染物和温室气体排放的脱钩，实现更高质量、更有效率、更加公平、更可持续、更为安全的发展，以尽可能少的资源环境代价实现经济社会的可持续发展。

发展循环经济是应对气候变化的重要举措。2020 年 12 月，欧盟发布新的循环经济行动计划，要将循环经济理念贯穿到产品设计、生产和消费全过程，以提高资源效率。艾伦·麦克阿瑟基金会的研究表明，循环经济可有效减少全球水泥、钢铁、塑料和铝行业生产中的温室气体排放。通过采用减少废物产生量、延长产品使用寿命、材料循环利用等措施，可分别减少 10%、12% 和 18% 的温室气体排放，这是能源转型所无法解决的。发展循环经济，是推动碳达峰、碳中和目标实现以及应对气候变化的重要举措。

发展循环经济是以中国式现代化全面推进中华民族伟大复兴的必由之路。研究表明，如果中国推广共享交通出行方式、循环利用报废汽车、轻量化设计燃油车、用新能源汽车替代燃油汽车等措施，交通行业氮氧化物（NOx）排放量可减少 9%，细颗粒物（PM2.5）排放量可减少 10%，还可减少二氧化碳排放。发展循环经济可以促进可持续生产和消费，打造更健康的自然生态系统，开创更和谐的人与自然关系，以尽可能少的资源消耗支撑经济社会发展，以尽可能少的经济投入修复改善生态环境，建设美丽中国，并为实现"第二个百年奋斗目标"奠定坚实基础。

二、不断提高重点领域的资源利用效率

在分析"十三五"时期循环经济发展成效、"十四五"时期面临形势基础上，《规划》提出循环经济发展的总体要求，部署了重点任务、重点工程和行动，政策措施和组织实施，是"十四五"时期我国发展循环经济、部署相关工作的重要依据。

1.《规划》部署的重点任务与行动

处理好资源开发与生态环境保护的关系，兼顾长远与短期利益、局部与全局利益，既不能以保护为由阻碍经济发展和人民生活水平的提高，也不能无序无度开发甚至掠夺资源，导致资源耗竭、环境污染和生态退化。

坚持节约优先、保护优先、自然恢复为主原则，并作为制定政策、规划计划、工作推动必须遵循的大政方针。将绿色发展理念贯穿于矿业活动全过程，推进矿产资源综合开发；完善资源循环利用制度，实现企业循环式生产，推进产业链接循环化、资源利用高效化，提高产业关联度和循环化水平。推行生产者责任延伸制度，制定重点行业循环型企业评价体系。建立再生产品推广使用制度，完善一次性消费品限制生产和使用制度。实施全生命周期和绿色供应链管理，大幅降低能源、水资源、土地资源等的消耗强度，以资源的可持续利用支撑经济社会可持续发展。

《规划》部署的三大重点任务、五大重点工程和六大重点行动，构成"十四五"期间推动循环经济发展的工作重点。《规划》提出的具体目标是，到 2025 年，通过重点任务、重点工程与行动的实施，主要资源产出率提高 20%，单位 GDP 能源消耗、用水量比 2020 年分别降低 13.5%、16% 左右，农作物秸秆综合利用率保持在 86% 以上，大宗固废和建筑垃圾综合利用率达到 60%，资源循环利用产业产值达到 5 万亿。

构建循环型产业体系，对提高资源利用效率尤为重要。《规划》从产品绿色设计、重点行业清洁生产、园区循环化发展、资源综合利用、城市废弃物协同处置等方面进行部署，以形成资源高效利用的产业循环型发展格局；对完善废旧物资回收网络、提高再生资源加工利用水平、规范二手商品市场发展、促进再制造产业高质量发展等方面提出了要求，以构建废旧物资循环利用体系，建设资源循环型社会；通过推动农林废弃物资源化利用、废旧农用物资回收利用和循环型农业发展等，以促进农业循环经济发展，形成循环型农业生产方式。

《规划》重点工程和重点行动，将选择 60 个城市开展废旧物资循环利用体系建设；对具备条件的省级以上园区 2025 年全部实施循环化改造；建设大宗固废综合利用基地、工业资源综合利用基地、建筑垃圾资源化利用示范城市各 50 个；突破一批绿色循环构建共性技术和重大装备；形成 10 个左右再制造产业集聚区；开展废弃电器电子产品回收利用提质、汽车使用全生命周期管理推进、塑料污染全链条治理专项、快递包装绿色转型推进和废旧动力电池循环利用等行动。

随着世界各国的广泛实践和积极探索，循环经济的内涵在与时俱进，得到丰富发展。清华大学温宗国等的研究表明，得益于技术水平提升和新兴商业模式的涌现，循环经济的减量化、再使用、再循环传统的 3R 原则可以拓展为 10R 原则。即在废物端循环路径拓展为再循环和能源回收，在使用端循环再利用路径拓展为新用途、再制造、再使用、翻新、维修，在生产端循环减量化路径进一步拓展为重新设计、减量化、服务替代。

事实上，在 2005 年前后，国内专家介绍的多是耶鲁大学和麻省理工学院（MIT）提出的彗星状物质循环利用的理想图，可以归纳为：循环利用产业链、供应链和废物链中一切可以循环利用的废弃物或副产品，达到提高资源利用效率的目的。

2. 石化行业发展循环经济助推碳减排的关键路径

实现碳中和不仅是技术问题，而且是一场广泛而深刻的经济社会系统性变革，不仅要加速能源系统绿色低碳转型、提升能效水平，还要改变产品设计、生产和使用方式，有效降低温室气体排放强度。石化行业应当结合实际加以细化，形成施工图和工笔画。依据国家政策导向，结合石化行业实际，这里提出碳减排的若干路径[①]。

一是制定循环经济发展规划。循环经济列入"十一五""十二五"国民经济和社会发展规划；2013 年 1 月《国务院关于循环经济发展战略与近期行动计划》出台，提出石化行业发展循环经济的框架路线图。《循环发展引领行动》要求，"十三五"加快构建低消耗、少排放、能循环的现代产业体系，实现生产、流通、消费各环节绿色化、低碳化、循环化。"十四五"循环经济发展规划，则要求着力建设资源循环型产业体系，加快构建废旧物资循环利用体系，深化农业循环经济发展，提升再生资源利用水平，建

---

① 周宏春：《国家"十四五"循环经济发展规划深意何在》，《中国石化》2023 年第 4 期，第 13—19 页。

立健全绿色低碳循环发展经济体系，为经济社会可持续发展提供资源保障。石化行业应从实际出发，制定行业循环经济的实施行动方案，提出相应的目标、重点任务和政策保障，实现质量变革、效率变革。

二是通过绿色设计和源头减量实现减排。开展产品绿色设计和生产流程再造，优化或缩短生产流程，降低产品生产、运输、消费、废弃物处置等全生命周期中的污染物和温室气体排放，实现化工生产减量化、绿色化和可循环化。生态设计的核心是减材、去毒、降碳；通过高强度新材料使用，不仅可以减少钢铁等材料的利用，还能减轻物体重量；通过清洁生产审核，可以发现并替代有毒有害材料的利用；通过改变技术路径和生产工艺，充分利用化学反应中的一氧化碳以减少二氧化碳排放；通过改变原料构成、物理或化学反应条件、使用催化剂等途径，可以将其中的二氧化碳转化为一氧化碳，并用作下一环节的原料，以降低对能源的需求和温室气体排放。

三是通过产业链延伸或供应链优化实现减排。随着技术进步，化工产品越来越多。石化行业从原料输入到产品输出，存在许多中间生产环节和中间产品，通过产业链招商等途径延伸产业链，利用先进大型高效设备替代中小型落后设备，淘汰高能耗、高排放的产品、技术和工艺，加强绿色供应链管理，减少中间品周转或运输，可以减少生产过程中的能源资源消耗和温室气体排放。例如，一氯碱厂生产的氢气用于磷铵、硫酸、水泥产业链中的合成氨生产，钾盐产品用于复合肥生产，构建了"初级卤水养殖、中级卤水提溴、饱和卤水制盐、苦卤提取钾镁、盐田废渣盐石膏制硫酸联产水泥，海水送热电冷却、精制卤水送到氯碱装置制取烧碱"的海水"一水多用"产业链，显著减少了二氧化碳等温室气体的排放。

四是提升能源利用效率与清洁燃料替代实现减排。在满足能源消费需求的前提下，充分应用节煤、节油、节电等技术减少能源消费和生产过程中的温室气体排放。例如，通过回收利用化工生产中的余热、余能、余压实现节能提效，利用风电、光伏发电、氢能等非化石燃料取代高碳化石燃料，不仅可以降低化石能源消耗，还能减少化石能源使用中直接排放的温室气体。例如，石化行业主要是以能源为原料的转化行业，提高了原材料的利用效率，就可以大幅降低能源消耗及温室气体排放。

五是利用废弃物或可再生材料替代原生材料实现减排。推动废弃材料或报废产品的回收加工再利用，开展企业生产废弃物或副产品的资源化利用，使用相同或更高等级的再生材料，与直接使用原生材料相比可以实现温室气体的减排。化学工业生产过程中产生的固体和泥浆状废物，以及不合格的产品、不能出售的副产品、反应釜底料、滤饼渣、废催化剂等，可以依靠技术进步，提取其中的有用物质，可减少原矿开采，并减少二氧化碳等温室气体排放。例如，扬子石化通过火炬气的回收并用作燃料，不仅提高了资源利用效率，也减少了二氧化碳排放。又如，回收 1 吨废塑料与使用化石原料生产 1 吨塑料相比，可以减少排放 1.1 吨—3 吨二氧化碳。

六是通过化工产业园区产业耦合或废物处理利用实现减排。在一氧化硫化学反应生成二氧化硫的过程中将释放出热，利用好这些热能，可以减少能源需求和生产过程中的温室气体排放。"十三五"以来，化工园区把安全、绿色、智慧化建设摆在突出位置，大力提升安全监管水平、发展循环经济，安全水平、能源循环利用率不断提升。有关研究发现，利用化石能源可以生产高碳材料，从而将二氧化碳固化在材料中实现减排。在国家发展改革委产业发展司的支持下许多园区开展了循环化改造，一些化工园区获评工业和信息化部"国家新型工业化产业示范基地"，一些园区入选"绿色化工园区"和"绿色化工园区"（创建）单位。通过对化工废物的分级分类处置，可以变废为宝，实现资源梯级利用，降低废弃物处置不当产生的环境影响，节约资源和减少温室气体排放。

三、促进石化行业循环经济的健康发展

我国推进循环经济发展历经三个"五年计划"，既取得了明显进展，

也存在一些需要引起重视的问题。2021 年，《关于加快建立健全绿色低碳循环发展经济体系的指导意见》《"十四五"循环经济发展规划》《2030年前碳达峰行动方案》等文件先后印发，均强调要进一步大力发展循环经济。为更好发展石化行业循环经济，提出如下建议：

一是重新认识和定位石化行业。习近平总书记在《当前经济工作的几个重大问题》一文中指出：要推动经济社会发展绿色转型，创造条件加快能耗"双控"转向碳排放"双控"制度，持续深入打好蓝天、碧水、净土保卫战，建设美丽中国。随着能源作为材料使用概念的提出，要求石化行业研究新的定位：大多数石化企业是将能源转化为能源产品（如炼油）或化工产品，而不是消费能源。因此，要研究能源转化行业的内涵特征、评价指标体系、污染物和二氧化碳等排放的"领跑者"指标，细化循环经济的减量化、再使用、再循环原则，推动大宗化工废弃物的高值利用，增加产品的科技含量和附加值，将"创新驱动"原则落到实处，使循环经济金字"招牌"更加夺目。

二是健全法规统计基础。《规划》提出，"十四五"期间国家有关部门将健全循环经济法律法规。为此，石化行业要健全化工废物资源化利用的污染控制标准体系、重点产品生态设计标准体系、综合利用产品质量控制标准体系和绿色供应链建设标准体系，构建一套国际通用、科学合理、操作性强、系统全面的石化行业循环经济评价指标体系，构建统测结合、可操作的资源产出率测算方式，建立主要资源的物质流账户，鼓励具备条件的地区或化工园区建立完善资源消耗、污染物和二氧化碳等数据的直报系统，支持科研机构和社会第三方分析评价石化行业资源产出率指标，分析不同情景下的变化趋势，研究资源产出效率的提升路径和具体措施，引领和促进石化行业资源化产业健康发展。

三是为循环经济高质量发展提供强大的科技支撑。以国家需求、重大战略、市场需求为导向，通过政府统筹引导，发挥集中力量办大事的制度优势，加大科技前沿支持力度，瞄准和抢占原始创新研制高点，加强基础和难点问题的攻关，破解关键科学技术难题；通过交叉融合、协同攻关实现化工废物领域智慧感知与精准分离、智能化成套装备和控制系统、耐高温耐腐蚀高性能材料和装备零部件等"卡脖子"问题的突破；围绕产业链部署创新链，围绕创新链布局产业链，围绕创新链配置资金链，依托"互联网 +"、物联网、区块链智能合约和 5G 等新一代信息技术，攻克回收工艺关键技术，提升化工废物再生产品质量；通过生态设计、清洁生产等方式减少原材料投入，不断提升资源利用效率，提升化工废物分类资源化水平和生产过程的环境风险防控水平。

四是园区循环化改造和管理。随着新型城镇化的发展，化工企业不断向园区集中，涌现出了一批专业化管理水平较高的园区，在推动石化化工行业安全生产、节能减排、循环经济等方面发挥了重要作用。也应当看到，不同园区之间发展水平参差不齐，部分园区布局规划不合理，规划实施过程中随意变动，项目管理不完善，配套设施不健全，安全环保隐患大等问题比较突出，亟待规范引导。要强化绿色发展，依据《环境影响评价法》，开展化工园区环境影响评价，及时核查规划实施过程中产生的不良环境影响。加强环境监测，包括设置在线监控装置、视频监控系统、流量计及自控阀门，与当地环保部门联网，并向社会发布相关监测信息。强化"三废"防治，尽可能实现资源化利用和无害化处理处置。建设园区环境风险防范设施。积极推广应用余热余压利用、能量系统优化、电机系统能效提升等新技术，大力发展循环经济，提高化工园区资源效率和环境友好水平。

五是优化激励和约束机制。应当加大对循环经济重大工程、重点项目和能力建设的支持力度；强化资源税、环境税等对化工废物源头减量和可利用废物焚烧、填埋处置的约束，扩大综合利用产品税收优惠、绿色采购、产品限制淘汰、政府补贴等范围，量化化工行业循环经济发展路径，完善化工废弃物全过程、精细化循环利用方案，促进可回收且经济效益高的物质循环，形成"谁利用、谁受益""谁回收、谁受益"的政策体系；加大政府采购力度，采购资源再生产品，培育资源化产品发展内生动力；鼓励金融机构加大对循环经济领域重大工程的投融资力度。加强行业监管，使循环经济相关行业得到规范发展，真正收到节能、节水、节地和减材、减污、减碳的效果。

六是要以市场为导向，这是《规划》强调的原则。发挥市场配置资源的决定性作用是党的十八大以来一直强调的内容，对循环经济发展、再生资源产品生产更应重视需求导向。"十四五"的循环经济基地、项目建设应当总结以往的经验和教训，把先进的循环经济理念和实践纳入法规制度，并完善配套法规政策，包括行政法规、地方性法规、行政规章、政策性文件，从生产、流通、消费、废弃、处置等环节加强规范，确保各个环节循环衔接，避免以往实践中存在的对废物量估计过多，上了大标号的设备却没有那么多的"废物"原料，出现"吃不饱""小马拉大车"的结果；或对市场需求研究不够，购买了设备却不敢生产，避免"循环不经济"问题产生。

七是健全循环经济国际合作机制。推进全社会资源消费从线性模式走向循环模式，是一场从理念、技术、管理到消费的系统性变革。中国发展循环经济，已经产生一定的国际影响和话语权，需要在经济政策与制度框架制定、主要价值链中绿色商业发展、全球循环经济转型融资支持等方面，统筹建立协调的国家间、区域间合作机制，坚持目标导向和问题导向相结合，坚持系统观念，加强全局性谋划、战略性部署和整体性推进，平衡不同主体的利益诉求，维持长期稳定的友好伙伴关系，谋求全球对生态系统、经济系统和社会系统相协调发展的共识；在绿色"一带一路"国家和地区合作中，尤其要统筹协调与沿线各国循环经济发展的机遇，激励技术创新，完善循环经济基础设施建设，积极推动全球资源大循环。中国作为全球生态文明建设的参与者、贡献者和引领者，要以身作则，深度参与生物多样性保护和全球环境治理工作，并为子孙、为人类、为地球书写全球生态文明建设的新篇章！

第四篇

生态保护篇

美丽中国的一个重要标志是天蓝地绿水清。从我国的发展阶段和现实出发，生态环境保护应当放在美丽中国建设的重要位置。开展生态环境保护，一是要坚持山水林田湖草沙生命共同体理念，实施综合治理、系统治理、源头治理，一体化推进生态系统保护和修复；二是要探索"无废城市"乃至"无废社会"建设；三是要重塑森林生态系统的价值，保护生物多样性，建成人与自然和谐共生的美丽中国。

第十二章

美丽中国的重要标志是天蓝地绿水清

"十四五"规划是推动经济社会高质量发展，乘势而上开启全面建设社会主义现代化国家新征程的第一个五年规划。当今，我们面对百年未有之大变局，国内外形势发生深刻复杂变化，中美贸易摩擦的影响范围、持续性超出预期。美丽中国建设成就的重要标志，在于天蓝地绿水清，为此，我们必须依据新形势、新要求，不断调整大气、水体和土壤治理的重点任务，改善生态环境质量，提高生态文明建设水平。

鉴于长江经济带和黄河流域高质量发展和高质量保护中涉及"水变清"议题，为减少内容的重复，这里主要介绍"天变蓝""地变绿"和黑臭水体治理等内容。

一、天变蓝要求不断改善大气环境质量

1. 大气污染防治的基本考虑

"十四五"大气污染防治规划，要"跳出圈子"看防治，既要具备国际视野又要解决现实问题；既要总结发达国家的成功经验和做法，特别是伴随新技术出现的应用场景，又要"洋为中用"，因地制宜治理大气污染。

为此，我们提出大气污染防治的一些基本考虑[①]。

（1）经济高质量发展需要切实改善大气环境质量

2023 年 7 月的全国生态环境保护大会提出，打好污染防治攻坚战，坚持方向不变、力度不减。大气污染防治应更加注重精准治污，更加注重科学治污，更加注重依法治污，更加注重因时因地因事采取适宜的策略和方法，有针对性地解决大气污染问题。尤其应当做到问题精准、时间精准、区位精准、对象精准，唯有如此，才能真正做到措施精准、"对症下药"并收到预期的大气污染防治效果。

（2）坚持问题导向、目标导向、结果导向，制定差异化目标和重点任务

要认真总结"十三五"大气污染防治规划实施的经验，分析问题、不足和原因。坚持问题导向、目标导向、结果导向，统筹谋划"十四五"大气污染防治规划。基于大气环境质量监测数据和污染源清单，以大气环境资源时空优化配置为核心，研究形成区域大气环境资源优化配置方案；在污染物总量控制中，参照大气环境数据，制定区域差异化减排目标和重点减排任务；科学布局产业和产能的空间结构，并融入区域长期产业规划中，实现中长期大气环境治理目标和区域差异化减排目标。

（3）寻求协同治理、实现多赢应成为重要的工作原则

鉴于能源生产和消费、污染物排放、温室气体排放的"同源"特征，需要从产业链供应链的角度，考虑大气污染防治的协同治理和协同效益。科学、精准治污，要从能源清洁高效利用的源头做起，避免冬季取暖的严重污染。火电机组的弃热、弃电、弃压力并随着水蒸气挥发，不仅造成我国供热能耗高出同纬度国家的 2—3 倍；还导致燃煤排放强度升高，导致局部环境容量降低；"一高一低"加大了雾霾发生几率。因此，采用低温余热对口、梯级利用弃电调峰，不仅可以避免高能低用和浪费，还能避免

[①] 周宏春：《壮大环保产业　推动大气污染防治》，《环境保护与循环经济》2019 年第 39 卷第 2 期，第 1–3 页。

弃热、弃电带来的能源浪费，收到"事半功倍"之效，实现提高能率和大气污染防治的多赢。

（4）更加重视技术进步对大气污染防治的作用

从我国大气污染防治历程看，空气污染治理策略是随着科技进步而发展变化的，减排的颗粒物是逐步变小的。要改变"十三五"期间以结构调整为主要手段（关企业）的做法，更加重视技术减排的作用，加强大气污染防治和温室气体控制的技术研发和创新，推广成熟适用技术，发挥技术减排在高质量发展中的重大作用，切实降低大气污染物和温室气体的排放强度，以技术创新支撑我国大气环境质量的明显改善。

2. 臭氧污染应予以特别重视

臭氧，在上空是"佛"，在近地表是"魔"；存在于距地面20—25千米的臭氧层能阻止紫外线进入大气层，而近地表的臭氧则是一种有害物质，会刺激人的呼吸道引发哮喘等疾病，对人的神经产生影响，造成视力下降、记忆力衰退等问题，还会加速人体衰老。

随着"大气污染防治行动计划""蓝天保卫战"等的实施，我国PM2.5浓度呈逐年递减趋势。PM2.5来源复杂，有直接排放的一次PM2.5，如燃烧产生的黑碳；亦有二次反应生成的，如二氧化硫和氮氧化物等前体物转化而成的硫酸盐、硝酸盐。2019年，全国337个地级及以上城市臭氧浓度同比上升6.5%，以臭氧为首要污染物的超标天数占总超标天数的41.8%，全国优良天数比率同比损失2.3个百分点。

在经验动力学模拟方法（EKMA）曲线上（图12–1），NOx为纵轴，VOCs为横轴，臭氧等值线是一条条"L"型曲线，不同臭氧等值线拐点连接起来构成一条"脊线"；上方是VOCs控制区，臭氧防控要以控制VOCs排放为主；下方是NOx控制区，臭氧防控要以控制NOx为主。

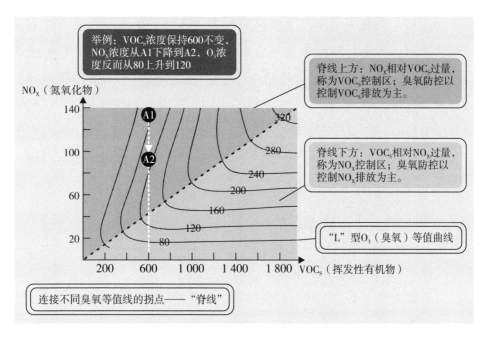

图 12-1 反映 NOx 和 VOCs 关系的经验动力学模拟方法（EKMA）曲线

臭氧等二次污染物浓度上升，引起社会关注。美国航空航天局（NASA）数据显示，印度首都新德里在新冠疫情前是全球空气污染最严重的城市，疫情"封城"后空气质量大为好转，有些地区的臭氧取代PM2.5成为主要污染物。中国的二氧化氮浓度在新冠疫情期间下降明显，但在光的作用下生成的臭氧、硝酸盐、硫酸盐等二次污染物，部分抵消了这一效果。

应重视 PM2.5 和臭氧的协同控制。由 EKMA 曲线可见，受气象条件和相关污染物排放变化等多种因素影响，臭氧与前体物之间的非线性关系并非一成不变，而是存在明显的时空变化的。因此，应根据当地当季臭氧主要受哪种污染物控制，制定相应的动态减排方案，并在实施中加以调整完善。臭氧不只与前体物间存在非线性关系，在不同区域间也存在非线性关系。这就意味着 PM2.5 和臭氧减排的协同控制，每个城市在制定减排方案时，还须考虑对周边的影响，以免某一地区臭氧降低却使临近地区（尤其是下风向地区）臭氧上升。

治理臭氧污染，还要实行氮氧化物（NOx）和挥发性有机物（VOCs）

的协同减排。臭氧主要由人为排放的 NO_x 和 VOC_s 在高温光照条件下二次转化形成。其中，NO_x 主要来自机动车、发电厂、燃煤锅炉和水泥炉窑等的排放；VOC_s 主要来自机动车、石化工业排放和有机溶剂挥发等。NO_x 多产生于生产环节，VOC_s 产生于生产、运输、消费等各环节。NO_x 排放较为集中，针对性治理机动车、工业源排放可以收到效果；VOC_s 排放情况比较复杂，大多是开放环境，如装修房屋、汽车喷漆，城里植物也会排放 VOC_s，治理难度较大。为此，应当构建国家—省—市三级高分辨率排放源清单，可以在臭氧污染较严重的重点区域、治理技术成熟的重点行业先行试点，以切实收到效果。如果对臭氧和 VOC_s 采取"一刀切"的减排政策，不仅难以收到预期效果，还可能适得其反。

总之，大气污染是在特定气象条件下各种污染物进行物理反应、化学反应或生物化学的综合结果。大气污染防治，要树立区域一盘棋的思想，通过科学研究确定全国和各地最佳防控策略，以尽可能少的资源投入收到整体防控的最优效果。

3. 关于"十四五"大气污染防治攻坚战的目标和重点任务

建设天空更蓝、空气常新的美丽中国，必须研究提出"十四五"大气污染防治的目标和重点任务。鉴于污染物的复合性或多种污染物的并存等复合污染问题，攻坚克难仍是"十四五"大气污染防治的主基调。

（1）将公众健康作为大气污染防治目标

"十四五"大气污染防治规划中设置的污染物减排指标，应当与绿色发展、低碳发展的相关指标衔接，也能引导全国乃至各地能源消费总量控制和重点行业治污减排。

居民健康和"天更蓝"都可以作为大气环境保护目标，但不同目标下的治理思路和重点任务不同。即使污染物排放降到较低水平，也难以使"阴天"呈"蓝色"；而降低大气污染对人体健康的影响则是可测算的。中国大气污染治理从治理悬浮颗粒物（TSP）解决白衣服领子易变脏、"黑鼻孔"等问题开始，到颗粒物（PM10）和细颗粒（PM2.5），进而关心可进入人血管和脑的超细颗粒物（PM1）。由北京大学、清华大学等单位专家完成的"大气二次污染形成的化学过程及其健康影响"课题研究显示，中国大气PM2.5暴露引致每年130万人过早死亡。因此，将保护公众健康作为大气污染治理的目标，是新时代通过生态文明建设让人民享受生态福祉的必然要求。

（2）依靠创新驱动，继续发挥结构减排的重要作用

继续出台推进产业结构、能源结构、交通结构和土地利用调整优化的政策措施。产业结构上，要持续淘汰钢铁、水泥、电解铝等行业落后产能，不断加严环保、能耗等要求。严格控制项目审批，严控高污染、高耗能项目建设，促进我国工业绿色低碳转型。从强化绿色发展机制入手，以绿色发展为主线布局产业优化和结构调整，加快形成节约资源和保护环境的空间格局、产业结构、生产方式、生活方式。一是把京津冀、长三角、汾渭平原三大重点区域企业绿色转型升级作为重中之重，提高产业集中度，清理整顿"三不管"地带污染型企业集群。二是实施煤炭消费总量控制，改变能源当地平衡思维，新增能源主要依靠新能源和清洁能源，新增天然气主要用于代替煤，制定并实施升级版北方地区清洁取暖规划。三是以淘汰高排放柴油货车和建设企业大宗货物铁路专用线为重点，以提升铁路货运比例为目标，制定国家和区域铁路货运规划，从源头上减少污染物的排放量。加强节能减排降碳的技术研发和推广应用，依靠技术进步，实现节能、减排和降碳的联动多赢。

（3）深入研究雾霾污染的成因，特别要关注人为排放水汽的影响

2020年春节期间，京津冀地区的重污染天气引起公众关注。黄润秋部长在全国"两会"期间提出，从排放量看，由于春节假期加上疫情防控，居民日常生活活动量降低，由此产生的污染颗粒排放量降低；但是，一些工业维持原有生产水平或降低有限，如取暖和一些重化工业（钢铁、化工、焦化等）。据环保部门测算，污染颗粒排放量比正常水平仅降低了30%。另一方面，高温高湿加上风力小形成的极端不利气象条件，像"锅盖"一样扣在天空，大气层上层的温度比下层的高（逆温层），明显降低了大气环境容量。据有关测算，大气环境容量降低了约50%。换句话说，春节期间大气污染颗粒物减排了30%，而环境容量却少了50%，因而出现了重污染天气。

这就提出了新的研究课题：其一，"锅盖"的组成是什么？是由热量、水汽和污染物共同构成吗？如果是这些物质构成各占多大比例。其二，污染物传输的影响因素、传输距离及其影响如何。其三，电力、冶金、建材等高能耗重污染行业排放强度及其占比多少；已采用的钢铁行业超低排放改造、冬季清洁取暖替代、柴油货车污染治理等的效果如何，需要科学评价，采取什么措施才能收到预期效果，从而为重大污染减排工程的确定奠定基础。

（4）启动PM1测试和重点地区减排试点，重视技术经济性

开展PM1研究具备了基础。中国环境监测总站在北京、上海、重庆、广州、武汉、兰州组织开展了PM1和PM2.5对比监测，相关结论显示PM1占PM2.5比例均在50%以上，个别甚至超过70%，"环境空气PM1试点第一阶段对比监测工作圆满完成"。如果可凝结颗粒物（CPM）质量粒数多，是否对大气环境质量产生影响、究竟产生多大影响等，都需要进行深入研究。若原来小于PM1的污染物颗粒没有检测，可以研究怎么检测、检测标准是什么，可以先选一些重点实验室做测试试点。例如，可以选择电力、钢铁、水泥等高能耗、高排放行业，利用现有先进技术或开发适用技术，进行PM1减排试点，在取得一定经验的基础上再推广应用，从而为后续工作安排、"十四五"规划重点任务确定等奠定基础。

如果考虑PM1减排，PM1减排的协同目标应当包括提高能源利用效率（即使超临界机组的热效率也约为40%，而热电联产机组热效率可达到85%以上）、污染物和二氧化碳减排、成本最小化等因素。不能解决了老问题却又产生了新问题，如硫减排却增加了氨、水汽等的PM1污染水平，甚至起到由PM1向PM2.5转化的"催化"作用。如果单纯追求脱硫、脱

硝或脱汞效果，会在投入端出现化学反应物逃逸、中间过程的高投入和技术路径依赖、末端排放的PM1超标（我国尚未检测）等问题。对城市而言，PM1减排工程可与清洁取暖、富碳农业发展等协同实施，以降低PM1减排成本，进而实现经济效益、社会效益和环境效益的有机统一。

总之，要在巩固污染防治攻坚战成果的基础上持续攻坚。大气污染防治的乱作为和不作为均应当避免。考虑到供暖期雾霾污染时有出现的特殊性，优化发电余热供暖方式，采用低温余热供暖、弃电灵活调峰、梯级利用等方法，不仅可以使我国供热能力提高60%以上，机组能耗降低20%—30%，因而是大气污染物和温室气体减排的最有效措施。

二、水变清要以"熵"的世界观创新水治理模式

《熵：一种新的世界观》一书的作者是美国学者杰里米·里夫金，书中提出并系统介绍了全新的"熵"的世界观。那么，如何以"熵"的世界观来创新水治理模式，值得认真研究。

总体上看，要使水变清，就应当因地制宜、分类施策。对于不同水质的水，应当采取不同的措施，换言之，好水要保护好，而保护好，就要查清污染物的来源，以收到从源头上保护水资源的目的。对于受到污染的水体，特别是黑臭水体，需要对症下药使"水变清"。水资源的开发利用，既要满足经济社会发展和人民群众的用水需求，更要坚持"高效利用"的原则。对于一定的空间范围内的水资源开发利用和管理，要坚持"五水同管"。

浙江省的"五水同治"做法值得推广，治污水与其他"四水"齐抓共治、协调并进。防洪水，重点推进强库、固堤、扩排等三类工程建设，强化流域统筹、疏堵并举，制服洪水之虎。排涝水，重点强库堤、疏通道、攻强排，打通断头河，开辟新河道，着力消除易淹易涝片区。保供水，重点推进开源、引调、提升等三类工程建设，保障饮水之源，提升饮水质

量。抓节水，重点要改装器具、减少漏损、再生利用和雨水收集利用示范，合理利用水资源。

1. 解决城市黑臭水体问题需要从创新思路入手

黑臭水体治理，是我国当前和未来一段时期内生态环境保护的重要任务。我们可以从中央的意见、住建部和生态环境部的安排部署中看出。

2022 年 10 月 16 日，党的二十大报告明确指出，要深入推进环境污染防治，持续深入打好蓝天、碧水、净土保卫战，基本消除重污染天气，基本消除城市黑臭水体。

2023 年 8 月 31 日，住建部召开城市黑臭水体治理工作推进视频会议，以深入贯彻习近平总书记关于城市黑臭水体治理的系列讲话要求，按照《中共中央 国务院关于深入打好污染防治攻坚战的意见》，巩固城市黑臭水体整治成效，进一步推动城市黑臭水体系统治理。为此，要处理好 5 个关系：一是上游和下游关系，注重流域统筹，做到区域流域、上下游、左右岸协同治理。二是"水里"和"岸上"关系，抓好源头污染治理，分类治理生活污染、工业企业污染和农业农村污染。三是治污和治涝关系，确保"雨水排得畅，河水不倒灌，污水处理好"。四是建设和管理关系，要完善明察暗访、评估监测等管控机制，防止返黑返臭。五是近期和远期关系，近期要"补短板、消黑臭"，远期要"强系统、防反弹"。

生态环境部印发《关于进一步做好黑臭水体整治环境保护工作的通知》，规定了如下 3 个方面内容：一是深化城市黑臭水体整治省级环境保护行动。自 2023 年起，将县级及以上城市建成区、影响城市建成区治理成效的城乡结合部以及城市实际开发建设区域，均纳入黑臭水体整治范围，实现监管无死角、全覆盖。二是分步推进县城黑臭水体整治。冀、鲁、苏、浙、闽、粤、琼等 7 个东部省份，要组织开展县城建成区黑臭水体治理，2023 年 12 月底前建立黑臭水体问题清单，制定系统化整治方案，扎实开展整治，到 2025 年县城黑臭水体基本消除。其他省份，到

2025 年力争县城黑臭水体有较大幅度减少。三是规范结果报送。省级生态环境部门要定期报送城市黑臭水体整治进展情况。自 2024 年 1 月起，不仅要报送整治进展，还要在城市黑臭水体整治环境保护行动平台上动态更新。

2. 以尽可能低的投入解决黑臭水体问题

以最小的成本治理黑臭水体以获得最大的环境效益，不仅是各级政府的诉求，也是环保企业的追求。如何用"熵"的世界观来治理黑臭水体，以最小成本获得最大效益呢？20 世纪 70 年代，南方农村的河流雨季河水很浑浊，但有水葫芦的地方却是清澈的。我国引进水葫芦的最初目的是用作猪饲料，却成为一些河湖的"生态灾难"；一些研究者提出要用"小虫"来吃水葫芦。靠"堵"而不是"用"的思路难以解决生态失衡问题。按热力学第二定律，农药、化肥等物质稀释到湖水中是熵增过程，而富集起来则是熵减过程，并且需要能量投入。

水生植物具有富集水中营养元素的能力。运用"相生相克"的生态学原理进行湖泊富营养化治理，是可行之道。虽然我国一些地方用氧化塘等生态方法进行一般污水处理，包括东南部的农村、西部和东北地区，除农村的小规模外，大多效果不好，究其原因在于水体还没有来得及净化就排出去了。据调查研究，一些企业利用微生物的办法解决了黑臭水体问题，如芜湖市保兴埠水域黑臭水体治理、宜兴蓝山嘴的黑臭水体治理等。大致原理是这样的：在黑臭水体中投放微生物、长水草、养鱼，形成良性循环的"食物链"，可以收到以最小的投入获得尽可能好的环境保护绩效。

在我国水污染治理不断取得新进展的同时，不少地方财政收入下降难以支付环保企业的污染治理费用情况相继出现。因此，如何利用"熵"的世界观来治理水污染，以最小成本获得最大效益，不仅是政府关注的话题，也成为环保企业努力的方向。

3. 创新水污染治理模式的条件已经成熟

我们可以从以下方面来分析水污染治理模式创新的条件。

一是自我国提出环保产业概念以来，已历经几十年时间。自 20 世纪 60 年代起我国不少地方就开始创办环保企业，而国家文件中明确提出大力发展环保产业的，当属《国务院办公厅转发国务院环境保护委员会关于积极发展环境保护产业若干意见的通知》（国办发〔1990〕64 号）。该通知明确要求制订鼓励和优惠政策，大力发展环境保护产业。如此算来，我国发展环保产业的时间几乎与我国加快经济社会发展是同步的。

二是我国环境保护界的人才辈出。我国环保界的科研院所众多，其他相关行业或部门也将生态环境保护作为工作推动的重点；院士、"杰青"、"千人"等高层次的人才不可胜数；国家"三大奖"中环境保护类的奖项很多。所有这些，任何人都无法否认。

三是理论和技术创新为环保产业发展模式创新奠定了雄厚的基础。例如，曲久辉院士等专家倡导并推动建设的"水处理概念厂 2.0"是技术的集成，其中包含了治理药剂使用最小量化、能源利用效率最大化、水资源重复利用等技术。

四是近年来的治理实践形成了符合各地特色的治理模式。如 2023 年 8 月 31 日住建部的会议，浙江省、广州市、吴忠市作了经验交流发言，部分城市黑臭水体河湖长等通过视频连线参加会议。

如果检索一下住建部或相关研究单位的网站，可以发现黑臭水体治理示范城市创新实践报告系列专题，而这样的案例众多，关键是解决源的问题、水的流动性问题等。经过水污染治理，以呈现"水清岸绿"的美丽景观。

城市黑臭水体大多是"死水一潭"，因水流不畅而腐坏变臭；城市排水管网一定要接通排洪河段，以免发生大面积内涝。城市径流污染，来自街道各种污染物并靠径流输运；城市固化地面越少，峰值出现越早，历时越短。治理城市水污染，探索恢复水体自我净化功能途径，通过园林、植物配置，恢复受损的水生态和水体的自我净化能力。黑臭水体治理，一要通过调整产业结构，减少新增污染源排入；二要"让水流动起来"，尽可能恢复水体的自净能力；三要采取"水陆空立体防范措施"，力争水质不再恶化甚至得到改善。

三、地变绿需要进行土壤污染防治和修复

土壤是各类污染物的最终归宿。土壤对重金属污染有累积性、隐蔽性、持久性等特性。土壤一旦受到重金属污染，危害将长期存在。土壤重金属污染治理和修复难度大、成本高、时间长，因而必须有正确的技术思路和路线图。

生态环境部、发展改革委、财政部、自然资源部、住房城乡建设部、水利部、农业农村部等 7 部门联合印发《"十四五"土壤、地下水和农村生态环境保护规划》，分别从土壤、地下水、农业农村 3 个方面设置了 8 项指标：到 2025 年，受污染耕地安全利用率达到 93% 左右，重点建设用地安全利用得到有效保障，地下水国控点位 Ⅴ 类水比例保持在 25% 左右，"双源"点位水质总体保持稳定，主要农作物化肥、农药使用量减少，农村环境整治村庄数量新增 8 万个，农村生活污水治理率达到 40% 等[①]。规划主要指标见表 12-1。

规划提出 4 个方面任务，包括土壤污染防治、地下水污染防治、农业农村环境治理、监管能力提升等。为支撑主要任务落实，规划提出了 4 个方面的重大工程，包括土壤和地下水污染源头预防工程、土壤和地下水污染风险管控与修复工程、农业面源污染防治工程、农村环境整治工程。要深入实施农用地分类管理，严格重点建设用地准入管理，有效管控土壤污

①生态环境部等：《关于印发"十四五"土壤、地下水和农村生态环境保护规划的通知》，2021 年 12 月 29 日，https://www.mee.gov.cn/xxgk2018/xxgk/xxgk03/202112/t20211231_965900.html.

染风险，切实保障老百姓吃得放心、住得安心。

表 12-1　"十四五"土壤、地下水和农业农村生态环境保护主要指标

类型	指标名称	2020 年（现状值）	2025 年	指标属性
土壤生态环境	受污染耕地安全利用率	90% 左右	93% 左右	约束性
	重点建设用地安全利用 [1]	—	有效保障	约束性
地下水生态环境	地下水国控点位 V 类水比例 [2]	25.4%	25% 左右	预期性
	"双源"点位水质	—	总体保持稳定	预期性
农业农村生态环境	主要农作物化肥使用量	—	减少	预期性
	主要农作物农药使用量	—	减少	预期性
	农村环境整治村庄数量	—	新增 8 万个	预期性
	农村生活污水治理率 [3]	25.5%	40%	预期性

注：1. 重点建设用地指用途变更为住宅、公共管理与公共服务用地的所有地块。

2. 地下水国控点位 V 类水比例指国家级地下水质区域监测点位中，水质为 V 类的点位所占比例。2020 年现状值是 25.4%，2025 年目标值是 25% 左右。

3. 农村生活污水治理率是指生活污水得到处理和资源化利用的行政村数占行政村总数的比例。

1. 加强土壤污染源头防治

深入开展农用地土壤镉等重金属污染源头防治行动。要坚持系统观念，将土壤污染防治与大气、水、固体废物污染防治统筹部署、综合施策、整体推进。全面排查涉镉等重金属排放企业，依法依规将涉镉等重金属排放企业纳入重点排污单位名录，严格控制涉重金属行业企业污染物排放，鼓励提标改造。以矿产资源开发活动集中省份为重点，聚焦重有色金属、石

煤、硫铁矿等矿区以及安全利用类和严格管控类耕地集中区域周边的矿区，全面排查无序堆存的历史遗留固体废物，制定整治方案，分阶段治理，逐步消除存量。针对耕地重金属污染问题突出的县（市、区），开展集中连片耕地土壤污染途径识别和污染源头追溯。2023年起，在矿产资源开发活动集中区域、安全利用类和严格管控类耕地集中区域，执行《铅、锌工业污染物排放标准》《铜、镍、钴工业污染物排放标准》《无机化学工业污染物排放标准》中颗粒物和镉等重点重金属特别排放限值。将符合特定条件的排放镉等有毒有害大气、水污染物的企业纳入重点排污单位名录；纳入大气重点排污单位名录的涉镉等重金属排放企业，2023年底前对大气污染物中的颗粒物按排污许可证规定实现自动监测，以监测数据核算颗粒物等排放量。在湖南等地区，建立大气重金属沉降监测网，农业灌溉用水水质抽测机制等。实施100个土壤污染源头管控项目，开展在产企业防渗漏、重金属减排等提标改造和历史遗留废渣整治等。

开展涉镉等重金属行业企业排查整治"回头看"，动态更新污染源整治清单。开展耕地土壤重金属污染成因排查，以土壤重金属污染问题突出区域为重点，兼顾粮食主产区，对影响土壤环境质量的输入输出因素开展长期观测。选择一批耕地镉等重金属污染问题突出的县（市、区），开展集中连片耕地土壤重金属污染途径识别和污染源头追溯。

2. 深入推进农用地安全利用

深入实施耕地分类管理，切实加大保护力度。依法将符合条件的优先保护类耕地划为永久基本农田，在永久基本农田集中区域，不得规划新建可能造成土壤污染的建设项目。加强农业投入品质量监管，从严查处向农田施用重金属不达标肥料等农业投入品的行为。在长江中下游等南方粮食主产区，实施强酸性土壤降酸改良工程。

到2025年，受污染耕地安全利用率达到93%左右。要加强耕地土壤和农产品协同监测和评价，依据相关标准指南，动态更新耕地土壤环境质量类别。针对优先保护类耕地，要加大保护力度，确保其面积不减少、土壤环境质量不下降；依法将符合条件的优先保护类耕地划为永久基本农田，在永久基本农田集中区域，不得规划新建可能造成土壤污染的建设项目；实施耕地质量保护与提升行动，提升土壤有机质；开展耕地土壤酸化治理。针对安全利用类和严格管控类耕地，指导相关省份制定"十四五"受污染耕地安全利用方案及年度工作计划，全面落实安全利用和严格管控措施，持续推进全国受污染耕地安全利用。选择 100 个土壤污染面积较大的县开展农用地安全利用示范。严格落实粮食收购和销售出库质量安全检验制度和追溯制度。

3. 有效管控建设用地土壤污染风险

以用途变更为住宅、公共管理与公共服务用地的地块为重点，依法开展土壤污染状况调查和风险评估，严格准入管理，坚决杜绝违规开发利用，有效保障安全利用。列入建设用地土壤污染风险管控和修复名录的地块，不得作为住宅、公共管理与公共服务用地。依法应当开展土壤污染状况调查或风险评估而未开展或尚未完成的地块，以及未达到土壤污染风险评估报告确定的风险管控、修复目标的地块，不得开工建设与风险管控、修复无关的项目。各地在编制国土空间规划时，应充分考虑建设用地土壤污染的环境风险，合理确定土地用途；从严管控农药、化工等行业的重度污染地块规划用途，确需开发利用的，鼓励用于拓展生态空间，从规划源头防止重度污染地块威胁人居环境安全。推进重点地区危险化学品生产企业搬迁改造腾退地块的风险管控和修复。强化风险管控与修复活动监管，防治二次污染。

全面落实安全利用和严格管控措施。各省（自治区、直辖市）制定"十四五"受污染耕地安全利用方案及年度工作计划，明确行政区域内安全利用类耕地和严格管控类耕地的具体管控措施，以县或设区的市为单位全面推进落实。分区分类建立完善安全利用技术库和农作物种植推荐清单，推广应用品种替代、水肥调控、生理阻隔、土壤调理等安全利用技术。鼓励对严格管控类耕地按规定采取调整种植结构、退耕还湿等措施。国家及安全利用类耕地集中的省（自治区、直辖市），成立安全利用类耕地专家指导组，加强对地方工作指导。探索利用卫星遥感等技术开展严格管控类耕地种植结构调整等措施实施情况监测。加强粮食收储和流通环节监管，杜绝重金属超标粮食进入口粮市场。

4. 开展土壤污染防治试点示范

在长江中下游、西南、华南等区域，开展一批耕地安全利用重点县建设，推动区域受污染耕地安全利用示范。在长江经济带、粤港澳大湾区、长三角、黄河流域等区域，继续推进土壤污染防治先行区建设。

加强种植业污染防治。持续推进化肥农药减量增效，推广精准施肥，在粮食主产区、果菜茶优势产区等重点区域，推进测土配方施肥、有机肥替代化肥。合理调整施肥结构，明确化肥减量重点县科学施肥目标、技术路径和主要措施等。推进新肥料新技术应用，推广机械深施、种肥同播、水肥一体化等技术。推进化学农药减量控害，推广低毒低残留农药，集成推广绿色防控技术，推广高效植保机械。鼓励新型经营主体、社会化服务组织等开展肥料统配统施、病虫害统防统治等服务。大力推进农业高效节水。在有条件的地区，开展大中型灌区等典型地区农田灌溉用水和退水水质监测。鼓励以循环利用与生态净化相结合的方式治理农田退水。到2025年，全国主要农作物化肥农药使用量减少，利用率均达到43%以上。

着力推进养殖业污染防治。加强畜禽粪污资源化利用，健全畜禽养殖场（户）粪污收集贮存配套设施，建立粪污资源化利用计划和台账。加快建设田间粪肥施用设施，鼓励采用覆土施肥、沟施及注射式深施等精细化施肥方式。促进粪肥科学适量施用，推动开展粪肥还田安全检测。培育壮大一批粪肥收运和田间施用社会化服务主体。畜牧大县编制实施畜禽养殖污染防治规划。到2025年，全国畜禽粪污综合利用率达到80%以上。

加强畜禽养殖污染环境监管。落实畜禽规模养殖场环境影响评价及排污许可制度，依法规范畜禽养殖禁养区管理。推动畜禽规模养殖场配备视频监控设施，防止粪污偷运偷排。推动设有排污口的畜禽规模养殖场定期开展自行监测。依法严查环境违法行为。推进京津冀及周边地区大型规模化养殖场开展大气氨排放控制试点。到 2025 年，京津冀及周边地区大型规模化养殖场氨排放总量削减 5%。

推进水产健康养殖。科学划定水产养殖禁止、限制、允许养殖区。以珠三角、长江流域等区域为重点，依法依规清理不符合要求的水产养殖设施，推广生态健康养殖模式。加快制定养殖尾水排放地方标准，规范工厂化养殖企业尾水排放监管。

5. 解决农业农村的环境污染问题

整治农村黑臭水体。结合美丽宜居村庄建设等工作，推进农村黑臭水体整治。建立农村黑臭水体国家监管清单，优先开展整治，实行"拉条挂账，逐一销号"。根据黑臭成因和水体功能，科学实施控源截污、清淤疏浚、生态修复、水体净化等措施，实现"标本兼治"。农村黑臭水体排查和整治结果由各县（市、区）进行公示。将新发现的农村黑臭水体或返黑返臭的水体及时纳入监管清单安排整治，实行动态管理。充分发挥河湖长制平台作用，实现水体有效治理和管护。在典型地区开展农村黑臭水体整治试点示范，形成可复制、可推广的治理模式与管护机制。到 2025 年，基本消除较大面积农村黑臭水体。

治理农村生活污水。加强城乡统筹治理，推进县域农村生活污水治理统一规划、统一建设、统一运行和统一管理。重点治理水源保护区、城乡结合部、乡镇政府驻地、中心村、旅游风景区等村庄生活污水。强化农村生活污水治理与改厕工作有机衔接，已完成水冲厕所改造地区，加快推进污水治理。积极推进污水资源化利用，因地制宜纳入城镇管网、集中或分散处理，优先推广运行费用低、管护简便的污水治理技术。聚焦解决污水乱排乱放问题，开展农村生活污水治理成效评估。到 2025 年，东部地区和城市近郊区等有基础、有条件地区农村生活污水治理率达到 55% 左右，中西部基础条件较好地区达到 25% 左右，地处偏远、经济欠发达地区农村生活污水治理水平有新提升。

治理农村生活垃圾。推进农村生活垃圾就地分类和资源化利用。多措并举宣传推进农村生活垃圾分类，构建"政府主导、企业主体、全民参与"垃圾分类体系，引导村民分类投放，实现源头减量。鼓励有条件的地方，制定地方农村生活垃圾分类管理办法。推进农村生活垃圾分类和资源化利用示范县创建。

健全农村生活垃圾收集、转运和处置体系。根据当地实际，统筹县、乡镇、村三级设施建设和服务，合理选择收运处置模式。完善农村生活垃圾收运处置设施，构建稳定运行的长效机制，加强日常监督，不断提高运行管理水平。因地制宜采用小型化、分散化的无害化处理方式，降低收集、转运和处置设施建设和运行成本。

6. 创新土壤污染防治模式

土壤重金属污染防治要解决用什么技术路线，政府怎么管的问题，要解决钱从哪儿来、靠什么回报的问题，不仅需要技术创新、制度创新，更需要商业模式创新[①]。选什么技术路线的核心是成本，是性价比，本质是政府花同样的钱购买更多的服务。资金无论来自政府还是社会，均要考虑营利模式。土壤重金属污染防治和修复需要技术进步，体现在技术思路、技术工艺和装备（固化的技术）等方面。有好的思路、好的技术即用正确的办法解决正确的事情，能较好地解决重金属污染防治问题，甚至能收到事半功倍之效。有好的思路、没有好的技术，好的结果是好心办坏事，交了学费；不好的结果则是"拍胸口干事、拍屁股走人"。有好的技术、没有好的思路，可能会事倍功半、得不偿失。既没有好的技术也没有好的思路，好的结果是不按规矩出牌却成功了；坏的结果则是留下一个没有人愿意收拾的"烂摊子"。

效法自然。自然恢复为主，是生态文明建设的原则；效仿自然，也应为土壤重金属污染防治的原则。土壤重金属污染治理和修复方法有物理法、

---

① 周宏春：《土壤重金属污染防治和修复方略》，《中国经济时报》2015 年 7 月 24 日。

化学法、植物法等。防控农田重金属污染须多措联用，技术模式包括客土法、翻耕混匀法、去表土法、化学介入法等。不同技术各有奥妙，关键是辨明病症病因对症下药，没有"包治百病"的灵丹妙药，能以较低成本治理重金属污染就是"良药"。自然条件下，物质浓度由高到低是熵增过程；植物将分散的物质富集起来是熵减过程。避免地球熵增，可利用植物富集土壤中的有毒元素。研究矿床的人都知道，某类矿床的地表长有标志性植物，找到这类植物就等于找到了矿。加入土壤改良剂可以减少重金属污染危害；通过调整农作物品种结构，也可以收到一定防治效果。

需求导向。以土壤修复后的用途为导向，确定修复与否或采取什么措施修复。对次生污染应重视预防，包括关停、搬迁有色金属冶炼、化工、农药、电镀及危险化学品生产、储存、使用企业等。没有有色金属工业企业的生产就不会有排放，技术水平高、管理水平好的企业排放会少一些，因而产业升级、淘汰落后、技术改造是重要的预防措施。修复后的土地须达到相应的用途标准。对农用地而言，不同农作物对土壤成分的吸收能力不同，土壤重金属污染对人体健康是间接影响，因而不必"谈虎色变"。环保部已经发布《土壤环境质量标准》，是判别污染治理效果的依据。建筑土地也应重视土壤污染问题。多氯联苯（PCBs）等持久性有机污染物（POPs）会对人体健康产生不良影响，建筑工地因而要开展土壤污染环境风险评估并在需要时加以治理。

强化科技支撑。通过国家科技计划（专项、基金等），支持土壤、地下水和农业农村污染治理相关技术研发。开展有关土壤污染物生态毒理、污染物在土壤中迁移转化规律、土壤污染风险评估涉及的模型和关键暴露参数等基础研究。开展土壤中铅、砷等污染物生物可利用性测试和验证方法研究。推动开展镉等重金属大气污染物排放自动监测设备、土壤气采样设备的研发。开展耕地土壤污染累积变化趋势方法研究。推进土壤污染风险管控和修复共性关键技术、设备研发及应用。加强土壤、地下水等环境标准样品研制。开展地下水污染溯源、岩溶与裂隙地下水污染运移与阻断、地下水超采与污染协同治理、地下水回灌水质保障、封井回填以及依赖地下水的生态系统保护等研究。开展农业面源污染溯源与评估、农村黑臭水体整治关键技术等研究，建立基础数据库和科技成果转化平台。研究加强农村生态系统恢复与保护、推进乡村生态振兴的政策措施。推进土壤、地下水和农业农村生态环境保护领域的重点实验室建设。建设统一的土壤、地下水和农业农村生态环境监管信息平台。

　　土壤重金属污染治理和修复工作，应当采用先进理念和成熟适用技术，尤应关注大数据这一国际潮流在重金属污染防治领域的研发和运用。我国的重金属污染治理、土壤修复领域只有零星数据，还没有大数据，如何开发以往积累下来的大数据，需要企业家的探索，也需要全社会的努力。更为重要的是，应建立起全社会的诚信体系，从过去竞相压价导致"两败俱伤"的"双输"战略转变到成立技术联盟或产业联盟的"双赢"战略。只有企业的可持续发展，才能解决重金属污染防治问题；只有解决土壤重金属污染，才能实现农业可持续发展，才能使人体健康少受重金属污染的伤害，才能有美丽中国的早日到来。

第十三章
美丽城乡呼唤"无废社会"建设探索

美丽中国建设离不开"无废社会"建设探索,"无废社会"是我国固体废弃物防治的重要抓手。"无废社会"是一个广义概念,包括"无废城市""无废社区"和"无废乡村"。"无废城市"是城市固废减量化、资源化和无害化管理战略。要积极创建"无废细胞",协同解决白色污染和能源化利用问题,推动形成绿色生产方式和生活方式。

一、"无废城市"是美丽城乡建设的重要内容

2017 年,中国工程院研究提出《关于通过"无废城市"试点推动固体废物资源化利用,建设"无废社会"的建议》和《关于建设"无废雄安新区"的几点战略建议》。2018 年,国务院办公厅印发《"无废城市"建设试点工作方案》和《"无废城市"建设指标体系》。2019 年,生态环境部确定"11+5"试点。"无废城市"建设由此拉开序幕。

1. "无废城市"内涵及其解释

什么是"无废",包含哪些衡量目标及指标,社会并没有形成共识。美国化学家保罗·帕尔默(Paul Palmer)1973 年提出"零废弃"概念,成

立"无废系统公司（Zero-waste System Inc）"。20 世纪 90 年代以来，"零废弃"理念逐渐为社会接受。2004 年，国际零废弃物联盟（Zero Waste International Alliance）通过国际公认的"零废弃（无废）"定义："为保护所有资源，对产品、包装和材料进行负责任的生产、消费及回收利用。在此过程中，不焚烧且不向土地、水或空气排放任何威胁环境或人类健康的物质。"

2017 年，杜祥琬院士等研究认为，"无废社会"是"通过创新生产和生活模式，构建固废分类资源化利用体系等手段，动员全民参与，从源头对废物进行减量和严格分类，并将产生的废物，通过分类资源化实现充分甚至全部再生利用，使整个社会建立良好的废物循环利用体系，达到废物近零排放，实现资源、环境、经济和社会共赢"。

简言之，"无废"不是没有废物，而是居民知道自己生活中产生的废物去哪儿了，专业人士能追踪废物流；固废得到了尽可能的资源化利用和最终的无害化处置。"无废城市"，不是城市不产生固废，而是废物对市容、对居民生活影响小，居民对废物没有"违和感"，因而是一种城市固废减量化、资源化和无害化的全生命周期管理。每个城市，无论人口多少、规模大小、地处何方，都有生活废物，而其他废物则会因城而异。

2. "无废城市"建设的国内外实践

发达国家不仅提出"零废弃"概念，更将其付诸城市管理实践。1995 年，澳大利亚堪培拉颁布《零废弃物 2010 年议案》，成为首个将"零废物"作为官方目标的城市。21 世纪以来，一些发达国家和地区纷纷提出"零废物""零废弃"的发展愿景。如 2014 年，欧盟发布"迈向循环经济：欧洲零废物计划"及"循环经济一揽子计划"；《新加坡可持续蓝图 2015》提出建设"零废物"国家愿景；旧金山、温哥华、斯德哥尔摩等城市纷纷提出"无废城市"（Zero-waste City）建设蓝图；应对气候变化的国际城市联合组织——C40 城市集团（成员包括中国、美国、加拿大、英国、法国、德国、日本、韩国、澳大利亚等）中的 23 个城市签署了《迈向零废物宣言》（Advancing Towards Zero Waste Declaration），指出未来可持续、繁荣、宜居的城市必将是无废物的城市，并承诺到 2030 年实现垃圾减量 8 700 万吨的目标。

我国的"无废城市"建设也有一定基础。以城市垃圾处理为例。2017 年，由国家发展改革委与住建部牵头制定的《生活垃圾分类制度实施方案》，要求全国 46 个主要城市进行强制分类试点。2019 年，生态环境部确定深圳、包头、徐州、西宁等 11 个城市及雄安新区等 5 个有代表性的新区 / 开发区作为"无废城市"建设试点。2019 年 7 月，《上海市生活垃圾管理条例》出台。北京、深圳先后于 2020 年 5 月、9 月强制实施垃圾分类。各试点城市和省区市也纷纷加大垃圾分类力度，"垃圾分类就是新时尚"成为不少城市的动员口号。

2020 年 4 月 29 日，新修订的《中华人民共和国固体废物污染环境防治法》公布，明确国家推行垃圾分类制度，加强农村生活垃圾污染环境防治，明确并细化了固废种类及其相应的防治制度、政府及其有关部门监督管理责任，以及个人、组织等利益相关者固废治理主体责任，对违法行为实行"严惩重罚"，为"无废城市"建设奠定了法律基础。

3. "无废城市"试点取得积极进展

从顶层设计到地方实施，从组织保障到科普宣传，从体系建设到技术支撑，"无废城市"建设试点工作取得阶段性进展，为全国范围内次第推动"无废城市"建设打下了坚实基础。

2020 年，生态环境部等 18 个单位发布《"无废城市"建设试点 2020 年工作计划》，各成员单位从政策、技术和资金等方面给予大力支持。如农业农村部安排中央资金支持"无废城市"试点地区畜牧大县开展畜禽粪污资源化利用；国家邮政局在生态环境保护工作要点中要求试点城市全面推进邮件快件包装绿色治理；国家开发银行给予无废城市相关项目的政策性贷款支持。为落实习近平总书记关于生活垃圾分类和焚烧处理、塑料污染治理等重要批示指示精神，生态环境部要求试点城市将相关任务纳入试点工作协同推进。

在技术方面，已发布三批"无废城市"建设试点先进适用技术，以持续推进固体废物源头减量和资源化利用，最大限度减少填埋量，将固体废物的城市环境影响降至最低。2020 年 9 月 12 日至 13 日，生态环境部在浙江省绍兴市组织召开全国"无废城市"建设试点推进会，交流各试点城市和地区工作进展，研究部署下一阶段工作，谋篇布局"十四五"，推动固废领域深化改革。试点内容涵盖工业固废、有机废物、建筑垃圾等方面的综合治理利用。

（1）以工业固废治理为重点，努力偿还历史欠账

以工业为主导产业的试点城市，以解决历史遗留问题为重点，为推动工业固体废物贮存处置零增长探索路径。

包头市通过制定出台工业固废政策及技术标准，探索利用大宗工业固体废物开展废弃矿山生态环境治理修复，加快东方希望包头稀土铝业有限责任公司粉煤灰、杨圪楞煤矿治理等生态修复项目试点，不断提升固体废物综合利用水平。

铜陵市重点探索废石和尾矿回填采空区的有效途径。铜矿采选—冶炼生命周期评价，井下矸石综合利用、阳极泥综合利用、有色金属二次资源回收等项目建成投运。制定《废弃露采坑一般工业固废处置与生态修复技术规范》，利用一般工业固体废物 I 类固废填充原五星石料厂的废弃采坑，实现重建区域生态系统、改善矿区生态环境、恢复矿山所在区域土地功能的目标，为国内"以废治废"、固体废物生态化利用探索出一条新路子。

绍兴市推动集聚与技改、集聚与投入、集聚与提档"三结合"。34 家印染企业集群成 5 个组团，全部签约落户并开工建设，剩余 13 家选择兼并重组、转型和征收退出方式；化工企业依据国家相关要求、专业机构评估、企业实际产能等制定"一企一策",确立了提升路径,21家企业签订了落户协议。

深圳市狠抓绿色供应链制造体系建设,清理淘汰低端落后企业601家,完成强制清洁生产与自愿清洁生产审核企业280家,建设24家国家级绿色工厂,完成4个绿色供应链认定和55个绿色产品认证,培育6家第三方绿色制造咨询服务机构,实现固废源头减量329吨/天。

（2）推动生产生活有机废物的处理利用

以农业为主导产业的试点城市将农业废弃物综合利用与美丽乡村建设、现代农业融合起来,实现多赢。

徐州市将秸秆收储利用体系建设与农村土地流转、新农村规划建设、农村产业经济发展融合起来,优先保障设施用地。按照3R原则,以秸秆综合利用为纽带,构建农业循环经济模式;集中收运养殖户畜禽粪便,用于生产沼气,通过沼气工程消纳处理畜禽粪污和植物秸秆;未来还将吸收更多养殖户参与,让更多的畜禽养殖户实现"近零排放"。

许昌市积极推广农牧结合的生态养殖模式,初步形成"畜禽粪污—有机肥—农田"循环发展链条。南平市光泽县也已形成从肉鸡饲养加工到宰杀废弃物利用的全链条生产模式。

铜陵市依托龙头企业、专业合作组织、农民经纪人,建立了市场化、网络化秸秆收集储运体系;万华无醛生态秸秆板及绿色分布式大家居智造产业园（铜陵）项目建成投运,生物质替代燃料技术改造项目、畜禽粪污及秸秆沼气发电工程、秸秆综合利用生产木质素项目开工建设,将有效提高废弃物处理水平。

深圳市以厨余垃圾生产高热值燃料。厨余垃圾,在生活垃圾总量中占比较高,也是垃圾分类处理中的难题之一。深圳市泽源能源股份有限公司,对污泥、高湿度固废浆化料经过药剂调理、脱水、负压低温干化、制粒等流程,并添加木屑、园林绿化废弃物、厨余浆料,经过3—4小时就能以污水原料制成发电用的高热值"燃料棒",不仅能产出产品,还可以避免废弃物堆积成山。

威海市着力打造海洋生态立体养殖模式,同时,积极推动农业绿色生产、完善农业废弃物收储运体系、提高农业废弃物处置能力。

(3)推动"无废细胞"建设,以形成绿色生活方式

各试点单位积极创建"无废细胞",并推动形成绿色生活方式。重庆市、深圳市、包头市、铜陵市、威海市、绍兴市、雄安新区、北京经开区、中新天津生态城等,制定了学校、小区、公园、商圈、饭店、景区、机关等"无废细胞"标准,自下而上推进"无废城市"建设。

北京经开区围绕生活垃圾强制分类、固体废物源头减量、资源化利用以及安全处置等领域,开展"无废城市细胞"建设工作,从每一个"细胞"的养成开始,打造"无废城市"。

三亚市推动从入岛到离岛的各环节全"无废"建设,打造面向国内外的"无废窗口"城市。作为首个加入 WWF 全球"净塑城市"倡议的城市,三亚结合"无废酒店""无废旅游景区"、绿色社区、绿色校园等"无废细胞"建设,深入开展进校园、进社区、进景区、进企业等科普活动,宣传"限塑"知识。搭建海洋环保科普平台,部分超市商店、景区景点、医院、学校等重点行业和场所率先开展限塑减塑工作,使用或出售全生物降解塑料制品,以建设形成绿色生活和消费样板、"无废"旅游文化示范区和开放合作试验区。

瑞金市利用废弃矿山,建设红色实景演艺项目,发展红色教育培训和"无废城市"建设宣传教育基地,开创"红色旅游 + 矿山修复"新路径。

深圳市从绿色快递抓起,印发《深圳市同城快递绿色包装管理指南(试行)》《深圳市同城快递绿色循环包装操作指引(试行)》,向快递公司发出绿色快递倡议。绿色快递,首先是提高绿色包装材料比例,使用更环保、更绿色的包装,淘汰重金属等超标包装物;其次是减量化,推广简约包装,贴电子运单后直接寄递,封装时按规范封装,避免层层缠绕。最后是循环化利用,有效减少一次性编织袋的使用数量。实践中,顺丰推出"丰BOX"可循环可折叠包装箱;京东推广循环快递"青流箱"和生鲜保温周转箱;苏宁推出了可复用的冷链循环箱,明显提高了包装废物的回收率。

(4)加强监管能力建设,提升风险防控水平

深圳市在新冠疫情防控时期,开发医疗机构医疗废物 APP 和医疗废物监管 APP,完善收运联单、异常预警、智能日报等手机处理功能。运用大数据、人工智能、图像识别及数据图谱等技术,实现对治疗医院、发热门诊、集中医学观察点等地医疗废物产生、收运、处置全过程闭环监管,全面提高环境风险防控能力。

重庆市与四川省建立危险废物跨省转移"白名单"和联合执法机制,在废铅蓄电池、废荧光灯管、废线路板等 3 类危险废物利用处置方面,15 家企业纳入了首批"白名单"。简化流程,提高效率效能,明确联动监管要求;一旦发现企业有违法违规等行为,及时通报,停止转移,并将企业守法情况纳入环境信用管理,确保危险废物管理规范。

绍兴市倾力打造"无废城市"信息化平台,集危险废物监督管理、移动电子联单、转移过程 GIS 及 GPS 监控、危废视频监控、预警中心、危废大数据分析决策等应用于一体,实现固体废物从"产生"到"处置"全过程监管;构建从产生、收集、贮存、运输到处置环节的全过程环境风险监测预警网络,为生态环境管理部门真实、细致、及时、动态地掌握危险废物的情况提供有力支撑,为领导决策提供科学支持。

北京经开区出台《危险废物分级豁免管理办法》,探索危险废物分级豁免管理模式。强化园区内危险废物产生者全过程责任。鼓励企业引入第三方,在工厂内部建造危险废物处理处置设施,实现危险废物就地自行处置。探索危险废物"点对点"利用机制,推动危险废物源头减量和资源化利用。

二、美丽城乡建设需要处理利用塑料垃圾

2020 年 1 月，国家发展改革委和生态环境部联合发布《关于进一步加强塑料污染治理的意见》（以下简称《意见》），对解决当前突出的全球性塑料污染问题意义重大。

1. 废塑料污染治理的重大意义

是高质量发展的需要。塑料产品因不生锈、耐腐蚀、不易碎、重量轻、成本低、使用寿命长、透明和防水等优点，被广泛用于工业、建筑、医疗和人们的日常生活。需求价格弹性小，即使收费，消费者也会选用。因此，开发新产品确保废弃包装材料回收后的质量可媲美纯净、未使用的原生材料，并达到质量与安全标准以适应电商时代年轻人喜爱的包装风格，是包装行业必须做出的转变。从全球塑料废物流向看，回收塑料废物仅占35%；在没有回收的里面，焚烧或裂解的约占 12%，自然积累、陆地堆积或填埋的占 46%，进入海洋的占 7%。因此，淘汰人们不需要的塑料制品，将人们需要的塑料设计为可安全重复使用、循环或堆肥，在经济系统中循环而不进入自然环境，发展塑料循环经济是高质量发展的应有之义。

是资源效率更高的需要。化学是世界颠覆性技术变革的核心，分子层面的创新则是循环经济的驱动力。塑料污染治理可以倒逼企业，从包装、仓储、运输、配送等环节寻求节约途径，推出新产品、新模式。用再生塑料代替"原生塑料"，可循环包装、免胶带纸箱、瘦身胶带、全生物降解袋等有助于节约资源。塑料制品是石油加工制成的，如能得到回收利用，不仅可以减少石油化工生产过程的污染，还能提高我国稀缺的石油利用效率。因此，要设计新的塑料产品以便于回收利用；开发那些便于收集、分类和回收材料的新技术和系统，使消费者便于参加回收利用；增加可收集和再利用的塑料品种供应，"变废为宝"以满足市场需求。集国家之力攻克塑料治理中的难题，也是提高供给质量的必然要求。

是生态环境保护和人类身体健康的需要。塑料废物填埋占用大片土地，且难以分解；如果焚烧会排放危害人体健康的二噁英。塑料微球体积微小，在环境中长期存在并大量富集，会流入河流、湖泊和大海，被浮游动物、贝类、鱼类、海鸟和哺乳动物等海洋生物摄食后，影响海洋生物生长、发育和繁殖等，进而威胁人体健康。因此，2018 年世界环境日主题被确定为"塑战速决"，呼吁各国携手应对塑料污染，这也是我国改善环境质量的必然选择。

是树立负责任大国形象的需要。在第二届联合国环境大会上，微塑料污染被列入环境与生态科学领域的第二大科学问题，与全球气候变化、臭氧耗竭和海洋酸化并列为重大全球环境问题。另一方面，联合国环境署、欧盟及环境保护社团组织，启动塑料新经济的全球承诺活动。塑料垃圾治理不仅有利于改善海洋环境，对经济绿色转型、国际影响力的提升也将产生积极影响。我国积极参与塑料垃圾国际公约谈判，开展政府、研究机构、企业层面的国际合作，讲好"塑料垃圾资源化处理和无害化处理的中国故事"；发挥我国制造业优势、特别是塑料垃圾资源化利用基础，为周边一些国家承担塑料垃圾任务，树立我国负责任的大国形象。

2. 治理废塑料污染的对策措施

针对废塑料污染问题，提出八大对策，以用代治，变废为宝，综合治理，协同解决白色污染和能源化利用等问题。

从源头减少塑料袋等一次性塑料制品的生产和使用。减少一次性塑料产品的使用仍是首要任务。2008 年 6 月 1 日我国实施"限塑令"，各地采取"回收利用为主，替代为辅，区别对待，综合防治"措施，通过加强管理，因乱扔塑料餐盒引起铁路两侧的"白色污染"问题得到较大改观；"环保袋""菜篮子"的使用也有所增加。然而，随着快递、外卖等新业态的发展，包装废弃物、一次性餐具使用量猛增。由于涉及生产、流通、回收等环节和生产商、销售商、消费者等主体，"限塑令"的实施并未收到预期效果。

因此，应加强顶层设计，按减量优先原则，继续从源头控制一次性塑料产品的生产和使用。一是扩大限塑范围，超市、商场、集贸市场等商品流通场所一律不得免费提供塑料购物袋、包装袋、快餐盒等塑料用品。二是禁用"问题塑料产品"。全面禁止生产和销售那些只要生产出来就无法回收、只能当作垃圾的塑料产品，如化妆品中虽重量不大但数量大、极易通过食物链进入人体的塑料颗粒。三是实行总量控制，对"打包"外卖及快递行业的塑料包装物实现总量控制措施，分解到主要用户并逐年减少指标。探索推广"无包装商店"，既可以减少一次性塑料袋的使用量，也可以让消费者养成自带购物袋的习惯。四是设定减少塑料垃圾的目标和时间表，制定操作方案，让民众少用一次性塑料制品成为习惯。

实施生产者责任延伸制度，推进废塑料的分类回收。废塑料产品分类回收有利于"物尽其用"。随着禁止生活源废塑料进口政策的实施，国内回收点和回收体系不完善的问题显现；因"有碍市容"且未纳入城市规划，常常被要求搬迁。除广州、深圳等部分城市，正规的废塑料回收利用企业基本得不到补助；由于没有进项抵扣，因而也就没有增值税退税，实际税负水平高于一般加工业，再生资源回收体系已呈收缩态势。

鉴于此，一是进一步推进废塑料分类回收。我国塑料袋厚薄不一、质量参差不齐，最终主要进入垃圾回收处理体系，因而需要分类回收；对"可降解"或"不可降解"塑料更应分类收集。应制定优惠政策，降低废塑料回收成本，提高国内废塑料的回收率和回收量。二是实施生产者责任延伸制度，将废塑料回收和综合利用的责任落实到塑料包装物生产、经营、消费等环节，明确生产者、销售商和消费者的相关责任和义务。三是鼓励利用企业自建回收体系，特别是借助于"互联网＋"，减少中间环节，降低废塑料的回收成本。山东省出台了《关于支持重点企业先行先试建设废塑料回收利用体系的意见》，以促进废塑料综合利用产业朝着集聚化、专业化方向发展，是一种很好的尝试。

依靠技术进步，提高废塑料利用产品的附加值。解决废塑料污染问题，必须依靠技术进步。一是加强生态设计，引导塑料生产者在材料设计之初就考虑回收利用问题。二是延伸产业链，在高质量、高标准建设废塑料等再生资源回收利用体系的基础上，促进废塑料再生行业从小而散、脏乱污转向高值化利用，生产质量好、附加值高的塑料再生产品。三是推广成熟的先进适用技术，解决我国一些垃圾填埋场的废塑料堆积问题。垃圾堆中塑料的能源化利用，一头连着垃圾塑料，一头连着燃料油生产，是解决"白色污染"、变废为宝的最佳途径。河北某环保科技公司历时八年多时间，成功研发出劣质废旧塑料柔性油化技术，有害成分被充分氧化，经有关部门检测全部工序几乎不产生"二次污染"；生产的燃料油比进口的原油质量还好。该技术通过了河北省工信厅的新产品技术鉴定，是一种高效利用垃圾塑料、附带生产能源、不排放污染物的创新性成果，应加以总结，并推广应用。四是开展"圈区式"管理，鼓励小企业从无规则、小规模、低水平建塑料生产厂转向高水平、集中化、规模化进入园区产业集聚，引导一批龙头企业对废塑料回收利用的小企业进行兼并重组，提高废塑料再生品的科技含量。通过试点示范，将废塑料回收利用体系与产业发展纳入标准化管理轨道，规范再生塑料行业有序发展。

制定激励、约束政策，"以用代治"解决塑料污染问题。应采取行政的、技术的、经济的政策工具，进行综合治理；鼓励废旧塑料产品的"减量化、资源化、无害化"，从根本上解决塑料污染问题。宏观上，应对废塑料回收利用和垃圾焚烧的扶持政策进行比较研究。目前，只有某些类型的废塑料加工利用企业可获得50%的增值税退税；而垃圾焚烧处理，则可以享受众多的优惠政策。政策倾斜，是大量废塑料进入垃圾并进行混合处理的主要原因。尽管垃圾中的废塑料含量仅约10%，但热值却较高；又由于焚烧可能产生二噁英，反对建垃圾发电厂的"邻避运动"因此出现，因而需要研发新的技术路线。微观上，一是开征"塑料袋税"，按商家每年使用的塑料用品重量及数量，以累进税制方式征收；设一个提高塑料袋售价的过渡期，以便人们逐步摆脱对塑料袋的依赖，也使商家从塑料包装物的积极提供者变为控制者。二是试行抵押或押金制度，顾客在超市等场所购物时，如果没有购买塑料包装袋，年底可凭购物单据一次性抵扣部分个人所得税或退费。对快餐盒等一次性塑料包装物品，也可以在回收物品时返还。由于塑料制品价值不高，必须考虑政策实施成本。三是开展相关试点，以优惠政策扶持可重复使用外卖餐具的解决方案（包括餐具设计、回收方案、清洗方案等），在试点取得经验后，再行推广应用。

强化监督管理，加强废塑料回收利用，防止污染环境。废塑料处理的方法包括再生造粒、填埋、焚烧和能源化。再生造粒及制作木塑材料是循环利用的有效途径，可节约石油资源，但也存在清洗消耗大量水资源的缺陷；多次再生循环仍将变成塑料垃圾。废塑料随生活垃圾填埋，会占用土地，且埋在地下数百年也难以分解。焚烧发电，具有处理量大、成本低、效率高等优点，但会产生轻质烃类、硫化物和其他有害有毒物质。生活垃圾中的废塑料可以能源化利用，但"土法"炼油因污染环境，原国家经贸委发文禁止。因此，一是加强塑料污染环境的管理。塑料污染环境管理涉及原料供求关系、产品和包装的再设计、回收体系的再构建、循环技术的创新、利益分配的调整等方面，促使塑料制品生产企业与回收利用企业的联合，以生活垃圾中的废塑料为重点，促进资源化、能源化利用，既可创造就业机会，也能收到化害为利、变废为宝之效。二是加强"限塑令"的监督检查。2016 年广州工商局检查了 14 766 户经营商，发出 63 份违规使用超薄塑料袋的《责令改正通知书》，罚款 640 元，平均一次仅 10 元，起不到惩戒作用。因此，要加大对使用标识违规塑料袋的处罚力度，对散、乱、污回收加工企业进行集中治理，防治其污染环境。

农业农村部、市场监管总局、工业和信息化部、生态环境部联合印发《关于进一步加强农用薄膜监管执法工作的通知》（以下简称《通知》），部署加强农用薄膜监管，严厉打击非标地膜入市下田，促进农用薄膜科学使用回收，防治农田"白色污染"。《通知》强调要深入贯彻落实《中华人民共和国土壤污染防治法》《中华人民共和国产品质量法》《农用薄膜管理办法》等法律法规和部门规章要求，建立农膜管理协同推进机制，加强全链条监管，联合开展打击非标地膜"百日攻坚"专项行动，依法查处生产销售非标地膜、不按规定回收废旧地膜等违法行为。《通知》要求，聚焦生产、销售、使用、回收等关键环节，加大农用薄膜执法监管力度。一是严格源头生产监管。加强行业管理，引导生产企业规范生产经营行为，加大重点企业运行监测力度，加强地膜产品生产质量监管。二是加强市场质量监管。抓好地膜产品质量监督，对农资销售市场、网络销售平台的地膜产品进行质量检查，依法处置销售非标地膜商户或平台。三是强化使用回收监管。引导农民、种植大户、农业生产经营者科学使用地膜，及时回收废旧地膜。加强农膜回收过程中环境污染防治监管。

加强能力建设，提高对解决塑料污染艰巨性的认识。应通过培训、宣传等措施，提高治理塑料污染的能力。一是鼓励循环利用。废塑料利用途径众多，包括拉丝、造粒等循环利用，与秸秆、有机质等材料一起生产木塑材料，以及能源化利用等。原则上应以物质循环利用优先，鼓励能源化利用，再进行无害化处置。二是制定激励和限制性政策，疏堵结合，解决废塑料污染环境的问题。将废塑料等再生资源回收体系纳入城市规划，给予划拨用地、财政补贴、退税、低息贷款等方面的政策扶持。要组织力量，加强相关技术的攻关，对先进适用技术和企业给予扶持。三是加强宣传教育，提高公众对"白色污染"危害的认识。自觉分类家庭使用的塑料袋，并扩大到垃圾分类，以便循环利用；对已出现的旅游景区、公共场所的"白色污染"，发挥公众及志愿者的积极作用，积极参与捡垃圾、爱卫生活动，改变无人负责、无序堆放、随意抛弃垃圾废塑料行为。在相关行业（如包装、工业设计等）教育中，融入环境保护和可持续发展理念，培养创新型人才，承担企业社会责任，为白色污染治理作出贡献。

塑料垃圾治理，呼唤新的制度安排。修订法规、出台政策解决当下紧迫问题，是世界各国的通行做法。2008 年 6 月，国务院办公厅发布《关于限制生产销售使用塑料购物袋的通知》，解决了当时发泡塑料餐盒及其铁路两旁随意丢弃问题。近年来，随着快递、外卖等新业态的发展，餐盒、餐具和包装袋等一次性塑料用品消费量不断攀升。虽然回收利用是行之有效的措施，但其中仍有 15% 左右的没有回收价值或根本无法回收。塑料污染治理面临全新形势和挑战：一次性塑料制品消费量持续上升，替代品推广应用不够，企业、公众参与意识不强，治理模式尚未形成。《意见》提出了限禁部分塑料产品、推广替代产品、规范回收处置、监督检查等制度安排，为系统治理塑料污染作出总体部署。利用法规政策解决社会影响大、危害生态安全的紧迫问题，也是中国"集中力量办大事"的制度优势。

开展国际合作，解决"白色污染"和废塑料的能源化利用问题。据有关研究，全世界每年约有 800 万吨塑料垃圾流入海洋。在过去的 40 多年时间里，太平洋北部海域形成一个与中欧面积相当的"太平洋垃圾带"（Great Pacific Garbage Patch），被称为"第八大洲"，对海洋生态造成极大破坏。

2018 年 1 月 16 日，《循环经济中的欧洲塑料战略》发布，提出到2030 年前，欧盟市场上全部塑料包装都要重复使用或循环再生。应对塑料污染是全世界正面对的共同挑战，我们应开展垃圾塑料处理和资源化利用的国际合作。解决"白色污染"问题不仅会改善全球环境、特别是海洋环境，也将对我国经济发展模式转型乃至国际竞争力、影响力提升起到积极作用。我们应抓住这一机遇，成为全球生态文明建设的重要参与者、贡献者、引领者！

塑料污染环境，错不在塑料；塑料是技术革命的成果，为人类生活带来了极大的便利；但不合理利用和随意扔弃，造成了环境污染。因此，只有全社会的共同努力，堵疏结合，发展循环经济，改变行为习惯，才能从根本上解决塑料污染环境问题。

三、推进"无废社会"建设的政策措施

1. 加强固废管理的全生命周期绿色设计

建设"无废城市",必须深化固废管理改革,提高治理能力。大力推动源头减量,工农业废物、生活废物的资源能源梯级利用,严格控制新建、扩建固体废物产生量大、区域难以资源化利用和无害化处置项目;将生活垃圾、农林废物、"城市矿产"、污水处理污泥、建筑垃圾、危废等收集、分类、资源化利用和无害化处置设施纳入城市公共设施规划,形成企业内、企业间和区域内循环链接,支撑城市高质量发展。

源头减量。可从生态设计、清洁生产、绿色供应链管理和绿色生活方式入手。推行绿色设计,提高产品可拆解、可回收水平,减少有毒有害原辅料使用,降低单位国民生产总值温室气体排放强度;实施绿色开采,减少尾矿等矿业固体废物产生和贮存量。推行绿色供应链管理,形成固体废物产生量小、循环利用率高、处理处置合适的生产方式。

建立建筑垃圾资源化体系。必须科学规划布局建筑垃圾转运、资源化利用和消纳设施,形成适宜的处理体系。制定标准,规定利废建材产品质量要求、使用范围和比例,提高利废建材质量。推广新型墙材等绿色建材应用,以绿色采购形式,优先使用利废产品;对那些堆放量大、堆放点集中的地方,尽可能进行生态修复。

聚焦突出和凸现环境问题。"白色垃圾"、海洋垃圾等问题成为《巴塞尔公约》的内容。我国应限制生产、销售和使用一次性不可降解塑料袋和塑料餐具,全面禁止生产和销售那些无法回收的塑料产品。加快快递业绿色包装应用、保障物品重复利用和废物回收,让绿色低碳生活方式成为全体公民的自觉行动。

危险废物过程严控。涉及危险物品的新建项目必须严格按建设项目危险废物环境影响评价指南执行,掌握危废产生、转移、贮存、利用、处置情况;处理好水泥窑企业处理与一般危废处置企业、场内与场外处置、无

害化处置与资源化利用的关系，提升风险防控能力。

2. 促进企业入园，提高废旧物资利用水平

推动企业集群，实行园区化管理，减轻固废对环境和人体健康的压力。企业入园集群发展有利于环保、海关、质检的统一监管，可以提高资源化利用和无害化处置的现代化、集中化、科学化水平，形成产业集聚和发展集约的效应，并带动区域经济发展。

回收是循环利用的前提。一是加强污染型企业的规范管理。二是开展企业征信，并作为信贷和各项经济活动的评价依据。三是搭建网络信息服务平台，提供再生资源信息传递和共享渠道。四是用好逆向物流，提高物流效率、降低物流成本，提高智能化管理水平。

政府关注点和扶持环节应包括，一是价值不大的再生资源回收利用，保证废电池、废轮胎、废塑料等废旧物资收集起来。二是重视环境有害的低价值再生资源的回收和集中处理处置。对从垃圾中分出来的有害废物，不必禁止个体回收渠道的收集，但必须交由有资质的企业集中处理。

推进闲置品再利用。随着城市居民生活水平的提高，式样过时但尚未进入流通领域甚至从未使用过的、已用过但仍有剩余使用价值的、虽有破损但修理后仍能使用的工业品和生活用品日益增多，如服装、儿童玩具、健身器材等。闲置品循环利用不仅可以变废为宝、盘活存量、提高资源利用效率和效益，还能减少产品生产的资源消耗和污染物排放，从根本上减轻生态环境压力。

促进环保产业和循环经济的有机衔接。"把几件事情放在一起做"，将不同行业、不同领域的产业链接起来，形成多联产网络，如生活废物—厌氧发酵—沼气净化—新能源汽车燃料—有机肥—有机食品，以及太阳能—渔业—大棚养殖等一体化，等等。这样的循环链接，既要理念创新，也要深蓝色技术支撑。垃圾焚烧发电虽然是投资回报率稳定的行业，但在我国2030年碳达峰和2060年碳中和的背景下不宜持续推进，而应更加重视生态化方法。已建产业园区应加强管理，促进"无废城市"建设和相关产业的健康、持续发展。

3. 提高固体废物处理处置技术水平与适用性

固体废物处理处置方向是过程更清洁、分离分选更彻底、综合利用产品价值更高。在"无废城市"建设中，一是要筛选先进适用技术。国内外并不缺乏固体废物处理处置的先进适用技术，但一定要筛选适合国情、适合城市特点的技术，尤其要综合考虑国内外不同地区、国内不同城市经济社会发展阶段、固体废物分类分质水平及资源环境禀赋，以及技术经济性等因素。国家层面要加快对"无废城市"建设适用性、针对性强的技术，搭建转化平台，促进供需衔接。二是大力支持技术研发创新，开展产学研用结合试点，依托城市资源循环利用基地或静脉产业园联合建立研发中心或研究院。三是加快制定"无废城市"技术标准，重点是建立健全回收利用再生产品质量的现有国家和行业标准。例如，利用尾矿、粉煤灰、脱硫石膏等制备土壤改良剂等成熟技术；以危险废物为原料时再生产品中有害物质的控制要求空缺较多，危险废物再生产品潜在环境风险也不容忽视。

4. 完善相关制度体系，形成完善的固废管控政策和长效机制

制定有利于固体废物从分类到运输、回收利用、无害化处置等全过程的配套政策和长效机制，是"无废城市"建设难点之一，也需要发挥各地积极性主动开展创新的重点任务。应当完善制度，建立城市固体废物申报登记制度和精细化管理的信息化系统，准确掌握固体废物分类收集、分类贮存情况，对各类固体废物产生量、综合利用量、无害化处置量、暂存量等信息及去向，运输、综合利用、无害化处置企业等建立全过程覆盖的电子化台账，便于落实产废单位固体废物污染防治主体责任，并鼓励地方开展强制分类、特许经营、推行生产者责任延伸制度或者押金制等有关固废管理机制的创新，以加强资源回收、环境卫生和生态环境等不同系统之间的衔接。对种类繁多复杂的固废，还要通过系统评估资源、环境和经济属性，建立环境影响责任分担机制，对于环境效益明显、经济效益不明显的固废处理处置项目给予必要的财政补贴，促进固废综合利用与环境保护的

有机统一。

"无废城市"建设是一个系统工程，涉及环保、发改、商务、工业等多部门和多领域，管控政策能否协调各部门形成合力；而长效机制能否形成，关系到"无废城市"建设能否持续推进和取得预期成效。"无废城市"建设亟需建立统一协调机制，而不是仅单纯依靠生态环境部门，而需要相关部门联合监管及信息共享、分工协作，需要对各地的做法和经验进行调查研究、总结分析，而不是"下车伊始"指手画脚。城市固废治理政策制定和"无废城市"试点建设长效机制形成，必须按照企业主导、市场引领、政府推动的模式形成商业模式和运行机制。

展望未来，"无废城市"迫切需要加快推进固体废物分类回收管理体系，应用先进适用的资源循环利用技术，优化处置设施实现集约化和协同性处置，构建不同固体废物重点领域的综合性管理政策，系统性地推动城市资源代谢体系的优化提升。

第十四章

美丽中国建设要求重构森林生态系统价值

建设美丽中国，既需要政府自上而下的制度设计，也需要自下而上的全民行动，形成人人参与、人人共享的强大合力。从求温饱到要环保、从求生存到要生态，人们的生态环保意识日益增强；来自社会、企业和公众的有序参与，不仅为推进生态文明建设奠定了广泛的社会基础，更对政府力量形成了有效补充。[①]

一、我国生态保护和修复支撑体系建设成效

党中央、国务院高度重视生态保护和修复支撑体系建设。党的十八大以来，我国不断提升生态保护领域基础保障能力，在基础理论和适用技术研究、生态保护监测监管能力、生态灾害应急保障和综合防控等方面都取得了长足进步，对促进我国生态保护和修复事业发展起到了重要支撑作用。[②]

[①] 石羚：《人民日报评论员观察：美丽中国呼唤全民行动——守护我们的蓝天绿水④》，《人民日报》2018 年 7 月 10 日。

[②] 国家发展改革委等：《生态保护和修复支撑体系重大工程建设规划（2021—2035 年）》。

1. 科技支撑水平显著提升

科研平台建设成效显著。建成生态保护和修复领域国家级重点实验室8个，省部级重点实验室104个，国家野外科学观测研究站98个，为生态保护和修复基础科研和技术攻关发挥了巨大的支撑作用。重大课题研究深入推进，组织实施"典型脆弱生态修复与保护研究"重点专项，设立了国家生态安全保障技术体系等8项重点任务、78个重点项目。相关研究取得丰硕成果，如在生态评价方面，构建了基于"天—地—空"立体观测的生态工程和生态参数反演技术体系；在草原修复方面，提出了退化草地系统修复理论，构建了北方草甸退化草地系统性修复技术体系，通过克隆繁殖显著提高了示范区羊草盖度（或优势度）66%—85%，通过土壤定向培育技术使草产量增产达到80%—160%；在岩溶石漠化治理方面，揭示了石漠化演变过程与机制，研发了适宜性水—土—植被—产业技术，形成了西南喀斯特石漠化综合治理技术体系，相关成果在全国87个石漠化治理重点县推广应用；在生物多样性和野生动植物保护方面，发现大熊猫和小熊猫适应性趋同的基因，提出因食性变化导致灵长类动物濒危的"进化漩涡假说"，建立濒危动物保育与恢复示范基地7个。

2. 标准规范体系逐步建立

生态保护和修复领域标准体系建设步伐显著加快，其中自然资源行业先后制修订各类生态修复技术标准143项，生态环境行业制定了生态环境状况评价技术规范、生态保护红线、全国生态状况遥感调查等各类技术规范40余项，林草行业围绕森林资源、营造林等重点领域先后制修订了各类行业标准295项，水利行业以河湖生态保护、河湖健康评价、水土保持等领域为重点出台相关技术标准50余项，农业行业出台外来物种入侵相关标准30余项。生态保护和修复用种标准化水平不断提高，已建成国家林木种质资源库99处、国家草品种区域试验站30处，促进生态保护和修复良种生产供应能力稳步提高，主要造林树种的林木良种使用率从"十二五"期间的51%提高到"十三五"末的65%。

3. 生态调查监测体系日臻完善

构建了自然资源统一调查监测体系，形成了国家—省—市—县四级自然资源调查组织架构，调查人员 26 万余人，建成自然资源综合观测站 14 个、国家级专用地下水监测站点 20 469 个、海洋生态基础状况监测站位 1 100 余个、海洋生态环境质量监测站点 1 359 个、全国土壤环境质量地球化学监测点 995 个、北方典型滨海湿地区野外科学观测站 4 个。自然资源及生态状况调查监测基本实现常态化，确立生态状况定期遥感调查评估制度，先后完成第九次全国森林资源清查、第二次全国湿地资源调查、第五次现状调查，持续开展了年度全国水土流失动态监测、生产建设活动水土保持遥感监管、重点地区生物多样性本底调查和评估、海岸带生态系统现状调查和评估等工作。完成第三次全国国土调查，组织完成 2020 年度全国森林资源调查和草原资源调查，建成覆盖全国的自然资源"一张图"，构筑了国土空间基础信息平台以及国家森林资源智慧管理平台、草原监测信息系统、湿地遥感影像和基础数据库、荒漠化和沙化监测体系、石漠化调查监测体系和应用系统、全国水土保持监测网络，建成重要控制断面水资源监测体系和国家地下水监测工程，近海水质、生物多样性等方面也已具备较为成熟的监测能力。"十三五"期间，每年完成 480 余万平方千米国土生态环境质量综合监测，以及全国林地、草地、水域湿地、耕地、建设用地等 6 大类 26 亚类生态类型现状与动态变化监测，开展以县域为单位的全国生态质量状况评价，并发布《中国生态环境状况公报》。

4. 生态管护服务能力持续提高

生态保护红线划定（评估调整）工作基本完成，将纳入国土空间规划"一张图"进行严格监管。基层生态管护站点建设成效显著，全国共建立市、县、乡（镇）三级林业站所 24 189 个，覆盖全国 83.3% 的乡镇，全面完成国有林区（林场）管护用房建设试点任务，有效提升了关键节点自然生态资源管护能力。全国水土保持监测站点体系初步建成。部—省—

市—县四级农业环境监测体系基本建立。生态气象服务体系初步建立，全国已建成自动土壤水分站 2 200 个、太阳辐射观测站 100 个、酸雨观测站 376 个、沙尘暴观测站 29 个、大气本底观测站 7 个、大气成分观测站 28 个，8 颗风云系列气象卫星在轨业务运行，全国森林草原火险、沙尘暴等动态监测及全国植被生长状况、生态质量逐月监测有序开展，气候变化影响评估能力逐步提升。人工影响天气作业向生态领域拓展，在三江源、祁连山、天山等重点区域持续开展人工增雨（雪）作业，累计增加降水约 750 亿方。

5. 生态灾害防控能力稳步增强

全国森林草原火灾预防、扑救、保障体系更加健全，预警响应、火源管理、火灾扑救、队伍建设、基础设施和装备水平显著提高，年均发生森林火灾、受害森林面积、人员伤亡等大幅下降，森林、草原受灾率连续多年分别控制在 0.9‰、3‰以内。有害生物防治能力有所提升，建立林业有害生物监测预警、防控重点实验室 6 个，以各级防治检疫机构为基础的监测预警体系、检疫御灾体系、防治减灾体系和服务保障体系初步建立，主要林业有害生物扩散蔓延趋势得到一定控制，松材线虫病成灾率为 8.21‰，其他林业有害生物成灾率保持在 4‰以下，主要有害生物常发区监测覆盖率达到 100%。黄海浒苔绿潮灾害治理取得一定进展，与近五年均值相比，2020 年浒苔绿潮最大覆盖面积下降 54.9%，单日最大生物量从 150.8 万吨减少至 68 万吨，持续时间缩短近 30 天。野生动物疫源疫病监测防控能力明显提升，已建立以 742 处国家级野生动物疫源疫病监测站为主体、省（市、县）级监测站为补充的野生动物疫源疫病监测防控体系，监测队伍约 1.8 万人，构建了较为完整的野生动物病原体库。

二、重构森林价值体系，实现林业高质量发展

林草兴则生态兴，生态兴则文明兴。习近平总书记在参加首都义务植

树活动时指出，森林是水库、钱库、粮库，现在应该再加上一个"碳库"①。"四库"形象概括了森林的多元功能与多重价值，为重构林业价值体系、实现林业高质量发展开阔了思路，指明了方向。

1. 森林"四库"重构林业价值体系

森林是集多种功能于一体的价值集合体。作为陆地生态系统的主体之一，森林是集"水""钱""粮""碳"等功能于一体的绿色宝库，对加强生态文明建设、实现中华民族永续发展具有基础性、战略性作用。如何基于森林"四库"功能找准我国林业发展的战略定位，重构森林价值核心与利益导向，实现高质量发展，是关乎战略全局的重大时代课题。

森林是"水库"，赋予林业构筑水安全的光荣重任。"山上栽满树，等于修水库"。森林发挥着涵养水源、防洪蓄水、保持水土、净化水质等生态功能。以黄河流域为例，长期较低的森林覆盖率，一度加剧了中游黄土高原地区的水土流失状况，水旱灾害问题频发。近年来，经过不懈努力，黄河流域绿色版图不断扩大。中游陕西段作为黄河流域生态保护的重点，2020 年流域内植被覆盖率达到 60.68%，年均入黄泥沙量由 2000 年之前的 8 亿多吨锐减至 2.7 亿吨左右，优良水质比例明显优于预期目标②。可见，森林是国家水安全的绿色屏障，这也对林业高质量发展提出了更高要求。

森林是"钱库"，赋予林业发展绿色 GDP 的独特优势。据统计，2020 年全国林业产业产值超过 8 万亿元，森林旅游成为支柱产业。以浙江省安吉县为例，作为"两山"理念发源地，正在以林业为依托，实现绿色高质量发展。据相关统计，2020 年安吉竹产业产值超过 153 亿元，以全国 1.8% 的立竹量创造了全国 10% 的竹业产值。2021 年，安吉白茶产业超过 31 亿元，为全县农民人均增收 8 600 余元。得益于美丽独特的生态风光，

---

① 彭晓成：《完善生态产品价值实现机制 切实守护好"四库"》，《湖南日报》2022 年 6 月 8 日，第 6 版。

② 刘世荣：《森林"四库"系列解读：森林是水库》，《中国绿色时报》2022 年 4 月 15 日，第 3 版。

2021 年安吉县全年接待游客 2 671 万人次，旅游总收入 365.7 亿元。可见，以森林生态系统为依托的林业产业是发展绿色 GDP、践行绿色发展方式的"牛鼻子"。

森林是"粮库"，赋予林业保障国家粮食安全的重大职责。"向森林要食物"是由我国现实国情决定的。比如，食用植物油自给率仅在30% 左右，"油瓶子"安全不容忽视。森林可以为我们提供充足的食物、丰富的营养，如林药、林畜、食用菌、木本粮油等均是林副产品。2019 年，全国森林药材与食品种植产值在 2 000 亿元以上。可见，林业对保障我国粮食安全、端稳"中国饭碗"意义重大。2020 年，国家发展改革委、国家林业和草原局等十部门发布《关于科学利用林地资源促进木本粮油和林下经济高质量发展的意见》中，明确将"助力国家粮油安全"作为林业发展的重要任务。

森林是"碳库"，赋予林业助力实现"双碳"目标的时代使命。当前，全国森林面积达 2.2 亿公顷，总碳储量达 92 亿吨，是巩固提升我国生态系统碳汇能力的主力军[①]。各地围绕森林碳汇、做好"双碳"加法，已取得大量有益探索与创新实践。以福建省三明市为例，他们首创林业碳票制度，将森林碳汇功能价值变现，把空气变成"真金白银"，做大林业碳汇"大蛋糕"。截至目前，三明市林业碳汇产品交易金额 2 124 万元，林业碳汇产品交易量和交易额均为福建省第一。此外，福建省碳汇总碳储量超过4.2 亿吨，累计成交 321 万吨，成交额 4 665.2 万元，均居全国前列。

2. 林业综合利用不够，整体发展水平有待提高

当下，我国林业发展面临由量变到质变的关键飞跃。尽管我国已创造世界瞩目的生态奇迹，但生态"欠账"问题依然不容忽视。森林资源仍然总量不足、质量不高，林业发展存在较大提升空间。

林业战略定位不高，目标任务体系不完善。以水安全为例，尽管林业

---

① 薛永基、林震、闫少聪：《打造"四库"　统筹林业高质量发展》，《光明日报》2022 年 7 月 21 日，第 7 版。

的水源涵养、保持水土等生态功能已取得广泛共识，但"水库"功能只被视为森林生态功能体系的一部分，并未置于林业发展的突出位置。总体来看，林业发展规划仍延续传统思路，在国家战略体系中的定位有待提高。

林业产业竞争力不强，发展要素掣肘凸显。我国林业产业升级压力较大，规模化、现代化水平有待提高。森林多元价值的开发利用进入瓶颈期，同质化问题逐渐凸显。林业高质量发展转型升级对资金、人才、技术等要素提出更高要求。因此，我国林业产业发展现状折射出森林生态产品价值实现机制的不完善，森林"钱库"功能亟待深入挖掘。

森林食品供给不足，市场发育水平不高。以榛子为例，作为"四大坚果"之一，营养价值丰富，但国内产量仅能满足市场需求的 5%，大部分长期依靠进口。2020 年全国木本油料产量仅占国产植物食用油生产总量的 8.5%，占全国植物食用油消费量的 2.9%。整体上，我国林下空间开发水平不高，森林食品产业链不健全，规模化与标准化水平有待提升。

林业碳汇能力提升难度大，碳汇市场供需不平衡。由于森林兼具"碳汇"与"碳源"双重属性，因此林业碳汇能力存在波动与不确定性。同时，由于我国再造林空间潜力相对不足，以增加森林规模来提升林业碳汇能力不可持续。此外，我国林业碳汇交易市场尚待发育。

3. 立足"四库"，引领林业高质量发展

习近平总书记提出森林"四库"，为我国林业高质量发展"把好脉开好方"。要以此为导向，引领林业高质量发展。[①]

提升林业战略定位，构筑国家绿色水库。突破传统思维，提高林业整体战略站位，将其纳入国家水安全战略考量；以林补水，将水源涵养上升为森林经营的重点领域，加大绿色设施建设；发挥森林蓄水作用，建立林业、水利等部门间协调联动机制，系统完善防洪减灾综合体系；量水而行，适应水资源紧张地区的生态承载力，实现林水互补，良性循环。

---

① 薛永基、林震、闫少聪：《打造"四库" 统筹林业高质量发展》，《光明日报》2022 年 7 月 21 日，第 7 版。

推动林业产业升级，打造林业绿色经济体。推动林业产学研用的深度融合，推进林业机械化、智慧化、现代化；深挖森林多种资源价值，打造龙头企业与产业集群，培育壮大集多元业态于一体的林业经济综合体；加快林业人才梯队建设，构建"龙头企业＋产业基地＋合作社＋林农"的新型林业产业化联合体；构建完善普惠性林业金融体系，积极引导社会资本有序参与，疏解产业发展堵点。

树立"大食物观"，营建绿色粮仓。将"大食物观"融入林业发展战略，实施良种、良法和良技，重点推进现代化木本粮油产业经济体系；深化林业资源丰富区生态产业化体系建设，延伸森林食品绿色供应链；持续完善森林食品溯源标准化体系建设，建立线上与线下相结合的综合销售平台，加快培育森林食物市场；有序发展林下种养殖，促进林禽、林药、林果等规模化、标准化发展，全面提升优质森林食品供给能力。

提升森林碳汇质量，建设全民低碳消费体系。科学务实推进全民义务植树工作，以碳汇林业为重点，改善森林树种结构，提升森林质量；持续推进森林防火与病虫害防治综合体系建设，维持森林生态系统动态平衡；科学培育林业碳汇交易体系，扶持第三方评估机构，吸引更多人才、资金、技术等要素涌入林业碳汇领域；切实落实林业碳汇扶持政策，创新开发林业碳汇项目与支持体系，营造共建共享共创共赢的全民减碳消费体系。

三、美丽中国建设与生物多样性保护

自然之所以美，在于生物多样性。《生物多样性公约》是联合国三大环境公约之一①，生物多样性保护是环境治理的核心议题之一。

1. 全球生物多样性保护"爱知目标"实施进展

2020 年是联合国《生物多样性战略计划》的收官之年和"爱知目标"的考核之年。评估表明，生物多样性下降的总趋势还没有得到根本遏制，

①与《联合国气候变化框架公约》（UNFCCC）、《联合国防治荒漠化公约》（UNCCD）并称"里约三公约"。

全球 20 个"爱知目标"和欧盟 2020 生物多样性保护目标均未实现。在全球及各国生物多样性保护政策实施中，虽然在退化生态系统修复、野生动植物资源保护、全民保护意识提高等方面取得一定进展，但各国实施情况并不理想，均未能实现 2020 年目标，中国进展总体上符合预期[①]。

国家生物多样性战略和行动计划（NBSAP）执行力的差异导致"爱知目标"实现不足，但原因是多方面的，主要有以下 3 个方面：一是国家目标不明确。大部分成员国未制定 NBSAP，更未进一步细化和明确目标，不仅错失了推动实现目标的机遇，也推迟了实现目标的行动。二是国家层面执行力不足。从战略目标到制定更新的 NBSAP 之间存在时间差，且大部分国家对执行的关注远低于目标，实施效果也各不相同；缺乏有效的指标和监测机制评估 NBSAP 的执行情况，各国没有切实推进和实现目标。三是缺乏技术和资金保证。很少有国家将生物多样性保护纳入跨部门计划和可持续发展计划的主渠道，各国执行 NBSAP 的资金缺乏和能力参差不齐，对目标实现产生很大影响。

2. 中国在生物多样性保护方面付出的努力与取得的成就

中国"爱知目标"完成进度超过其他所有缔约方。通过逐步完善生物多样性保护体制机制、加强就地和迁地保护、实施退化生态系统修复、强化执法检查和责任追究、加强科学研究和人才培养、推动公众参与、深化国际合作等措施，中国超额或基本完成"爱知目标"中的 16 个，目标 14、15、17 中实现超额完成，而目标 6、9、10、12 未能实现。

作为最早签署和批准《生物多样性公约》的缔约方之一，中国一贯高度重视生物多样性保护，走出了一条中国特色生物多样性保护之路。党的十八大以来，生物多样性保护进入新阶段，法律体系日臻完善、监管机制不断加强、基础能力大幅提升，生物多样性治理新格局基本形成，为应对全球生物多样性挑战作出了新的贡献。习近平主席指出："为加强生物多样性保护，中国正加快构建以国家公园为主体的自然保护地体系，逐步把自然生态

---

① 张敏、杨晓华、蓝艳、彭宁：《爱知生物多样性目标实施进展评估与对策建议》，《环境保护》2020 年第 19 期，第 60-63 页。

系统最重要、自然景观最独特、自然遗产最精华、生物多样性最富集的区域纳入国家公园体系。中国正式设立三江源、大熊猫、东北虎豹、海南热带雨林、武夷山等第一批国家公园，保护面积达 23 万平方千米，涵盖近 30% 的陆域国家重点保护野生动植物种类。同时，本着统筹就地保护与迁地保护相结合的原则，启动北京、广州等国家植物园体系建设。"中国建立以国家公园为主体的自然保护地体系，保持生态系统的原真性和完整性。

生物多样性得到逐步恢复。实施山水林田湖草沙一体化保护和系统治理，深入推进三北防护林、天然林保护、退耕还林还草等一系列重大生态工程，森林蓄积量连续 30 年保持"双增长"；积极推动建立以国家公园为主体、自然保护区为基础、各类自然公园为补充的自然保护地体系。先后建立植物园、动物园（含海洋公园、海洋馆）、野生动物救护繁育基地以及种质资源库、基因库等较为完备的迁地保护体系；越来越多的珍稀濒危野生动植物得到更好保护。全国自然保护地面积占全国陆域国土面积的 18%，陆域生态保护红线面积占陆域面积比例超过 30%。十年来，300 多种珍稀濒危野生动植物野外种群数量得到恢复与增长，大熊猫野外种群增至 1 800 多只，亚洲象野外种群增至 300 只左右，藏羚羊野外种群由 20 世纪 90 年代末的 6 万—7 万只恢复到 30 万只，黑脸琵鹭由 21 世纪初的 1 000 余只增加到 4 000 余只，云南野象旅行团北巡，"微笑天使"长江江豚频繁亮相，藏羚羊繁衍迁徙，白洋淀鳑鲏鱼等土著鱼类逐渐恢复，野外灭绝的普氏野马、麋鹿重新建立起了野外种群等，生物多样性的恢复成为人与自然和谐共生的生态学标志。

3.昆明－蒙特利尔全球生物多样性框架

2022 年 12 月，近 200 个国家的代表共聚一堂，《生物多样性公约》第十五次缔约方大会（COP 15）第二阶段会议，以"生态文明：共建地球生命共同体"为主题，中国是大会主席国，引领和推动第二阶段会议通过了最重要的预期成果："昆明－蒙特利尔全球生物多样性框架"（以下简称"框架"），达成具有里程碑意义的共识，为扭转大自然急速退化，保护世界上 30% 的陆地、海洋和内陆水域，明确了未来十年自然保护路线图，为全球生物多样性治理擘画新蓝图。

COP 15 第二阶段会议的主要成果包括：会议通过 62 项决定。近 40 个缔约方、利益攸关方宣布一系列重大行动与承诺。会议通过历史性的"框架"成果文件。各缔约方坚持多边主义，综合考虑各缔约方、利益攸关方的关切和诉求达成的一个富有雄心、平衡、务实、有效、强有力且具变革性的一揽子解决方案，例如"框架"，"框架"的监测框架，遗传资源数字序列信息（DSI），资源调动，能力建设、发展和科技合作，规划、监测、报告和审查机制等最有分量的 6 份文件率先通过。这将指引各方共同努力遏制并扭转生物多样性丧失，让生物多样性走上恢复之路并惠益全人类[①]。

"框架"设立了到 2050 年的 4 个长期目标和到 2030 年的 23 个行动目标，确立了"3030"目标，即到 2030 年保护至少 30% 的全球陆地和海洋，这是一个有雄心的目标。"框架"到 2030 年的行动目标还包括：恢复退化生态系统区域 30%、外来入侵物种引入减半、高危化学品使用减半、全球食物浪费减半等。

历史性地纳入了 DSI 的落地路径，决定设立"框架"基金，描绘了 2050 年与自然和谐共生的愿景。然而，DSI 惠益分享问题在发达国家和发展中国家之间矛盾十分突出，是各缔约方谈判的核心议题之一。本次会议历史性地将 DSI 纳入到"框架"的推进进程，并提供了下一步的路线图，提出到 2030 年促进更多地分享 DSI 产生的惠益。

在资金资源调动方面，"框架"要求全球环境基金尽快在 2023 年设立一个全球生物多样性框架基金，通过一个特别信托基金来支持"框架"的实施，直至 2030 年。"框架"要求发达国家向发展中国家提供生物多样性保护资金，到 2025 年每年提供 200 亿美元，到 2030 年每年提供 300 亿美元，提出到 2030 年从各个渠道包括从官方发展援助、金融机构、私营部门等方面每年调集 2 000 亿美元的生物多样性保护资金。

①新华网：《联合国生物多样性大会主要成果盘点》，2022 年 12 月 21 日，http://www.news.cn/2022−12/21/c_1129223360.htm.

第五篇

区域发展篇

我国地理地貌和产业布局上的差异性，要求我们因地制宜，分类施策，从实际出发建设美丽中国。发端于全球气候变化及其国际治理的碳达峰、碳中和，成为区域发展和竞争的重要因素。新一代信息技术、高铁技术的发展与应用，改变了人们的时空概念，但水作为联系经济带的要素，仍然发挥着重要作用。作为中华文明发源地的黄河、长江流域，推动实现高水平保护和高质量发展显得尤为重要。

第十五章

"双碳"目标成为区域发展的重要影响因素

碳中和发端于全球气候变化及其国际治理。工业革命以来，人类排放的二氧化碳等温室气体导致全球气候变暖，并带来极端天气频发、自然灾害损失增加等一系列不利影响。碳中和成为各国的共同价值取向，有关碳达峰、碳中和的战略合作、国际标准制定、低碳经济以及贸易谈判等议题决定了领先者将占有道德制高点和较大的国际话语权。碳达峰、碳中和也成为区域发展的重要影响因素，成为区域合作和竞争的新标杆。

一、碳中和成为地区合作和竞争的新领域

国家气象局网站 2021 年 8 月发布信息称，气候变化政府间专门委员会（IPCC）第六次评估报告（AR6）第一工作组《气候变化 2021：自然科学基础》报告指出，研究发现气温变暖在加速[①]。1850—1900 年以来，全球地表平均温度上升约 1℃；未来 20 年平均温升达到甚至超过 1.5℃。除非立即、迅速和大规模碳减排，否则升温将无法控制在 1.5℃或 2℃以内。

---

①中国气象数据网：《IPCC 第六次评估报告第一工作组报告出炉》，2021 年 8 月 10 日，http://data.cma.cn/site/article/id/41142.html.

气候变化的影响各地不同。陆地气候升温幅度大于全球平均，北极温升幅度超过全球平均的两倍。所有地区的气候变化都将加剧；全球温升1.5℃时热浪将增加，暖季将延长，冷季将缩短；全球温升2℃时，极端高温将频繁出现，达到农业生产和人体健康阈值。气候变化将影响降雨特征：部分地区降雨和洪水加大；高纬度地区降水也会增加，大部分亚热带地区降雨会减少，而其他一些地区则会更加干旱。海平面将会持续上升，沿海低洼地区洪水将更频繁，海岸也将受到侵蚀。气候升温将加剧多年冻土融化、减少季节性积雪、北极冰川冰盖消融和夏季海冰减少。气候变化引起的海洋变化主要表现为海水变暖、频繁的热浪、海洋酸化和含氧量降低等，这既影响海洋生物，也将影响海洋生态系统。气候变化效应将被城市放大，如高温（城市比周边温度高）、强降水带来洪水和沿海城市海平面上升等。因此，要尽快并持续减少温室气体排放，尽早实现二氧化碳净零排放，以减轻气候变化的不利影响。

碳中和的目标实现，将减少极端天气和气候灾害的不利影响。据德国观察《全球气候风险指数》报告，2000—2019年，全球范围内发生高温、风暴、洪水等极端天气和气候事件1.1万多起，超过47.5万人失去生命，直接经济损失2.56万亿美元。麦肯锡《应对气候变化：中国对策》报告指出，受全球气候变暖影响，中国将变得更加炎热和潮湿；如果保持当前碳排放增速，未来将有1000万—4500万人受到极端炎热天气的侵袭。到2050年，年均GDP损失达1万亿—1.5万亿美元。

碳中和成为区域合作和竞争的新领域。2021年，美国重回《巴黎协定》等国际协议，旨在重振国际影响力和领导力，并通过发展清洁能源等重振美国经济。碳中和已是近百个国家的战略目标，发达国家与发展中国家区域间的绿色援助成为合作重点。以中欧绿色合作高级别论坛为代表的国际碳中和交流、谈判、研讨、合作，将在更大范围内和更多的成员国之间展开。各国也在积极布局低碳经济，并将影响国际政治、经济走势；世界碳中和进程将带来国际产业和金融格局的重塑①。

碳中和纳入经济社会发展和生态文明建设全局，不仅是一场国际竞争，也是国内经济社会系统性变革，为相关领域产业的国际合作提供了机遇，包括引导国际绿色资本流动、人才就业、绿色产业与可再生能源创业投融资等。各国积极发展绿色金融，出台激励措施，向企业提供财政支持和税收优惠，加大技术研发及其产业化投入，发展绿色产业基金并引导社会资金投向，促进产业全面转型升级并提供更多就业岗位。各国的绿色金融发展，以信贷资源、政策资源、机构资源、市场资源、工具资源、监管措施等为主，ESG 投资成为热点，支持绿色低碳转型和产业发展。另一方面，发展中国家在绿色转型升级、绿色产业投资、绿色技术创新等方面面临较大压力。

二、碳中和将重塑区域比较优势及竞争格局

碳中和成为区域发展格局重塑的重要影响要素。比较优势和产业转移等区域经济学经典理论将被改写。波特的国家竞争优势"钻石体系"认为，一国或一地的产业发展需要充分利用当地的丰富资源、国内的大市场、国内形成产业集群、国内是竞争市场等四个条件，才具有竞争优势。第一个条件由当地要素禀赋决定的比较优势，第三、第四个条件是以既有产业符合比较优势为前提。换言之，竞争优势的建立离不开比较优势的发挥，按照比较优势发展产业是竞争优势的基础，只有充分依靠和发挥比较优势才能建立自己的竞争优势。只有充分发挥各个地区的比较优势，通过区域经济一体化，才能形成更大的产业集群，并将自身的比较优势更好地转变为在国内国际市场的竞争优势。

区域经济发展需要一定的内外部条件，如人力、资本、区位等要素，

---

① 庄贵阳、周宏春、郭萍、钟茂初、张占仓：《"双碳"目标与区域经济发展》，《区域经济评论》2022 年第 1 期，第 16–27 页。

而每个地区的要素禀赋并不相同。1935 年，胡焕庸先生根据收集和估算的各县人口数据，绘制了中国第一张人口密度图，并在《地理学报》第 2 期上发表"中国人口之分布"一文。文中给出的大致约倾斜 45 度的瑷珲（今黑河）–腾冲人口分界线，反映了中国人口分布"西疏东密"的不均衡状况：该线东南方 36% 国土居住着 90% 以上的人口。人口的分布，无论是当时还是现在，既受自然经济地理条件影响，也受城市化水平影响。前者是制约人口分布的要素禀赋；而城市化水平则受到支撑城市人口生存和发展的"生态足迹"制约。

碳中和对区域经济乃至所有经济体都将是一场重塑，并将重塑生产力要素价值及其利用方式。发达国家经济发展水平高，低碳行业产业占比大，技术先进，实现碳中和目标难度较小；中东、俄罗斯、澳大利亚等资源型经济体，国民经济收入的很大一部分依赖于原油及矿产品的国际贸易，财政可持续性将面临中长期的考验；高品质能源资源匮乏的经济体，如中国、日本等，碳中和却提供了一个降低对外依存度的契机。总之，不同区域对化石能源的依赖程度、制造业水平及其在全球产业链的地位、技术创新能力等，将影响"碳中和"革命的应对效率；不同区域只有从实际出发制定发展战略，才能在未来的竞争中占有一席之地。

应对气候变化发端的碳中和、信息技术应用兴起的电商、高铁建设带来的货物运输便利以及共享经济的模式创新，对区域经济发展中的梯度转移、区域比较优势等传统区域经济学理论带来挑战。如荒漠化地区的农业发展面临水资源制约，却是"光伏 +"等产业模式发展的有利条件。高碳排放的水泥行业布局，不一定会按照"梯度转移"的新格局。信息技术使商品生产和消费的信息交流更加便利，从而改变"信息不对称"状况；电商的发展改变了物流的"最初一公里"和"最后一公里"限制；高铁的快速发展将改变城市和居民分布，而共享经济的模式创新使物流成本明显降低。所有这些，共同构成区域发展格局重塑的重要因素。

可再生能源的碳中和特性，成为产业转移的吸引力量。能源碳中和以降低化石能源发电占比、减少煤炭消费为主,并不断提高风电、水电、光伏、氢能、生物质等清洁能源的发电占比。我国建设了从西部外送清洁能源的特高压直流输电通道,即"青豫直流"重大工程将改变我国能源供应版图,青海、甘肃、宁夏、内蒙古等省区将成为清洁能源的外送基地。新能源、可再生能源资源分布的地域差异,将带来产业格局的变化。碳中和目标将导致产业向我国西部转移。我国西南地区分布有太阳能、水能等可再生能源,成为高载能产业集聚和生产的吸引要素,产业链、供应链将出现新变化,粗钢、氧化铝、乙烯等的生产将伴随可再生能源供给而变化,如山东魏桥的电解铝布局到云南,并影响区域经济版图。

技术进步将改变区域原有格局。2021 年 5 月公布的第七次全国人口普查显示,我国人口超过 14.1 亿,"胡焕庸线"依然是人口的最大分割线,也是中国数字化水平的分割线。这条线的东南各省区市,绝大多数数字化水平高于全国平均水平;这条线的西北各省区,绝大多数低于全国平均水平。随着技术进步,近年来,电商、物流越过"胡焕庸线"入驻西部城市;第二、第三产业的发展及基础设施、公共服务资源的建设也将彻底改变国人生活。

经济集聚和城市扩张也将发生变化。一个地区经济发展只要达到一定水平,超越腾飞阶段,就会不断积累有利因素,形成自我发展能力,产生地区经济发展过程中的集聚效应。城市是区域的中心,区域靠城市带动并支撑城市的发展;一些城市腹地较大,对周边地区辐射作用强,出现区域性中心城市。城市影响范围形成城市圈;城市规模越大,辐射影响范围就越大。都市圈的核心是都市,都市辐射范围大,吸引力也大,形成"虹吸效应"。减弱"虹吸效应",增强"辐射效应",需要通过规划来实现。通过完善交通体系,延伸产业链条,带动周边地区发展,就能实现都市圈的"同城化"发展。

城市间产业转移将出现新态势。随着我国东部城市碳减排压力加大,许多企业将转移到中小城市。从发达城市转移出来的产业大部分属于能源、原材料和劳动力密集型产业，甚至是碳强度高的产业。在经济增长强烈需求下，中小城市乐于甚至主动寻求"承接"。在中小城市推进碳达峰、碳中和过程中，项目减排十分重要，但项目建设却存在成本和收益的平衡问题，巨大的前期投入与后期运行的微薄收益之间也存在突出矛盾。地方用于低碳转型的财政资金相对于巨大的资金需求而言仍然有限；在中小城市大规模推广应用清洁低碳技术的经济条件也不具备。如果没有低碳清洁技术的创新、转移和扩散的相关融资机制，低碳清洁技术将无法在中小城市中推广应用。

城市建筑和基础设施将发生改变。我国城市建筑能耗约占 27%；由于历史原因，"生命线"工程不足，迫切需要统筹韧性城市、海绵城市等的建设；中小城市基础设施的低碳改造任务繁重，北方冬季采暖系统改造为清洁供暖方式也需要巨大的投资。采用碳中和的处理工艺、降低污水处理各环节能耗，也是不同城市亟待解决的问题。

需要提出的是，区域发展不平衡风险将加大。山东、江苏、河北、内蒙古、河南等省区碳排放总量位居全国前五，面临较大的碳减排和绿色低碳转型压力。现有大城市碳达峰、碳中和路径和场景，无法指导中小城市低碳发展战略，而要另辟蹊径，因地制宜。随着经济社会发展全面绿色转型，中西部地区将面临区域生态环境承载力下降、资源型企业竞争力不强、企业创新能力不足、科技型人才短缺、绿色发展的体制机制不够健全等诸多挑战。

三、对区域协调发展与碳中和目标实现的前瞻

要统筹中华民族伟大复兴战略全局和世界百年未有之大变局，深刻认识错综复杂的国际环境带来的新矛盾新挑战，深刻认识社会主要矛盾发展变化带来的新特征新要求，增强机遇意识和风险意识，准确识变、科学应变、主动求变，勇于开顶风船，善于转危为机，努力实现更高质量、更有效率、

更加公平、更可持续、更为安全的发展。

各地在谋划 2030 年前碳达峰行动方案时，摸清"两高"项目存量、增量情况，制定了碳达峰行动路线图，明确达峰时间和施工图，并配套政策工具和措施，推进碳排放权市场化交易进程，实现高耗能行业碳排放率先达峰。要提升建筑领域节能标准，构建低碳交通运输体系，推进城乡居民用能方式转变，鼓励居民绿色生活，推进循环经济发展，引导节能降碳技术创新推广，提升区域汇碳能力等，健全绿色低碳循环发展体系，顺利实现 2030 年前碳达峰的目标。碳中和将倒逼高耗能行业技术进步，催动产业链深化发展。新能源、新材料等产业及其上下游，电动汽车、生物燃料等行业，将迎来快速发展期，成为新的增长点。

培育新的经济增长点。碳中和本身就是一个潜力巨大的产业，将极大减少温室气体排放和空气污染，改善人的生存环境，推动经济社会高质量发展，并极大地提升就业数量与就业质量。据国际可再生能源署预测，低碳发展将提供更多的就业岗位；以温升控制在 2℃以内为目标，2030 年碳中和产业创造的就业机会将使中国失业率减少 0.3%，可再生能源领域提供的岗位是最多的；相比煤炭生产领域的工作岗位，新的工作岗位更加清洁，对从业人员更友好。据国家气候战略中心统计，到 2020 年底，全国可再生能源领域的工作人员在 450 万人左右，与煤炭生产领域的工人数相当。工作人数仍会进一步增长；2030 年就业人数可达 6 300 万人，约 5 850 万人的可再生能源就业缺口将极大提升就业数量和就业质量。

实现碳中和目标，要优化能源结构，控制传统能源消费，大力发展清洁能源；我国太阳能、风能资源丰富，发电是太阳能和风能的主要利用形式。随着技术的不断成熟和发电成本的不断降低，我国太阳能发电和风电装备生产能力不断提高。到 2030 年，我国风电、太阳能发电装机将达 12亿千瓦以上。未来十年，我国风电和光伏发电年均新增装机规模分别为5 000 万—6 000 万千瓦和 7 000 万—9 000 万千瓦，在能源结构中的占比将提高到 30% 以上。发展清洁能源，还将降低对国外油气能源进口的依赖，降低极端天气和气候灾害损失，降低我国对石油输出国的依赖，确保我国能源安全，提升生产制造的自主性，意义重大。

实施绿化工程，提升生态系统碳汇增量。森林是陆地生态系统主体，也是最重要的贮碳库。植被通过光合作用，可吸收固定大气中的二氧化碳，发挥巨大的碳汇功能。要充分利用坡地、荒地、废弃矿山等国土空间开展绿化，进一步扩大森林面积、增加林草资源总量。开展大规模国土绿化行动，持续实施"三北"防护林、退耕还林还草、天然林保护、风沙治理、草原生态修复、湿地保护修复等重点工程，稳步推进城乡绿化，推进森林资源年度监测评价和森林碳汇计量监测工作，积极探索推进林草碳汇交易。鼓励企事业单位、团体和个人通过造林绿化、抚育管护、自然保护、认建认养、基础设施、捐资捐物、志愿服务等方式，提高义务植树尽责率。持续推行"互联网＋义务植树"模式，提高社会公众对义务植树的认知度和参与造林绿化的幸福感，坚定不移走生态优先、绿色发展之路，增加森林面积、提高森林质量，不断提升生态系统碳汇增量。

发展绿色物流。物流是物资从供应地向接收地的位移，是连接生产者、销售者和消费者的有形无形网络，是运输、储存、装卸、包装、流通加工、配送、信息处理等活动的有机联系，也是满足客户需求对商品、服务及相关信息从产地到消费地的高效、低成本流通和储存规划、实施与控制过程，在现代经济中扮演着越来越重要的作用。在信息化推动下，一个地区乃至一个国家的经济社会发展，离不开人流、物流、能量流、信息流、资金流等要素流动。

为适应电子商务多样化、个性化、分布式、高时效、便捷性、经济性、高品质等方面需求，在大中城市现代物流快速发展的同时，覆盖三四线城镇、县乡、城市社区、偏远地区的生鲜冷链电子商务物流体系、仓储体系、快递体系、配送体系、冷链设施和终端网点等发展迅疾；电商、快递和零担等物流企业依托县级网点，加快农产品流通设施和市场建设，不断完善农村配送和综合服务网络；跨境电商物流高速发展，海外仓布局步伐加快；

物流大数据平台、物流云、物流 APP、智能物流终端等数字化设施，以及实物流的自动化、智能化基础设施发展加速，商业模式不断创新，物流能效逐步提高，差错率、货损率、事故率下降，物流成本和环境代价渐次降低，有力支撑了我国生产方式、流通方式和消费方式变革。另一方面，"互联网＋物流"在物流全程服务、分地区分行业应用不平衡、不充分，现有物流体系、结构、能力与快速发展需求不相适应，发展方式粗放，协同不够；政府亟待建立快速发展的电子商务与物流企业的监管规则，物流服务质量也有很大提升空间，人才匮乏成为物流业乃至区域经济发展的制约因素。

基础设施是要素流通的必要条件，包括硬件设施和软件设施；前者包括公路、铁路等基础设施，后者包括数据化信息化基础设施。"要想富先修路"也适用于物流业的发展；解决"源头一公里、最后一公里，最远距离"等物流难题，呼唤物流基础设施建设。我国一些地区交通运输条件，制约现代物流的迅速发展；一些物流园区存在盲目性、重复性建设，仓库空置率居高不下，一些平房仓库不便于商品的立体化堆存与机械化作业；一些仓储企业对市场需求不了解，仓库功能单一，以静态"储备""储存保管"为主，追求储存时间越长越好、储存东西越多越好，与商品丰富，快速周转、供应链一体化、线上线下融合的现代经济不相适应；也不能满足供应链各环节的及时、准确的信息共享需求，因而需要摸清家底，以便物流资源共享和高效利用。数字化和信息化的基础设施建设，也应加速提质。

要梳理物流发展思路。从供应链或产业链角度，系统剖析物源、仓储、包装运输、运输线路、客户需求等内容。在全球化纵深发展的今天，还需全球视野、国际标准。优化运输工具和线路，对便捷性和节约成本必不可少。冷链运输发展势头旺盛，从原产地到餐桌的供应链管理益发重要。物源可以分为煤炭、石油、建筑材料等物资，稻谷、小麦、苹果、蔬菜等农产品，服装、汽车、电子电器等工业产品。同时还要分析物源所在地、类型、数量、结构等特征，因为不同物质的运输要使用不同的运输工具，而且公路、铁路、水路、航空、管道等运输方式的成本也不一样；废物逆向物流，也需要在规划中统筹考虑。新业态中的新问题急需引起重视。许多传统工业化时期占主导地位的物流方式，如铁路货运、公路货运、水路货运、航空货运、邮政等必须加快与互联网、物联网融合，加快数字化、智慧化步伐。随着新业态的不断涌现，新的环境问题随之产生，如快递包装废弃物、报废汽车等快速增长，加剧了环境污染。包装废弃物回收工作量大，成本高，利润低，企业回收动力不足。包装物循环利用与物流绿色发展，迫切需要摆上议事日程。

碳达峰是我国进入新发展阶段、贯彻新发展理念、构建新发展格局、建设绿色低碳循环发展的现代经济体系的重要抓手。要创新理论、技术和制度，推动经济、能源、产业结构转型升级，推动经济社会的系统性变革，实现区域经济协调高质量发展。

第十六章
黄河安澜呼唤高水平保护和高质量发展

"四渎之宗"的黄河，是中华民族的摇篮，孕育了璀璨夺目的华夏文明，塑造了伟大的中华民族精神，在我国经济社会发展和生态安全方面具有十分重要的地位。黄河生态保护和高质量发展，事关中华民族伟大复兴的千秋大计。生态保护是高质量发展的前提，也是高质量发展的应有之义，我们必须加大力度，让黄河成为造福当代、惠及子孙的"幸福河"。

一、为了中华民族永续发展必须保护黄河生态环境

黄河发源于青藏高原，流经我国的 9 个省区，全长 5 464 千米，是仅次于长江的中国第二大河。黄河流域横跨青海、四川、甘肃等 9 个省（区），是我国粮食、能源基地和生态安全屏障。黄河是西北、华北地区的重要水源，三江源有着"中华水塔"之称。黄河流域连接着青藏高原、黄土高原、华北平原，是维系着西北、华北乃至全国生态系统安全的廊道；煤炭、石油、天然气和有色金属等矿产资源丰富，分布着河套平原、汾渭平原和黄淮海平原等重要农业生产基地。黄河流域对维护粮食安全、能源安全和生态安全，保障国家和区域可持续发展具有十分重要的全局性、战

略性、根本性的作用。将黄河流域生态保护和高质量发展与京津冀协同发展、长江经济带、粤港澳大湾区、长三角一体化等列为重大国家战略，十分及时非常重要，意义深远①。

黄河是一条母亲河，也是一条桀骜难驯的灾难河。翻开史册，一部艰辛的治黄史也是一部中华民族的磨难史、奋斗史、治国史。长期以来，频繁的水旱灾害给沿岸百姓带来了深重灾难。从先秦到新中国成立前的2 500多年间，黄河决溢1 500多次，改道26次，其中人为决口12次。治理黄河是中华民族与自然和谐共生的千古命题和兴邦安民之大事。从大禹治水到明代潘季驯"束水攻沙"，从汉武帝"瓠子堵口"到康熙帝把"河务、漕运"刻在宫廷的柱子之上，无不反映出历代王朝对治理黄河的重视。新中国成立之后，黄河治理从治标进入治本阶段。新中国成立之初，毛泽东主席号召"要把黄河的事情办好"。习近平总书记高度重视黄河流域保护治理。党的十八大以来，一直关怀、牵挂着黄河的保护与治理，一次次不辞辛苦，奔赴沿黄九省区考察调研，足迹遍布大河上下、长城内外。黄河流域的突出困难和问题，"表象在黄河，根子在流域"。"重在保护，要在治理"，推动黄河流域生态保护和高质量发展，这是总书记深思熟虑后提出的大战略、大思路，指明了当前和未来工作方向。

二、黄河流域生态保护和高质量发展的基本原则

"黄河宁，天下平"。开展黄河流域生态保护，促进高质量发展，我们要以习近平生态文明思想为指导，坚持山水林田湖草沙系统治理，坚持生态优先、绿色发展，以水而定、量水而行，分类施策，让黄河成为造福人民的"幸福河"。

1. 坚持系统治理，实行调水、节水、水处理和中水利用一体化管理

新中国成立以来，黄河水沙治理取得显著成效。龙羊峡、小浪底等大

---

① 周宏春：《黄河安澜呼唤生态保护和高质量发展》，《中国发展观察》2020年第8期，第12-14页。

型水利工程充分发挥作用，河道萎缩态势初步遏制，黄河含沙量累计下降超过 8 成，有效减缓了下游河床淤积抬高速度。三江源等重大生态保护和修复工程的实施，让上游水源涵养能力稳定提升。黄土高原地区的 11 万多座淤地坝，封堵了向下游输送泥沙的通道，起到"沟里筑道墙，拦泥又收粮"的作用。通过引调水工程的实施，有力支撑了华北地区经济社会可持续发展。防洪减灾体系基本建成，保障了伏秋大汛岁岁安澜。然而，洪水风险依然是黄河流域的最大威胁。"地上悬河"形势严峻，下游地上悬河长达 800 多千米，上游宁蒙河段淤积形成新悬河，危及大堤安全。下游防洪短板突出，洪水预见期短、威胁大；下游滩区防洪运用和经济发展矛盾长期存在。水资源严重短缺，人均占有量为全国平均水平的 27%。曾经"君不见黄河之水天上来，奔流到海不复回"的壮观景象，而今却要花很大力气才能确保不断流。水资源开发利用率高达 80%，利用较粗放，农业用水效率不高，生态用水不足 5%。《2019 年中国生态环境状况公报》表明，在监测的 137 个水质断面中，劣 V 类水占 8.8%，汾河等污染严重水体水质改善任务艰巨[①]。

因此，加强水资源节约保护，以水定城、以水定地、以水定人、以水定产，合理规划人口、城市和产业发展，十分重要。实行最严格水资源管理制度，抑制不合理用水需求，推动用水方式由粗放向节约集约转变。以水资源的刚性约束倒逼促推经济社会发展方式转变，加强农业节水，大力发展节水技术和产业，实施全社会节水行动。以劣 V 类水治理为重点，推进黑臭水体、工业废水、城镇污水、农村排水、农田退水治理的集约化、市场化。全力推进重要河湖及地下水生态保护修复。对生态敏感区、生态脆弱区和生态功能受损的河湖，加快推进河口生态保护修复。加强水源保护区划定、标志标识设置和环境整治，实施中央和省级重点饮用水水源保护项目储备库机制，推进地级市、县、乡镇饮用水水源地规范化建设。重点保障黄河干流、渭河、大通河生态流量。严格管控生态环境风险，建设

---

① 生态环境部：《2019 中国生态环境状况公报》，2020 年 6 月 2 日，https://www.mee.gov.cn/hjzl/sthjzk/zghjzkgb/202006/P020200602509464172096.pdf.

突发环境事件监控预警体系。深入推进河长制湖长制，加强河湖水域岸线空间管控。完善水价形成机制，通过阶梯水价实现节水和产业结构转型调整。建立覆盖全成本的污水处理收费机制，全力推进污水处理设施达标运行，实施高水平水环境保护治理。

2. 坚持自然恢复为主，推进水土流失治理和保护修复一体化

近年来，黄河流域生态环境持续向好，水土流失综合防治成效显著，生态环境质量不断改善。三江源等重大生态保护和修复工程加快实施，上游水源涵养能力稳定提升；黄土高原蓄水保土能力显著增强，实现了"人进沙退"的奇迹；河口湿地面积回升，生物多样性明显增加。但同时，黄河水少沙多、水沙异源，上游局部地区生态系统退化，导致水源涵养功能降低；中游水土流失严重，汾河等支流污染问题突出；下游生态流量偏低，导致河口三角洲湿地日渐萎缩，仍属于世界上比较复杂难治的河流。

黄河生态系统是一个有机联系的整体，要充分考虑上中下游特征和差异，实施水源涵养提升、水土流失治理、三角洲湿地生态系统修复等重大工程。上游要依托"两屏三带"的国家总体布局，全力推进黄土高原丘陵沟壑水土保持、甘南黄河重要水源补给、若尔盖草原湿地、三江源草原草甸湿地、祁连山冰川与水源涵养、秦巴生物多样性、阴山北麓草原等重点生态功能区生态屏障建设，提高水源涵养功能。中游地区重点开展水土流失治理，推进国家水土保持重点工程实施，全面开展生态清洁小流域建设。在多沙粗沙区、甘青宁黄土丘陵沟壑区等国家重点治理区，全面开展小流域综合治理，全面推进黄河内蒙古河段十大孔兑综合治理、小流域综合治理、黄土高原沟壑区"固沟保塬"综合治理等，减少入黄泥沙。加强水库建设管理、修筑梯田、治沙防洪，激发水利枢纽工程的多重优势与功能。加快推进退耕还林还草，提高林草植被覆盖率。下游地区重点推进黄河滩区治理，积极构建生态廊道，促进河流生态系统健康，提高生物多样性。河口区重点修复河口湿地生态系统，开展湿地系统修复。积极推进沿黄九省区"三线一单"编制，划定并严守生态保护红线。健全生态保护补偿机制。建立跨界断面水质水量双控，统筹水生态服务贡献的流域生态保护补偿，探索将流域跨界断面水质水量和流域上下游地区生态服务贡献作为补偿基准，完善和推广黄河流域水权交易机制；建立滩区生态移民和农田休耕补偿机制，利用市场机制提高资源效率。

3. 坚持生态优先绿色发展，推动黄河流域高质量发展

应当看到，黄河流域部分地区经济社会发展滞后，上中游7个省区发展不充分，全国14个集中连片特困地区中的5个在黄河流域，部分地方出现少数民族聚集区和贫困区交织重合现象。高质量发展，是时代赋予黄河流域的历史重任。

黄河流域的发展，要遵循习近平总书记在讲话中明确提出的要求，从实际出发，发挥比较优势，宜水则水、宜山则山，宜粮则粮、宜农则农，宜工则工、宜商则商，积极探索富有地域特色的高质量发展新路子。比如，三江源、祁连山等生态功能重要的地区，主要任务是保护生态、涵养水源、保护好"中华水塔"，创造更多生态产品。应当鼓励生态保护区探索发展旅游业，在发展中保护、在保护中发展；河套灌区、汾渭平原等粮食主产区要发展现代农业，大力发展农业循环经济，促进种养加一体化，提高农产品质量，在保障国家粮食安全的同时也提高农民的收入。区域中心城市等经济发展条件好的地区，要通过集约发展以提高经济和人口承载能力。严格控制湟水河、渭河、汾河等流域造纸、煤炭行业的发展速度和规模，重视能源开发－化工产业发展－环境保护－余热利用等的一体化，依靠科技进步和制度创新，促进产业结构优化升级，不断降低单位产品的污染物和二氧化碳的排放强度；发展新能源和可再生能源，促进光伏＋立体种养殖业的发展。一些荒漠化地区形成的种植树木—发展生物质发电—电厂烟气收集净化—螺旋藻的发展模式，值得推广。贫困地区要提高基础设置和公共服务水平，让生态富民惠民，全力保障和改善民生。要积极参与共建"一带一路"，提高对外开放水平，以开放促改革、促发展。

加强顶层设计，并在现代产业体系、在体制机制等方面进行创新，不断增强经济发展的动力和韧性，持续推动全流域的绿色发展、高质量发展。

4.传承、弘扬黄河文化，使之成为高质量发展的持久动力

"白日依山尽，黄河入海流"，对华夏儿女来说，黄河不仅是一条地理的河，还是一条文化的河、精神的河。"风在吼，马在叫，黄河在咆哮，黄河在咆哮……保卫家乡，保卫黄河，保卫华北，保卫全中国"，当这激昂的旋律在耳畔响起，多少人会为之热血沸腾！对黄河的依恋早已融入中华民族的文化血脉。九曲黄河，奔腾向前，以百折不挠的磅礴气势塑造了中华民族自强不息的民族品格，是中华民族坚定文化自信的重要根基。

千百年来，奔腾不息的黄河与长江一起，哺育着中华民族。在上下5 000多年的中华文明史中，黄河流域有3 000多年是全国政治、经济、文化中心，西安、洛阳、开封、安阳等历史文化古都均沿河而置。勤劳勇敢、坚韧智慧的先人创造了绚丽灿烂的文化，诞生了"四大发明"和《诗经》《易经》《道德经》《尚书》《论语》《史记》等经典著作，从《诗经》到汉赋、唐诗、宋词、元曲及明清小说等文学艺术经典，犹如黄河之水源远流长。

要创作并丰富生态文化，满足群众的精神文明需求。良好的生态环境可以为沿岸居民提供安心、放心、舒心、开心的衣食住行。要以通俗易懂、贴近群众贴近生活的语言，推动以生态环境保护为内容的文学和影视作品的艺术创作，褒扬植树造林、防沙治沙等先进，曝光和鞭挞破坏生态、污染环境的行为,利用艺术形象营造"保护生态环境光荣,破坏生态环境可耻"的良好舆论氛围。要挖掘乡村文化，焕发乡村文明新气象，在观念认同和制度内化于心的基础上，在实践中外化于行，形成生态文明的价值取向、道德内省，先进带动、榜样示范，将生态行为文化贯彻于人们的具体实践中，形成强大的精神动力与行动合力。

实现生态文化产业化，并培育成为新的增长点。促进生态文化产业化发展，唤起和激发人们的生态情结与情感依存，增强投身于生态文明建设的自觉性与自信心。促进生态文化产业化，发展生态旅游，宣传"绿色银行""天然氧吧"，使公众树立"除了照片什么也不要带走，除了脚印什么也不要留下"的理念；建立生态文化展示馆，向社会公众推广生态文化所蕴藏的理念支撑、制度范式，使之成为生态文明建设的行为导向与实践典范。

要推进黄河文化遗产的系统保护，守好老祖宗留给我们的宝贵遗产。要深入挖掘黄河文化蕴含的时代价值，讲好"黄河故事"，延续历史文脉，坚定文化自信，为实现中华民族伟大复兴的中国梦凝聚精神力量。

三、加强顶层设计，完善政策措施

要充分认识黄河生态大保护大治理的系统性、整体性和协同效益，坚持协同共治，统筹推进，分区分类，系统修复，全力推进生态屏障建设、水土保持、重要河湖及地下水生态保护修复、饮用水水源地保护、水污染治理等，促进黄河流域高质量发展。

应尽快启动《黄河保护法》等相关立法研究，界定清晰流域上下游各地区、各主体的权责关系，政策手段、实施保障等，完善流域和地方生态环境标准，为流域系统性、整体性、综合性、差异性保护治理提供长远立法保障。加强流域监管执法能力建设，强化流域生态环境统一监管，推进流域上下游水生态环境信息共享，强化水资源生态环境预警能力和机制建设。组织开展黄河生态环境治理规划研究，统筹谋划"十四五"时期黄河生态环境治理，推进建立规划实施、投资保障与生态环境项目库建设。

要建立长效机制。黄河生态环境问题错综复杂，需建立长效机制，实施最严格的水资源保护和管理，优化配置水资源，建立全流域生态保护补偿机制，健全协调工作机制，加快黄河流域生态文明建设，推进绿色发展和高质量发展，切实解决好黄河流域人民群众，尤其是少数民族群众关心的防洪安全、饮水安全、生态安全等问题，具有维护社会稳定、促进民族团结的重要意义，还可为全国其他地方类似问题的解决提供可借鉴、可推广、可复制的模式。

黄河流域生态保护和高质量发展，是场"持久战"，不可能一蹴而就，必须持之以恒。

第十七章

长江经济带高质量发展是美丽中国的内在要求

　　长江，是我国国土空间开发最重要的东西向轴线，在区域发展总体格局中具有重要战略地位。在构建双循环新发展格局中发挥重要作用，既有得天独厚的优势，也有天然联系的基础。改革开放之初，上海工程师到苏锡常地区帮助乡镇企业提高生产工艺和技术水平，开启了长三角一体化的"序幕"。

　　党的十八大以来，习近平总书记走遍了长江经济带 11 个省市，在重庆、武汉、南京和长沙分别主持召开长江经济带发展座谈会。在 2023 年 10 月 11—12 日的座谈会上，习近平总书记充分肯定了长江经济带发展取得的成就，并对进一步推动长江经济带高质量发展作出重大部署、提出了明确要求，为长江经济带践行新发展理念、推动高质量发展、构建新发展格局指明了努力方向、提供了重要遵循。

一、长江经济带近年来发展的成效

　　近年来，长江经济带发生重大变化。沿江省市和中央有关部门在认真贯彻落实党中央决策部署，坚持共抓大保护、不搞大开发，坚持生态优先、绿色发展方面做出的成效，生态环境保护修复和经济社会发展全面绿色转型，决心之大、力度之大前所未有，"发展成就有目共睹，发展质量稳步提升，发展态势日趋向好"。

曾几何时，受污水乱排、过度捕捞、挖砂采石等破坏生态环境行为的影响，生态系统遭到严重破坏。对此习近平总书记曾痛心疾首地指出："长江病了，而且病得还不轻。"长江沿岸城市人口密集，城市污水无序排放，曾是长江的一大污染源；"化工围江"是笼罩在整个长江经济带上空的阴霾……长江流域的生态环境是一笔宝贵的文明财富，更是推动长江经济带高质量发展的重要基石。

长江经济带发展战略实施近 8 年来，沿江地区严格落实中央决策部署，扎实推进长江生态环境保护修复，长江经济带发展发生了重大变化，并表现为：

政策体系不断完善。形成以《长江经济带发展规划纲要》为统领，长江经济带生态环境保护、沿江取水口排污口和应急水源布局、岸线保护和开发利用等为框架的"1+N"的规划政策体系，以及加快推进长江船型标准化等一系列支持政策。

负面清单有效执行。"三线一单"全面管控……随着一项项政策落地实施，体制机制有效运转，长江大保护从蓝图走向现实，"生态优先，绿色发展"理念逐渐深入人心。

金融"活水"持续输送。国家绿色发展基金重点投向长江经济带；污染治理和节能减碳专项（污染治理方向）2022 年中央预算内投资向长江经济带倾斜；国家开发银行发行 120 亿元"长江流域生态系统保护和修复"绿色金融债券。

科技力量精准赋能。组建长江生态环境保护修复联合研究中心，专家团队深入城市一线为长江"体检"，着力开展以总磷为核心的流域水质目标管理、流域 58 个驻点城市（一期）"一市一策"和流域生态环境智慧决策平台等研究，绘制长江磷污染流域分布一张图。

纷纷设立河长湖长制。从协同机制看，沿岸各地"下好一盘棋，共治一江水"的联动机制初步建立。例如，浙江省湖州市吴兴区与江苏省苏州市吴江区比邻地界长期存在的"三不管"环境问题近年来得到扭转，查处了一批环境违法行为，形成了共建、共治、共享的治理机制。

司法协作更加紧密。《长江保护法》成为我国首部流域法，长江大保护进入依法保护的新阶段；生态环境行政执法、刑事司法和公益诉讼衔接机制初步建立，以最严格司法推动长江生态环境持续改善。跨区域、跨部门合作越来越多，断面水质统一监测、统一发布成为现实；省际和省内横向生态补偿机制加快建立；区域性协商合作机制在上中下游遍地开花。

而今，"一江碧水向东流"美景重现：几近绝迹的珍稀生物回来了，烟囱林立的化工厂整治了，又脏又乱的采砂码头消失了。一到夏天，在下游江段成群的江豚开始活跃起来，逐浪嬉戏。作为长江的旗舰物种，伴随长江水体生态环境的持续改善，这一江段的江豚家族连年"添丁"，已经发展到 3 个族群 20 多头。中华秋沙鸭也得到成倍增长。"十年禁渔"政策严格执行，2022 年长江江豚种群数量为 1 249 头，比 2017 年增加 23.42%，出现了止跌回升的历史性转折；深入打好长江环境保护修复攻坚战，长江水质持续向好，干流全线连续 3 年达 Ⅱ 类水质；2022 年，长江经济带国控断面优良水质比例为 94.5%，比 2015 年上升 27.5 个百分点……水变清了，鱼变多了，岸变绿了，长江逐渐"康复"了。

近年来，随着一系列加减并举、破立相伴的举措不断落地，用当代科学技术和先进产业组织方式改造传统产业，使产业链具备高端链接能力、自主调控能力和领先于全球市场的竞争力；发挥产业综合优势，提供高质量供给、培育新型消费，延伸产业链，提升价值链，保障供应链，新旧动能加速转换，现代化经济体系雏形显现，这也是习近平总书记提出长江经济带要成为畅通国内大循环主动脉的现实基础。

二、长江经济带的发展思路与原则

长江经济带的高质量发展，要完整、准确、全面贯彻新发展理念，坚持共抓大保护、不搞大开发，坚持生态优先、绿色发展，以科技创新为引领，统筹推进生态环境保护和经济社会发展，加强政策协同和工作协同，进一步推动长江经济带高质量发展，更好支撑和服务中国式现代化。这是长江经济带高质量发展的基调和总体思路。

谋长远之势、行长久之策、建久安之基，这是长江经济带高质量发展的战略定位。这里用了三个并列的"长久"含义的表述：长远之势、长久之策、久安之基；久安可以看作是长治久安的缩写，说明了以习近平同志为核心的党中央，对长江经济带的高质量发展给予了极大的期待，并放在中国式现代化的全局中去考虑和安排。

1.坚持绿色发展，共建人与自然和谐共生示范带

长期来看，长江经济带要坚持生态优先绿色发展，从生态环境整体性和系统性出发，开展生态环境修复保护，这也是习近平总书记的多次要求。长江拥有独特的生态系统，是重要的生态宝库。守好这一宝库，追根溯源、系统治疗，就要构建现代治理体系，强化山水林田湖草沙等生态要素的协同治理，综合考虑水环境、水生态、水资源、水安全、水文化和岸线等多要素的有机联系，推进长江上中下游、左右岸、干支流、以及江河湖库的协同统筹，改善长江生态环境和水域生态功能，提升生态系统质量和稳定性，让长江早日重现"一江碧水向东流"的胜景，给子孙后代留下一条清洁美丽的万里长江。在废弃物处理利用上，应当尊重自然规律、利用生态学原理，把生活垃圾、污水处理厂淤泥、农林废弃物等集中起来，通过厌氧发酵生产沼气，沼气经过净化用于新能源汽车原料等，从而形成新能源生产—污染治理一体化。此外，还要积极探索并建立生态产品价值实现机制，发展林下经济、利用良好的生态环境发展旅游业、探索多元化的生态补偿和市场交易途径，让生态环境保护修复者获得合理回报，让生

态环境破坏者付出相应代价。总之，长江经济带要加强生态综合治理系统性和整体性，努力建设人与自然和谐共生的绿色发展示范带。

2. 在畅通区域循环基础上构建国内大循环主动脉

长江经济带是我国经济中心所在、活力所在。在构建双循环的新发展格局中，不仅要畅通流域经济社会循环，更要成为贯通国内大循环的主动脉，要坚持全国一盘棋思想，推进上中下游协同联动发展，强化生态环境、基础设施、公共服务共建共享，引导下游地区资金、技术、劳动密集型产业向中上游地区有序转移，构建统一开放有序的运输市场，开创上中下游协同联动发展新局面。上海市作为长三角一体化乃至长江经济带的龙头，应率先推进畅通国内大循环的有效途径，把需求牵引和供给创造有机结合起来，积极创新、勇于创新，构建统一开放有序市场，形成跨区域通力合作的体制机制，推进上中下游协同发展。沿江各省市也要遵循自然规律和经济发展规律，推进以人为核心的新型城镇化，处理好中心城市和区域发展的关系，推进以县城为载体的城镇化建设，促进城乡融合发展；加强与乡村振兴有效衔接，扎实推动共同富裕，构建高质量发展的国土空间开发保护新格局和支撑体系。要坚持目标导向、问题导向相统一，把经济发展着力点放在实体经济上，围绕产业基础高级化产业链现代化，发挥协同联动的综合优势，激发各类主体活力，构建统一开放有序的运输市场，加快同长三角共建辐射全球的航运枢纽，优化调整运输结构，创新运输组织模式，提高交通运输智能化运行和管理水平。要真抓实干、埋头苦干，打造区域协调发展新样板，成为引领全国经济高质量发展主力军，不断迈上高质量发展的新台阶。

3. 坚持创新驱动构筑高水平对外开放新高地

长江经济带是"一带一路"的国内主要交汇地带，也是国际贸易的起点和节点。从浦东新区开发开放，到渝新欧国际铁路开通，从中欧班列开行城市逐步增多，到我国与国际联系的日益增强，无不展示我国对外开放不断迈出更大步伐。党的十八大以来，党中央对浦东开发开放提出明确要求，把首个自由贸易试验区、首批综合性国家科学中心等一系列战略任务放在浦东，推动浦东开发开放不断展现新气象，诞生了第一个金融贸易区、第一个保税区、第一个自由贸易试验区及临港新片区、第一家外商独资贸易公司等一系列"第一"，承载了上海国际经济中心、金融中心、贸易中心、航运中心、科技创新中心的重要功能。

长江经济带要统筹沿海沿江沿边和内陆开放的关系，全面提高开放创新水平，全面塑造创新驱动发展新优势，培育更多内陆开放高地。要树立敢于创新创造的雄心壮志，集聚创新要素，敢于提出新理论、开辟新领域、探索新路径，在解决"卡脖子"的重大问题上担当作为，促进产学研有效衔接，在买不到的技术上取得突破，在进口替代上优先迈出步伐；打造数字经济、智能制造、生命健康、新材料等新兴产业；要更高质量利用外资，实现高质量引进来和高水平走出去，培育具有全球影响力的科技创新高地。完善自由贸易试验区布局，建设更高水平开放型经济新体制。把握好开放和安全的关系，织密织牢开放安全网。要在国内国际双循环相互促进的新发展格局中找准各自定位，主动向全球开放市场，推动长江经济带发展和共建"一带一路"的融合，加快长江经济带上的"一带一路"战略支点建设，扩大投资和贸易，促进人文交流和民心相通。

三、长江经济带的未来发展与政策机制

长江经济带虽是一个整体，但各个地区的资源条件、发展基础、产业特征、人员素质及其结构均不同，在未来发展中，应因地制宜，分类施策，必须明确，科技是第一生产力，人才是第一资源，创新是第一动力，加大人财物方面的投入，为长江经济带的高质量发展和生态环境的高水平保护营造氛围，创造条件。

1. 保护好生态环境这个公共物品

生态环境是长江经济带的公共物品，必须保护好生态环境这个公共物

品；要在生态环境上下更大力气，为长江经济带的可持续发展奠定基础、创造条件。

发展与保护是一对矛盾，犹如"跷跷板"：一头是发展，一头是保护；人们重视了经济发展，GDP 和增长速度会快些，而生态环境则可能出现质量下降的情形；相反，人们重视了生态环境保护，并将生态环境作为高质量发展的重要指标，生态环境质量就会改善，发展的质量就会提高。长江经济带的工业化还没有完成；即使工业化完成了，仍然存在发展与保护的矛盾，毕竟有人的存在，就有人与自然关系的问题。对此不能有丝毫的放松[①]。

沿江各地生态红线已经划定，必须守住管住，加强生态环境分区管控，严格执行准入清单。各级党委和政府对划定的本地重要生态空间要心中有数，优先保护、严格保护。要更加注重前端控污，从源头上降低污染物排放总量。长江流域生态环境保护要在四个方面"下更大力气"：一是在生态红线上要分类施策，在划定红线的基础上实行分区管控，严格准入，严格保护；二是要将保护的关注点前移，从源头上降低污染物的排放总量；三是要将产业的绿色转型升级作为重中之重，积极发展绿色低碳技术和产品，培育壮大绿色低碳产业，实现降碳、减污、扩绿和经济增长的协同，拓展经济发展空间，提高经济发展绿色度，增强发展潜力和后劲；四是要在"生态价值和双碳工作"上做好文章，不仅要把生态优势利用好，还要在利用中注重生态效益，把生态财富转化为经济财富。

2. 推进产业结构优化升级

加快产业结构调整，淘汰落后技术、工艺和产品，提高产品附加值、发展高新技术产业等。用什么方式淘汰落后，可谓见仁见智：有人强调"一刀切"，有人希望"切一刀"；有人提出政府要发挥更大作用，有人以为市场可以发挥更多的作用。产业绿色升级途径，体现在倒 U 型价值链曲

---

① 周宏春：《长江经济带高质量发展成效、推进重点与对策建议》，《经济要参》2023 年第 47 期，第 1—11 页。

线上就是三句话：提升底部、延伸两端、替代先行。提升底部，就是增加产品科技含量和附加值；两端延伸，包括向左端延伸和向右端延伸。向左延伸，就是要拥有更多专利、知识产权和企业标准，加强技术创新，围绕产业链部署创新链、围绕创新链布局产业链、围绕创新链配置资金链；向右端延伸，就是要紧盯市场、占有市场、创造市场、引导市场，创造品牌，提供更多市场服务，提升产业竞争力。替代先行，就是从进口（境外输入均是）替代做起，从配套做起，缓解技术和产品"卡脖子"制约。

以绿色低碳为导向做加法，以能耗排污为标杆做减法，发挥制造业优势锻长板，延伸产业链耦合补短板，推动电子信息产业、数字经济、节能环保产业和高端装备制造业补链延链上高端；积极开展生态设计，推动轻量化、去毒物、碳减排；大力发展绿色制造业，采用先进适用的节能低碳环保技术改造传统产业，淘汰严重耗费资源和污染环境的落后生产力，发展新产业、新业态、新模式。推动生态产业化。大力发展生态经济，既可以为生态文明建设提供有力的产业基础和技术支撑，也能拉动投资、消费需求并增加就业机会。发展循环经济，变废为宝，变一用为多用；谋划建设智慧物流园区，发展电商和智慧物流，绿色低碳赋增长新动能；通过生产智能化、分工网络化、产品定制化、过程绿色化，提高工业劳动生产率和资源利用率，加快现代化经济体系建设步伐。

3. 发挥长江经济带在中国式现代化中的带动作用

"创新、绿色、智能"浪潮席卷全球。双碳目标成为长江经济带高质量发展的一个重要考量，是质量、能效、环保等标准外的又一个重要政策导向。

要以生态优先、绿色发展为原则，以推动高质量发展为主题，以高端化、智能化、绿色化、品牌化、服务化为导向；开展生态设计，施行清洁生产，加强绿色供应链管理，降低物质和能源消耗强度，推进经济活动生态化、生态环境保护产业化，培育新的经济增长点；大力推动产业链供应链现代化，推动互联网、大数据、人工智能和实体经济的深度融合，增强制造业核心竞争力。在绿色低碳循环发展的现代经济体系构建中，工业企业要加速推进绿色制造与智能制造融合，深入实施绿色制造工程，完善绿色制造体系，建设绿色工厂和绿色工业园区。加强重点行业和领域技术改造，实现从传统制造向绿色智能工厂转型、从工业园区向绿色智能园区转型、从传统产业供应链向绿色智能供应链转型、从传统工业产品开发向绿色智能产品和服务转型。

扩大工业产品需求空间，以满足消费者个性需求，显著降低企业集设计、生产、销售于一体的生产成本，形成以人为中心的服务型制造发展模式，支持节能环保、生物技术、信息技术、智能制造、高端装备、新能源等的发展，形成布局合理、链条完整、功能协同、竞争力强的新发展格局，在以中国式现代化全面推进社会主义现代化强国进程中发挥重要作用。

4. 把资源优势变成经济优势，把生态优势变成发展优势

在新一轮科技革命和产业变革的影响下，衡量制造业水平的标准和反映竞争力的核心要素正在重塑。长江经济带发展中仍有许多问题，如数据产权、交易流通、跨境传输和安全保护等，需要通过设立新的制度和标准加以规范。

协同推进降碳、减污、扩绿、增长，把产业绿色转型升级作为重中之重，培育壮大绿色低碳产业，积极发展绿色技术、绿色产品，提高经济绿色化程度。支持生态优势地区做好生态利用文章，把生态财富转化为经济财富。把自然优势转化为产业优势，把生态优势转变为发展优势，实现自然资源价值和自然资本保值增值，实现经济社会生态效益有机统一，增强发展的潜力和后劲。

长江经济带并非某个地区的单打独斗，而是一个庞大复杂的系统工程，是生产要素、资源环境与生产方式系统性、整体性变革，需要在新形势下重新"洗牌"。要坚持创新引领发展，把长江经济带的科研优势、人才优势转化为发展优势，开辟发展新领域新赛道，塑造发展新动能新优势，建设动能更强劲、活力更充沛、魅力更无限、前景更广阔的美丽城乡，形成资源节约型、环境友好型的发展方式和生活习惯。

5. 坚持更高水平开放发展，共建绿色"一带一路"

始终坚持开放发展、共赢发展，努力推进比较优势不断提高、产业分工不断完善和合作共赢不断增强的经济带。加强与发达国家的合作与交流，将长江经济带放在全球经济分工合作中加以考量，提高全球价值链的包容性和分工效率；加强与发展中国家合作，既向他们提供中国技术、中国经验，又增强我国要素资源优势。以"一带一路"建设为重点，坚持"引进来"与"走出去"并重，深化开放合作，使中国式现代化过程成为中国企业提升全球竞争力过程，为全球文明贡献中国智慧中国范例。

必须坚持以国内大循环为主体、建立全国统一大市场，国内国外循环相互促进形成新发展格局。必须坚持全面深化改革，解放和发展社会生产力，着力破除阻碍我国新型工业化和新型城市化发展层次和水平提升的体制机制障碍，为现代化强国建设提供不竭动力。

习近平总书记的重要讲话和党中央关于长江经济带发展的决策部署，是长江经济带高质量发展的基本遵循；长江经济带具有横贯东西、承接南北、通江达海的独特优势，长江经济带的高质量发展和生态环境的高水平保护，各地要坚定信心，保持历史耐心和战略定力，围绕当前制约长江经济带发展的热点、难点、痛点问题开展深入研究，一张蓝图绘到底，一茬接着一茬干，确保一江清水绵延后世、惠泽人民。发挥示范作用，发展形成具有中国特色的范式，贡献长江经济带的发展模式。

第六篇

典型案例篇

生态文明建设目标，一是美丽中国，二是永续发展。生态文明建设强调过程控制，美丽中国建设强调目标导向。在我国生态文明建设过程中，涌现了众多的典型经验和模式，作为其中的代表，既有"绿水青山就是金山银山"理念的发祥地安吉，也有从20世纪50年代开始建设的塞罕坝国有林场，还有从20世纪80年代开始探索的江西"山江湖"工程……所有这些，只是我国生态文明建设中的"一枝红杏"，却代表了美丽中国建设的前进方向。

第十八章
生态文明建设试点与典型模式

从 20 世纪 80 年代起，中国开始探索可持续发展的实践路径。江西
"山江湖"工程便是其中之一。1983 年，江西省人民政府组织 600 多名
专家对鄱阳湖和赣江流域进行综合考察，并提出了"治湖必须治江、治江
必须治山、治山必须治穷"的思路，形成了水田农林复合生态经济、湖区
治虫与治穷结合等开发模式。《实施可持续发展战略贵在科学实践》一文
中指出："始于（20 世纪）80 年代初期江西'山江湖'开发治理工程，
是实现经济与环境协调发展的一次重要探索与实践，是一项以可持续发展
为目标的艰巨浩繁的跨世纪工程。"

一、生态文明建设试点示范

1.国家发展改革委等多部门联合推动的生态文明示范区建设

"十二五"期间，国家多部门联合推动两批生态文明建设国家试点。
2013 年 12 月，国家发展改革委联合财政部、国土资源部、水利部、农业
部、国家林业局等部门，发布《关于印发国家生态文明先行示范区建设方
案（试行）的通知》，第一批先行示范区的省、市、县有 55 家。通知要求，

通过试点探索"基本形成符合主体功能定位的开发格局，资源循环利用体系初步建立，节能减排和碳强度指标下降幅度超过上级政府下达的约束性指标，资源产出率、单位建设用地生产总值、万元工业增加值用水量、农业灌溉水有效利用系数、城镇（乡）生活污水处理率、生活垃圾无害化处理率等处于全国或本省（市）前列，城镇供水水源地全面达标，森林、草原、湖泊、湿地等面积逐步增加、质量逐步提高，水土流失和沙化、荒漠化、石漠化土地面积明显减少，耕地质量稳步提高，物种得到有效保护，覆盖全社会的生态文化体系基本建立，绿色生活方式普遍推行，最严格的耕地保护制度、水资源管理制度、环境保护制度得到有效落实，生态文明制度建设取得重大突破，形成可复制、可推广的生态文明建设典型模式"。

2014 年 3 月 10 日，国务院印发《关于支持福建省深入实施生态省战略加快生态文明先行示范区建设的若干意见》。该意见成为福建省生态文明建设的行动纲领。

2015 年 12 月 31 日，国家发展改革委联合科技部、财政部、国土资源部、环境保护部、住房城乡建设部、水利部、农业部、国家林业局等部门，发出《关于开展第二批生态文明先行示范区建设的通知》，同意北京市怀柔区等 45 个地区开展生态文明先行示范区建设工作，提出了明确目标责任、积极推进制度创新、加强与"十三五"规划衔接、抓好重点项目实施、健全工作机制、总结报送工作进展等方面的要求。

"十三五"期间，国家级生态文明建设试点主要是省级。2016 年 8 月，中共中央办公厅、国务院办公厅联合印发《关于设立统一规范的国家生态文明试验区的意见》，福建省、江西省和贵州省三省被确定为首批国家生态文明试验区。《国家生态文明试验区（福建）实施方案》要求："充分发挥福建省生态优势，突出改革创新，坚持解放思想、先行先试，以率先推进生态文明领域治理体系和治理能力现代化为目标，以进一步改善生态环境质量、增强人民群众获得感为导向，集中开展生态文明体制改革综合试验，着力构建产权清晰、多元参与、激励约束并重、系统完整的生态文明制度体系，努力建设机制活、产业优、百姓富、生态美的新福建，并为其他地区探索改革路径、为美丽中国建设作出应有贡献。"2017年10月2日，《国家生态文明试验区（江西）实施方案》和《国家生态文明试验区（贵州）实施方案》印发，分别对两省生态文明建设提出了要求。2018年4月，《中共中央 国务院关于支持海南全面深化改革开放的指导意见》发布，明确提出海南省作为国家生态文明试验区的要求。

2. 生态环境部（原环境保护部）推进的试点市县建设

2013年5月23日，环境保护部印发《国家生态文明建设试点示范区指标（试行）》通知。2017年9月21日，环境保护部在浙江省安吉县召开全国生态文明建设现场会，为第一批13个"绿水青山就是金山银山"实践创新基地、46个示范市县授牌。第二批生态文明建设示范市县于2018年贵阳生态文明论坛期间发布，45个示范市县获得授牌。

生态环境部以示范建设为载体和平台，大力推动生态文明建设试点示范，打造了一批生态文明建设的鲜活案例和实践样本。先后分六批在全国范围内命名了468个生态文明建设示范区，187个"绿水青山就是金山银山"实践创新基地；联合商务部和科技部开展了93个生态工业示范园区的创建工作，其中73家获得正式命名；面向生态文明建设基层和一线开展了3届中国生态文明奖评选，累计表彰94个先进集体、147位先进个人；联合全国人大环资委、全国政协人资环委、国家广电总局、共青团中央、中央军委后勤保障部军事设施建设局评选了11届共95位绿色中国年度人物。

创建主体通过一系列试点示范，实现了"三个走在前列"，即在改善生态环境质量、推动绿色发展转型以及落实生态文明体制改革任务三个方面走在区域和全国的前列；推动了"三个显著提升"，即显著提升了生态文明意识和参与度、人民群众获得感和幸福感以及建设美丽中国的信心；有力支撑了长江经济带发展、长三角一体化发展、黄河流域生态保护和高质量发展等区域重大战略，为打好污染防治攻坚战和建设美丽中国提供了坚实保障。

结合多年来的实践，对各地在推进生态文明建设中的一些典型案例和经验模式进行凝练总结，主要归纳出以下五种类型：

一是以体制机制创新为核心的制度引领型。例如浙江省丽水市示范引领全国生态产品价值实现路径；安徽省旌德县率先推进林权收储担保融资试点；福建省南平市在全国首创"生态银行"模式，构建"森林生态银行"；江西省武宁县在全国探索建立首家生态产品价值转化中心。

二是以绿色发展为核心的绿色驱动型。例如江苏省苏州市吴中区大力推行环太湖绿色发展"加减法"模式，以建设"减法"换生态"加法"、效益"加法"；贵州省贵阳市乌当区延伸产业链推动"生态＋"融合发展，全业态打造生态健康产业体系；天津市滨海新区中新天津生态城通过生态修复、产城融合、低碳发展等创新举措，从一片荒芜的盐碱滩涂蝶变成绿意盎然、宜业宜居的新城。

三是以守护绿水青山为核心的生态友好型。例如浙江省德清县探索出"九法治水"举措和河湖精细化管护模式；福建省永春县探索创建"全域生态综合体"建设模式；福建省长汀县探索出适宜南方水土流失治理的新模式；云南省洱源县推进洱海保护治理"七大行动"。

四是以提升生态资产为核心的生态惠益型。例如山东省长岛县依托海洋特色生态养殖打造"两山"理念海岛模式；吉林省集安市发展以人参精深加工为主的大健康产业；安徽省潜山市依托天柱山释放"生态红利"带动全域旅游发展；重庆市巫山县依托优良山地立体气候和生态资源，大力发展气候经济，实现"生态资源—生态产品—生态品牌—生态效益"良性发展。

五是以特色文化为基础的文化延伸型。例如，福建省泉州市鲤城区以"古泉州（刺桐）史迹申遗"推动文脉延续与生态理念融合；云南省元阳县哈尼梯田遗产保护区依托农耕梯田文化打造哈尼品牌；西藏自治区当雄县以"当吉仁"赛马节作为文旅标志；新疆维吾尔自治区特克斯县打造"世界喀拉峻·中国八卦城"品牌。

二、"绿水青山就是金山银山"的实现模式

"绿水青山就是金山银山"的理念，创造性就在于，不是用排他性眼光来看待经济发展和环境保护之间的关系，而是在绿水青山和金山银山之间打开一条通道，指出了一种兼顾经济与生态、开发与保护的发展新路径，要尽最大可能维持经济发展与生态环境之间的精细平衡，形成包括绿色消费、绿色生产、绿色流通、绿色金融等在内的完整绿色经济体系[①]。

要因地制宜，从实际出发，不能"一概而论"，更不能"一刀切"。将南方的阔叶树移到北方的城市、在"寸草不生"的山上不计代价地"种树"等违背自然规律的行为，不仅不能效仿，而且还应当禁止。沿着从绿水青山中开辟的这条道路，我们一定能让未来的中国既有现代文明的繁荣，也有生态文明的美丽。

1. 以"三江源"为代表的地区

这类地区，从全国生态功能区定位看，承担着全国性生态安全保障、生物多样性保护等功能，有些地方已经批准为国家公园。对这类地区应以生态补偿为主，也应依据功能区的划分留有一定的开发空间，也就是除核心区外，外围地区应在生态环境承载力之内进行必要的开发活动，以增加部分收入维持功能区的运营管理。理论上，生态系统是经济社会可持续的基础，将绿水青山转化为金山银山，实现生态与经济良性循环、互利多赢。绿水青山的生态效益会持续稳定、不断增值，是最大的财富、最大的优势、最大的品牌。

回应原本生活在"生态环境好、经济欠发达"地区群众收入提高的诉求，就应将生态系统服务价值转化为生态环境保护者、守护者、建设者的

---

① 《绿水青山就是金山银山（人民观点）——共同建设我们的美丽中国②》，《人民日报》2020年8月11日，第5版。

实际收入，这就需要采用一定的政策工具，如自然资源资产负债表、生态补偿、财政转移支付等。价值核算是前提，转移支付是途径，与绩效挂钩方能体现公平合理性。习近平总书记指出："要树立自然价值和自然资本的理念，自然生态是有价值的，保护自然就是增值自然价值和自然资本的过程。"只有让绿水青山守护者、建设者得到应有的报酬，使"劳动者有所得"，生态环境保护与修复才有持续性。"天育物有时，地生财有限。"这类地区，乃至更广意义上的自然资源开发利用必须尊重自然规律，必须控制在生态系统承载能力之内。生态环境没有替代品，用之不觉，失之难存。地球是我们人类的母亲，我们必须保护这个唯一家园。

充分挖掘绿水青山的经济效益，不是权宜之计，而是应对风险挑战、实现高质量发展的长久之策。当前，受世界经济衰退影响，我国发展面临前所未有的困难挑战。然而，越是面临困难挑战，越要增强生态文明建设的战略定力，越要向绿色转型要出路、向生态产业要动力。借助电商，贵州赤水的春笋、甘肃兰州的百合、湖北秭归的脐橙走出深山，走出乡村，极大地丰富了消费市场；城市近郊游、森林旅游、休闲康养等新兴旅游方式引领旅游热点，释放巨大商机；绿色产业能吸引大量就业，为落实保居民就业任务提供助力……抓住机遇、放眼长远、务实行动，我们定能在当前机遇与挑战并存的全新经济形势下，充分运用生态优势应对变局、开拓新局。

2. 以冰天雪地为代表的东北地区

不同于长白山原始林、次生林等的生态保护区，以及东北虎豹等生物多样性保护的国家公园；这些地区的"绿水青山就是金山银山"的实现途径，与江南地区并无二致。那么，利用好"冰天雪地"这一资源，也可以大有作为。

发挥"冰天雪地"资源优势，大力发展文化旅游产业，东北已进行了积极探索，并产生了"品牌"效应。例如，一年一度的中国·哈尔滨国际冰雪节与日本札幌雪节、加拿大魁北克冬季狂欢节、挪威奥斯陆滑雪节并列成世界四大冰雪节，吸引了大量国内外游客。齐齐哈尔的冰雪运动品牌，依托"中奥友谊滑雪场"奥悦碾子山国际滑雪场大力发展冰雪经济。

这些地区如何将"绿水青山就是金山银山"变现，发展形成"旅游一业兴百业"的产业格局，迫切需要解决持续发展问题。一是季节性明显，不仅是冰雕，沈阳和抚顺的漂流等，大多数时间处于"空闲"状态，缺乏旅游项目，需要创新思路。冬天北方人要到南方过冬，而南方人却想到北方感受"冰天雪地"，但如果没有值得一玩的旅游项目肯定不会有游客。二是避免短期行为。亚布力背负着"冰雪王国"和"宰客"的盛名，从默默无闻到空前火爆，再到旅客稀少，急切间面临着难以走出的"困境"。因此，加强对餐饮和住宿行业、旅游从业人员、导游员等业务培训和管理，推进旅游行业诚信体系建设，营造诚实守信的旅游氛围，十分重要而迫切。

3. 以"大漠孤烟直"为代表的西北地区

此处主要介绍库布奇的荒漠化治理。我国在荒漠化治理取得了举世瞩目的成就，以毛乌素沙地和库布其沙漠治理最为典型。荒漠化土地面积由 20 世纪末年均扩展 1.04 万平方千米变为现今年均缩减 2 424 平方千米，沙化土地面积由 20 世纪末年均扩展 3 436 平方千米变为现今年均缩减 1 980 平方千米，实现了由"沙进人退"到"绿进沙退"的历史性转变。

以伊利资源集团为代表的相关企业，发挥了荒漠化防治的积极作用。初期，伊利采取的措施，一是以路划区、分块治理，先修建纵横交错的公路，沿路通水、通电、通讯，路两侧扎网障固沙，飞机飞播牧草绿化、种树种草种药材，构成路、电、水、讯、网、绿六位一体的防沙绿化格局。二是锁住四周、渗透腹部和南封、北堵、中切割，在库布其沙漠北缘、黄河南岸建设防沙护河锁边林带，减缓了泥沙向黄河倾泻。迄今，库布奇荒漠化地区已治理了 6 000 多平方千米沙漠，控制荒漠化面积 10 000 平方千米，发展形成了相应的沙产业。主要包括：一是大规模种植既能防风固沙又有药用价值的甘草、肉苁蓉、藻类等，形成了有益健康的"天然药圃"。二是联合其他企业建设库布其的清洁能源基地，发展清洁能源、生物质能源、光伏产业。此外，还有基于自然风光的旅游产业。

总体上看，西北地区的旅游业类型众多，包括滑沙（宁夏的越野车冲砂）、内蒙古的成吉思汗陵等旅游项目，基本特征大致相似。需要提出的是，在"寸草不生"的西北山上种树种草，是不符合自然规律的。生态文明建设应当遵循节约优先、保护优先、自然恢复为主的基本方针，尤其是干旱地区，更应考虑水、气、光等自然要素的科学合理利用，给自然留下更多修复空间，形成人与自然和谐共生的新格局。

4. 以石漠化治理为代表的西南喀斯特地区

南方喀斯特地区，既有"甲天下"的桂林山水，也有石漠化比较严重的地区，主要分布在贵州的一些山区。"石漠化"表现为，山上没有土壤或只有很少土壤，自然状态下几乎没有植被却生活着不少贫困人口，水资源高效利用、土壤侵蚀和肥力保持、农作物品种选择等一些问题，成为居民生活的最大挑战。

贵州省是"十三五"国家生态文明建设试点省，而位于黔东北的印江县是全国生态文明示范工程试点县。印江县在生态文明建设中积极探索，形成了石漠化治理的典型经验，以朗溪镇石漠化治理最为典型。经过地方政府、中科院贵阳地化所专家和当地农民20多年的共同奋斗，建立了种苗培育、生产加工、市场营销于一体的产业体系，加强村庄生态治理，发展乡村旅游，形成了"山上茶园、山腰果园、山麓菜园、山下菌园"的产业发展格局。政府制定规划，争取项目完善基础设施；群众充分发扬"宁愿苦干实干，不愿苦等苦熬"的精神种植经济作物；中科院地化所的专家科研团队给予科学技术支持。不仅使石山变成绿山，发展农村电商使绿山变成"智"山，成为群众增收致富的"金山"，发展乡村旅游还吸引了大量的游客，使石山成为群众安居乐业的"乐山"，创造了"石旮旯里的绿色奇迹"。

5. 以矿山复垦为代表的地区

矿山复垦，在我国已有了多年实践，一些地方还做得比较成功。总体上看，每个地方的塌陷治理思路、方法不一样，如唐山将塌陷区用于堆放城市生活垃圾，淮南则将塌陷区改造成湖泊，进而发展养鱼、发展旅游等产业，这就是因地制宜的治理结果。

矿山复垦等生态修复的目的在于，因为原有生态平衡已被打破，单独依靠自然恢复很难逆转，或逆转周期较长，必须借助适度的人工修复措施。通过对退化、损害或破坏的自然生态系统的改善、恢复或重建，以增强其自我调节、自我修复功能，维护生态平衡。需要提出的是，改变"以平整土地为基调"的做法，利用好人工影响后的景观，按照山水林田湖草沙系统治理思想，统筹考虑自然生态各要素、山上山下、地上地下、陆地海洋及流域上下游，进行整体保护、系统修复和综合治理，不断增强生态系统承载能力，形成旅游业、废弃矿坑开发、健康养生产业发展的新格局。

三、美丽城乡建设需要公众参与和行动

习近平总书记指出，生态文明建设正处于压力叠加、负重前行的关键时期。就现实情况来看，区域城乡生态环境保护还不均衡，各地推行垃圾分类的效果不尽如人意，新业态带来的污染也不容忽视。因此，让绿色发展的决心、公众环保意识转化为人人、事事、时时的有效行动和生活习惯，补上生态发展的短板，还需要持之以恒的努力。

环保意识不断提升。生态环境部发布的《公民环保行为调查报告》显示，66.88%的受访者讨论过"绿水青山就是金山银山"等生态文明理念；71.97%的受访者在购买家电时，经常会选择节能家电；69.04%的受访者会采用绿色出行方式。节能环保、绿色低碳已融入人们日常生活、工作、学习的方方面面，崇尚和参与生态文明建设的社会氛围逐步形成。

1. 激发群众有序参与的力量

生态环境是最公平的公共产品，生态文明是人民群众共同参与、共同建设、共同享有的事业，每个人都是生态环境的保护者、建设者、受益者，

没有哪个人是旁观者、局外人、批评家，谁也不能只说不做、置身事外。公众参与环境保护，离不开宣传教育。世界环境保护的最初推动力量来自基层民众的环境觉醒，没有公众参与就没有世界环境保护运动。1985 年第一次在全国范围开展"6·5"环境日宣传活动，1990 年公布《中国环境状况公报》，1993 年启动"中华环保世纪行"活动，成为我国公众参与和环境信息披露的重要组成。2005 年圆明园湖底防渗工程，成为公众参与决策的标志性事件。2007 年第一次实时发布环境质量监测数据，公众了解到环境质量及其对健康的危害。

公众参与，形成美丽中国全民行动的格局，是党的十八大以来推进生态文明建设的一个鲜明特色。除了环境监管体系、经济政策体系、法治体系和能力保障体系外，社会行动体系也是生态环境治理体系的重要一环。中央环保督察制度运行以来，从开通举报电话，到一线实地暗访，中央环保督察组把与当地群众密切互动作为重要工作方法。建设美丽中国，既需要政府自上而下的制度设计，也需要群众自下而上的全民行动，形成人人参与的强大合力。

美丽中国呼唤全民行动，不仅是一种环境治理智慧，也是一种生活方式，更意味着一种生态文明建设的主人翁意识。政府部门应该进一步转变施政观念，不能把群众的自发监督视为洪水猛兽，甚至带着抵触情绪看待群众监督，而应该畅通渠道，吸纳群众有序参与环境治理，把民意民心转化成环境治理的良性力量。对企业而言，应该进一步转变经营观念，不能把经济效益作为唯一目标，甚至为了追求利润而不惜牺牲生态环境，而应该更多承担起企业社会责任，从源头把好治理污染的第一关。对社会公众而言，应该进一步增强责任观念，不能有"搭便车"的心理，期待别人环保而自己享受是不行的，应该拿出实际行动，贡献属于自己的一份力量，最终形成集腋成裘、聚沙成塔的效应。政府有序引导，社会、企业和公众有序参与，才能形成共襄生态文明、咸与环境治理的良性格局。

环保动力来自公众参与，成效在于公众参与，推动环境治理从政府主导到全民参与，是建设美丽中国的关键环节。唤醒植根于公众心底的环保意识，宣传教育必不可少，但仅靠宣传教育还远远不够。近年来，把环保纳入政府绩效考核，对造成生态环境和资源严重破坏的，实行终身追责；借助互联网信息技术，对企业实行全流程监管，类似创新举措在激发政府、公众、企业参与主动性上颇具成效，需要进一步加强，做到久久为功。①

"积力之所举，则无不胜也；众智之所为，则无不成也"。生态文明建设同样需要团结一切可以团结的力量。全民行动起来，各尽其责、久久为功，汇集最强大的"绿色合力"，蓝天白云、繁星闪烁，清水绿岸、鱼翔浅底的美丽中国画卷就指日可待。

2. 生活方式绿色化

生活方式绿色化体现在人的衣、食、住、行、游等方面向勤俭节约、绿色低碳、文明健康的方式转变②。

在"衣"的方面，人诞生以来，"衣"的功能不断变化，从遮羞、保暖到美观。追求美观成为现代服装的重要功能，"人靠衣裳马靠鞍"就是经典表述。在西方，炫耀性消费已不受待见，逐步向保暖功能回归；而我国的少数人仍在追逐奢侈性、炫耀性消费。一些西方奢侈品企业包括顶级时装企业竞相"为中国制造"奢侈品。不少国人出国旅游的兴趣之一是购买奢侈品和顶级时装。鉴此，应倡导勤俭节俭意识，避免过度消费；倡导将自己已经不用但质量仍好的衣物捐赠给需要的人，减轻生态足迹。

在"食"的方面，食乃"果腹"也。在"吃不饱"年代，"画饼充饥"是人们的口头禅，解决吃饭问题成为国家的头等大事。近年来，营养过剩成为人们关注的焦点，我国每年"大吃大喝"带来的餐桌上浪费超过2 000亿元。新一届中央领导集体加大了反对铺张浪费、大吃大喝方面的

①桂从路：《美丽中国，人人是建设者》，《人民日报》2018年6月4日，第5版。

②钱易：《以绿色消费助推生态文明建设》，《人民日报》2015年6月11日，第11版。

治理力度，并取得显著成效；"谁知盘中餐，粒粒皆辛苦"成为许多餐厅、食堂墙上的标语和人们的行为指南。事实上，人胖了再"减肥"是多重浪费，因而应当以营养结构合理的食物代替高糖、高脂肪、高热量食物；坚决不吃珍禽异兽，保护生物多样性。

在"住"的方面，"居者有其屋"，一直是历代仁人志士的动员口号和国人的努力目标，全面建成小康社会必须让广大群众"住有所居"。人均居住面积是一国或一地发展水平的重要指标。改革开放以来，特别是新世纪以来，我国人均居住面积迅速提高，现已达到欧盟国家的平均水平。因此，应理性认识住房大小，毕竟"睡觉只要一张床"。人均居住面积和人口数量直接关系土地占用面积、建筑材料和能源、水资源消耗，与污染物排放也密切相关。我们应当自觉承担环保责任，不能只考虑"安乐窝"而不管不顾生态环保。

在"行"的方面，随着我国经济的飞速发展和人均收入水平的提高，小汽车保有量迅速增长，2014 年机动车保有量超过 2 亿辆。"堵车"成为一些城市的"常态"，由此带来的油品进口增加、石油对外依存度攀升以及城市大气污染严重等问题凸现。如果我国人均小汽车保有量与美国一样，4 个人 3 辆车，届时中国私人小轿车数量将达 11 亿辆，比目前世界上的汽车总量还要多；所修建停车场和道路需要的土地面积，大约相当于我国水稻田总面积；每天耗费的汽油比目前世界汽油总产量还要多；再考虑产生的污染和交通堵塞，这样的消费模式带给中国人民的将不是幸福而是灾难。因此，应大力发展公共交通，大力发展新能源汽车等绿色交通工具，倡导绿色出行，应多骑自行车，不能一味追求汽车数量。

在"游"的方面，随着我国城乡居民生活水平的提高，旅游成为一种时尚，不仅在于"行万里路"，也是丰富业余生活、打发休闲时间的不错选择。然而，少数人在旅游中，随手乱扔垃圾、踩踏草坪，乱刻乱画、在公共场所大声喧哗等，这些有失东方文明"文明"的举止必须改变。应当加强宣传教育，提高公众素质，在旅游中自觉做到"除了照片什么也不要带走，除了脚印什么也不要留下"，在公共场所不随地大小便，自觉保护生态环境，自觉维护公共秩序；实施"黑名单"制度，将不文明的人和行为记入"黑名单"，以树立中华民族保护环境、爱好文明的良好形象。

绿色消费成为居民优先选择。推广高效照明等绿色节能产品，鼓励全社会选购节水型水龙头、节水马桶、节水洗衣机等节水产品，加大新能源汽车推广力度，加快电动汽车充电基础设施建设。开展创建绿色家庭、绿色学校、绿色社区、绿色商场、绿色餐馆等行动，合理控制夏季空调和冬季取暖室内温度。使用节能家电、就餐中自觉践行光盘行动、少用一次性餐具等，摒弃过度消费和用后即扔的不良习惯，广泛参与垃圾分类活动，绿色消费、低碳出行成为广大居民的自觉选择，勤俭节约、绿色低碳、文明健康的生活方式和消费观念正在形成。绿色消费拉动生产过程的绿色化，基本形成节约能源资源和保护生态环境的产业结构、增长方式、消费模式。

良好生态环境是最公平的公共产品，人人都是受益者，人人也都是参与者。一个人的力量或许有限，但乘以 14 亿这个基数，就能迸发出建设美丽中国的磅礴伟力。增强绿色低碳意识，将环保融入日常生活，从爱惜每一滴水、节约每一粒粮食做起，从随手关灯、绿色出行等点滴小事做起，从"我"做起，绿色方能成为动人的色彩，美丽中国方能铺展开新的画卷。

绿色发展、建设美丽中国，功在当代、利在千秋，是中华民族永续发展的千年大计。只有完善体制机制，发挥企业家的主观能动性，才能实现经济社会可持续发展。

第十九章
大力发展低碳经济助力美丽江西建设

江西省作为首批国家生态文明试验区，率先发布实施意见和方案。2022 年 3 月发布《关于完整准确全面贯彻新发展理念做好碳达峰碳中和工作的实施意见》，7 月发布《江西省碳达峰实施方案》。降碳、减污、扩绿、增长协同推进作为美丽提质、增效和赋能的战略途径纳入了《美丽江西建设规划纲要（2021—2035）》，成为塑造"新时代绿水青山、人与自然和谐共生的江西画卷"的重要抓手，并提出要"推动低碳零碳负碳技术实现重大突破"和"持续推进低碳零碳负碳和储能关键核心技术攻关"。如能提前布局，江西省就有可能在"双碳"赛道上获得先发优势，在碳中和实现期内完成弯道超车。

一、江西低碳产业的比较优势与发展潜力

江西省作为首批国家生态文明试验区，具有以实现碳中和为导向进行经济社会系统性变革的天然优势和创新机遇。国家生态文明试验区为"双碳"工作提供了平台，为"双碳"工作提供了政策创新机遇；"双碳"也使生态文明试验区的建设目标更加明确、路径更加清晰。

江西省在全国省域水平上存在较为明显的降碳增汇优势，有着良好的潜力机遇。江西省由本地能源生产和消费所带来的碳排放规模由 1990 年的 0.36 亿吨快速攀升到 2020 年的 2.52 亿吨，年均增长 6.7%，低于 GDP 年均 14.6% 的增长率。2018 年以来碳排放增速趋缓，开始进入平台期。2020 年江西省二氧化碳排放约占全国总量的 2.55%；人均排放在 5.57 吨，为全国平均水平的 79.6%。在碳排放强度方面，由 1990 年的 8.39 吨 / 万元 GDP 下降到 2020 年的 0.98 吨 / 万元 GDP，基本与全国平均水平持平。在碳汇方面，江西省有着全国第二高的森林覆盖率，碳汇潜力明显。碳源与碳汇的正向叠加效应，给江西省实现碳达峰、碳中和目标留下足够灵活的时间和空间。

江西省能源供给侧和能源消费侧的发展基础都有助于形成面向碳中和的新的产业增长点和科技制高点。在能源供给侧方面，江西省 2020 年可再生能源的比重约 22%，非水电能源约 9%。在能源低碳转型所依赖的金属方面，不仅有稀土、锂和铜等关键战略金属资源，也有着全国领先的光伏和锂电等产业。在终端电气化产业方面，江西省有全国知名的航天航空、现代装备和生物医药等新兴战略产业；这些产业是低碳转型中的引领和支撑产业，具有显著的碳中和优势。江西省不仅要量化这些产业尤其关键金属资源产业的碳中和潜力，更为重要的是要加速布局这些产业，形成以碳中和技术群为核心的产业集群。

江西省与鄱阳湖流域的高度重合，为碳达峰、碳中和提供了更好的策略组合空间。流域既是汇水区的边界，更是文明存在体的社会经济边界，布局有生产、生活和生态。在流域内，能源供给侧有风光水电储一体化，能源消费侧有工业、农业、建筑、交通和服务业等，也分布有山水林田湖草生命共同体。鄱阳湖流域面积与江西省省域面积的重合度高达 97%，两者的高度重合使得碳中和更需要考虑流域的生态安全和韧性发展，更需要采取基于自然的碳中和解决方案，从而可以通过生态强化所获得的碳汇优势赢得发展竞争优势。

另一方面，江西省也存在碳"双控"与发展转型之困。能源供给侧的风光水热资源禀赋短板明显，近期难以扭转对外部化石能源的高度依赖；低碳零碳负碳产业潜力巨大，但稀土和锂等关键战略金属尚未形成完整产业链，集聚效应远未发挥；生态和土壤碳汇潜力巨大，但相应负碳产业并没有得到系统培育。总之，江西省要把握碳"双控"转变所带来的弯道超车机遇，需要切实加强技术创新与政策创新，在低碳零碳负碳产业上取得实质性突破。

二、江西低碳产业发展的思路与路径

坚持以习近平新时代中国特色社会主义思想和生态文明思想为指导，深入贯彻国家和江西省关于"双碳"工作的战略部署，明确低碳零碳负碳产业的发展方向、战略布局、技术路线图和实施路径。在能源供给侧优先发展零碳能源产业，改造发展低碳化石能源产业，大力发展生物能源负碳产业。在生产侧，充分发掘战略金属资源优势、构筑世界级产业链；发挥江西省生态优势，加速生物基产业和负碳产业集聚；围绕数字经济打造零碳战略性新兴产业集群；因地制宜，有序推进低碳零碳负碳产业向园区集聚。在碳汇侧，依托丰富的森林资源加快发展农林碳汇产业，依托红壤土改造大力发展土壤碳汇产业，依托鄱阳湖培育发展湿地碳汇产业；大力促进数字赋能智慧降碳、管理协同增效降碳和基础设施耦合降碳，建立环鄱阳湖负碳产业集聚示范区，促进低碳零碳负碳产业发展格局快速形成。

1. 能源领域的低碳零碳负碳产业发展

坚持减煤、控油、稳气、增电、发展新能源，稳妥有序推进能源结构调整，推动能源供给低碳化。重点突破传统火电清洁高效利用、生物质掺烧、高效光伏电池组件、光伏建筑一体化、规模化高效储能、光储直柔供配电关键设备与柔性化、数字能源等关键技术。加强新型储能系统推广应用，推动电化学储能、压缩空气储能、飞轮储能等技术多元化应用，发展"新能源＋储能"。推动风光火氢储一体化，发展多元融合、多能联供的新型电力系统。

因地制宜拓展氢能应用场景，推动氢能在交通、发电、工业等领域的多元应用，积极部署氢能产业链试点示范，打造昌九—宜春（丰樟高一线）"氢走廊"。

大力发展生物能源负碳产业（BECCS）。通过"生物质利用＋CCS/CCUS"技术组合，实现从生物质原料产生到利用全过程的负碳排放。

2. 流程工业领域的低碳零碳负碳产业发展

推动钢铁、有色、石化、造纸、建材、食品、印染等传统产业开展绿色低碳工艺流程再造和低碳产品升级。

钢铁：节能降碳、氢冶炼、电炉炼钢、零碳工业流程再造

有色：节能降碳、熔盐电解、再生金属、零碳工业流程再造

石化：电氢驱动、绿氢工艺、绿电工艺

建材：低碳水泥、低碳建材

重点支持江铜、稀土集团、赣锋锂业、晨鸣造纸和海螺水泥等产业链龙头企业发展低碳零碳负碳产业。

3. 装备工业领域的低碳零碳负碳产业发展

以洪都航空、中国商飞、江铃汽车等骨干企业为引领，积极培育新型复材产业，发展高端金属复合材料，加快壮大汽车和新能源、航空产业链。

依托华辰等电子产业链龙头企业，重点研发高效蓝光 OLED、低能耗MOCVD 设备、低碳电子产品等。

4. 碳汇产业

发挥生态优势，加速生物基产业和负碳产业集聚。大力发展生物经济，推动生物技术赋能健康、农业、林业、能源、环保等产业发展。依托丰富的森林资源加快发展森林碳汇产业，前瞻布局生物质利用＋碳捕集与利用等负碳产业。

发展生态减碳增汇农业，探索低碳农业发展模式，优化农业生产优

化农作物水分管理和施肥方式，结合设施农业项目建设试点农光互补、渔光互补模式，加强畜禽粪污处理和秸秆综合利用，降低农业生产化石能源消耗。

依托红壤土改造大力发展土壤碳汇产业。研发共轭土突破性关键技术，培育土壤碳汇产业，系统解决水气土生自然碳循环瓶颈，提出基于自然的碳中和解决方案。

依托鄱阳湖培育发展湿地碳汇产业，建立环鄱阳湖负碳产业集聚示范区。

5. 强化产业链链长制，大力打造低碳零碳负碳产业链

战略金属产业链。充分发掘稀土、锂、铜战略金属资源优势、构筑世界级产业链。加速布局零碳能源金属新材料产业；做大做强产业链，构筑世界级产业链；高度重视战略金属开采、生产和加工过程的降碳减污协同增效；强化降碳政策设计，量化出江西战略金属对于国家降碳的贡献。

石油化工产业链。依托九江石化芳烃项目和下游乙二醇和聚酯项目，建成炼油 +PX+PTA+PET+ 终端产品的一体化产业链。

纺织服装产业链。围绕建设国家级产业链目标，着力打造中国最大纤维素纤维产业基地、中部地区最大羽绒服装产业基地。

新材料产业链。加快推进新材料产业链集群发展，着力打造世界硅都、中国最大玻纤及复合材料产业基地。

绿色食品产业链。加快构建规模体量大、协同配套好、质量层次高、支撑带动强的现代低碳农业产业体系。

6. 数智赋能智慧降碳

奋力打造长江中游地区数字产业化集聚区和产业数字化示范区。探索开展碳排放痕迹溯源试点，推动全链低碳化，提升产业整体绿色竞争力。

推动数字技术与实体经济深度融合，加快产业数字赋能降碳，打造一批智能低碳工厂、智慧低碳园区与数字升级示范，推进工业领域数字化智能化绿色化融合发展，加强助力重点行业和领域技术改造。

加快推进能源大数据中心建设，强化能源统计分析、运行监测、预测预警等服务。以多能互补的清洁能源基地、源网荷储一体化项目、综合能源服务、智能微网、虚拟能效电厂等新模式新业态为依托，开展智能调度、能效管理、负荷智能调控等智慧能源系统技术示范。

推动数字技术与碳金融深度融合，利用大数据、人工智能等数字技术提升投资决策、量化交易、投／贷后管理、客户管理、信息披露等业务的精度和效率。

7. 管理协同系统降碳

积极推进"双碳"体制机制改革系统集成，整合能耗"双控"、碳排放"双控""两高一低"项目"一站式"审批等职能职责。完善统计监测机制，提高碳排放统计核算水平，建立健全数据衔接、共享及联动机制。

主动融入全国统一的能源市场建设，大力推动多层次统一电力市场体系建设，积极参与全国碳排放权交易市场建设。

加快培育引进第三方低碳环保服务机构，形成低碳专业服务市场。培育"双碳"市场主体，鼓励重点企业开展碳资产管理，打造一批技术领先、管理精细、服务优质、品牌过硬的节能减碳、生态环保装备制造和涉碳服务企业。

推动碳金融产业健康发展。推进绿色金融、普惠金融、供应链金融、碳金融建设。创新新能源、绿色制造、森林碳汇等生态产品为标的物的绿色信贷，为碳减排交易的企业和碳交易项目提供融资支持。

8. 加速推进零碳近零碳示范区建设

江西省的国家级园区主要是以电子信息、汽车及零部件、新材料、食品饮料、医药为主导产业；省级开发区的主导产业以传统的制造业为主，尤其是占比最多的食品行业。遵循园区发展本质，做好碳与经济双循环驱动，因地制宜发展低碳零碳负碳产业，通过耦合再造，打造低碳零碳负碳产业集聚高地。

积极培育光伏新能源、绿氢、储能等零碳产业，开展零碳产业园区试点建设。积极推进钢铁、有色与化工、电力、建材等行业耦合发展，提高钢渣及余热资源综合高效利用，构建低碳零碳产业共生体系。

推进绿色园区、生态工业示范园区、园区循环化改造与低碳园区的深度融合。持续推进开发区"腾笼换鸟"攻坚行动和集群式项目"满园扩园"行动。在开发区探索"能源碳效码"机制。

开展试点示范。开展多领域多层级低（零）碳试点，打造一批省级低碳示范园区、"双碳"产业示范区、零碳负碳产业集聚区和各类绿色低碳示范基地。建立环鄱阳湖负碳产业集聚示范区，促进低碳零碳负碳产业发展格局快速形成。

三、鹰潭高新区探索智铜碳合的发展模式

鹰潭国家高新技术产业开发区，前身为鹰潭市工业园区，成立于2001年6月，2002年7月动工建设，2003年9月，鹰潭市委、市政府赋予开发区行使县级经济及社会事业管理职能。2006年3月获批为省级工业园区，2011年5月20日更名为江西鹰潭高新区，2012年8月经国务院批准，升级为国家高新技术产业开发区。先后创建了国家专项试点示范基地、国家循环化改造示范试点园区、国家级绿色园区、国家新型工业化产业示范基地、国家城乡融合发展试验区、江西省首届营商环境十佳工业园区和江西省绿色园区。依托移动物联网产业的发展，高新区成功获批鄱阳湖国家自主创新示范区、国家网络安全"高精尖"技术创新试点示范区、国家科技资源支撑型双创特色载体、国家战略性新兴产业（下一代信息网络产业）集群和省级重点工业产业集群、省产业数字化转型促进中心、省级物联网产业综合创新服务体；移动物联网产业园成功获批为省级产业园和省级大众创业万众创新示范基地。

自2022年获批江西省首批碳达峰试点园区以来，高新区以打造低碳铜都为核心，依托优势生态资源，以建设生态文明为目标，探索工业园区

碳达峰模式。

1. 全面梳理，掌握碳排放的基本规律

在市委、市政府的坚强领导下，2022 年高新区迈上"千亿园区"新台阶。同时，在碳减排方面也取得了可喜变化。一是碳排放逐步"脱钩"。经测算，2022 年高新区工业碳排放总量 37.7 万吨，与 2020 年相比碳排放增幅为 14.74%，与 2021 年相比仅增长 0.75%，反映出虽仍处于碳排放上升通道但已展现出逐步"脱钩"的良好趋势。二是碳排放强度稳步下降。2020 年，万元 GDP 二氧化碳排放量 0.66 吨，2022 年为 0.60 吨，下降 9.1%。工业增速大大高于碳排放增速；过去 5 年的工业增幅年均为 12%，而碳排放年均增幅为 6.45%，碳排放增速约为 GDP 增速的一半，表明高新区发展正由要素驱动逐步转向为创新驱动。三是碳排放结构逐渐趋优。首先，电力消费碳排放占比攀升，由 2020 年占比 86.8% 升至 2022 年的 88.7%，天然气消费占比相应下降，电气化趋向明显；其次，能源碳排放系数逐年降低，由 2020 年的 4.38 吨二氧化碳 / 吨标准煤下降至 2022 年的 4.22 吨二氧化碳 / 吨标准煤，反映出高新区绿电比例增加，新能源建设开始发挥作用。

对标国家和江西省 2030 年前实现碳达峰的战略部署，高新区也面临不少问题和挑战：一是碳排放总量仍将刚性增长，高新区经济总量刚跨越千亿，致力于向两千亿目标奋进，发展对能源和碳排放的需求旺盛；随着新招引项目投产，碳排放规模将处于上升通道。二是碳排放强度下降难度大。目前结构占比最高的主导产业铜产业虽然偏粗偏重，但大部分企业尤其粗铜加工企业"双碳"意识开始增强，已经摘掉了不少碳减排"低悬的果实"，下一步节能降碳难度变大。存量减排需要逐步让位于增量减排，优结构降强度任务很重。三是绿色能源可开发空间较小，开发区只有厂房屋顶资源，光伏屋顶项目总量有限，林地资源不足，辖区内未来实现碳中和难度很大。

2. 科学谋划，明确碳达峰的主要目标

高新区成功获批省级碳达峰试点园区，坚持实事求是、尊重规律、把控节奏，稳妥推进碳达峰试点工作。根据专业机构的初步测算，高新区的主要目标是，力争到 2025 年，一是持续推动产业能级优化提升，大力推动主导产业智能化、高端化、绿色化，力争碳排放强度达到 0.50 吨 / 万元；二是持续推动能源结构明显优化，新能源和清洁能源占比逐步提高，非化石能源占一次能源消费比重达到 18.5%；三是持续推动绿色低碳技术研发和推广应用取得突破，绿色生产生活方式普遍推行，有利于绿色低碳发展的体制机制逐步完善，全力打造可复制能推广的高新区碳达峰模式，力争到 2028 年实现碳达峰。

3. 积极探索，找准碳达峰的主要路径

在认真学习《关于完整准确全面贯彻新发展理念做好碳达峰碳中和工作的意见》《2030 年前碳达峰行动方案》基础上，自觉服从服务大局，又立足地区实际，因地制宜完善"双碳"方案，明确了时间表、路线图，分阶段、分领域、分层次抓好实施，做到持之以恒，久久为功。一是坚定不移推动产业转型升级。积极引导铜产业转型升级，由高碳向低碳、由低端向高端升级；积极引导企业实施绿色化、信息化改造，发展绿色、低碳、循环经济，扎实推进制造业数字化智能化迭代升级，培育一批绿色工厂、绿色产品和绿色供应链企业，持续降低产业能耗；聚焦线缆线束产业、电子信息、新能源等重点产业，推进延链补链强链招商，以链条的有效延伸推动碳消耗持续降低。二是多措并举加大清洁能源利用。抢抓国家能源安全战略深入实施重大机遇，持续优化能源供应结构，扎实推进基础设施建设，不断提升能源利用效率。2025 年，装配式建筑占新建建筑比例达到 60%，厂房屋顶光伏发电装机容量达到 30 万千瓦。三是建设碳管理平台，探索数字化、智慧化"双碳"管理模式。围绕碳数据、碳优化和碳资产管理等主题，建设以高新区企业和政府为主要对象的碳管理平台。通过对铜产业"四位一体"、能源能耗、环保监测体系的集成，做到能、碳、污三类数据的协同监测，进而实现碳排放的精细化核算和溯源。四是积极主动引导企业群众参与。认真研究出台引导企业绿色生产、绿色发展的支持政策，探索绿色金融、科技金融等创新产品，引导企业家转变观念，强化"双碳"认识，形成发展自觉。同时积极倡导简约适度、绿色低碳、文明健康的生活方式，引导广大市民绿色低碳消费，鼓励绿色出行，促进资源节约和循环利用，增强全民节约意识、生态环保意识，不断增强人民群众对"双碳"工作的支持认同。

4. 大胆创新，塑造碳达峰的鹰潭高新区模式

实现"双碳"目标是一场广泛而深刻的变革。园区是由产业发展、基础设施建设和土地利用所形成的具有严格时序和定量依存关系的有机体。园区碳达峰的本质是将园区的发展纳入以碳定产的发展逻辑上来。

在试点过程中先立后破，大胆创新，系统推进产业发展、基础建设和园区管理的绿色低碳转型。一是在产业发展上围绕"转"做文章。要积极引导主导产业铜产业低碳转型升级，推动产业由高碳向低碳、由低端向高端转型升级，为全国高碳产业低碳转型提供样板。二是在基础建设上围绕"换"做文章。大力推进能源基础设施的零碳化，推进新能源建设和绿电；深化推进资源基础设施的低碳化，持续推进园区循环化改造，以循环经济助力降碳；积极推进生态基础设施的负碳化，借力鹰潭"海绵城市"建设，推进高新区环境低影响开发和碳汇建设，夯实高新区"双碳"工作的基础设施。三是在园区管理上围绕"变"做文章。通过高新区碳管理平台的建设和优化，以智慧赋能转变高新区管理体系和流程，探索高新区碳"双控"的一体化管理模式。未来，鹰潭高新区将继续深化工业互联网建设，推广绿色制造新技术、新工艺、新装备，不断探索工业互联网融合创新，推进碳达峰、碳中和标杆建设，形成面向全省乃至全国的产业数字化转型升级标杆示范园区。

四、赣州稀土产业的绿色低碳发展之路

赣州市位于江西省南部，是人民共和国的摇篮和苏区精神的主要发源地，有着红色故都、客家摇篮、世界钨都、世界橙乡等美誉。习近平总书记在视察江西省和赣州市时强调：绿色生态是江西最大财富、最大优势、最大品牌，一定要保护好，做好治山理水、显山露水的文章。

党的十八大以来，赣州市立足生态资源，纵深推进生态文明试验区建设，协同推进经济高质量发展和生态环境高水平保护，多措并举畅通"绿水青山和金山银山"双向转化通道，全市县（市、区）地区生产总值实现十年翻番，跻身全国百强城市，创造了山水林田湖草沙生命共同体建设"赣州经验"，形成了水土保持治理"赣南模式"、稀土产业绿色发展的"赣州路径"，缔造了革命老区绿色崛起新高地，实现生态文明与脱贫攻坚双赢。

赣州被誉为"稀土王国"，黑钨、离子型稀土资源储量世界第一。全市大力推进有色金属产业链发展，形成了从矿山采选、冶炼加工、产品应用到检测检验、研发设计的完整产业链，培育了中国南方稀土集团有限公司、江西金力永磁科技股份有限公司、赣州市开源科技有限公司、江西江钨稀有金属新材料股份有限公司等一批龙头企业，稀土钨新型功能材料产业集群获批全国首批战略性新兴产业集群，2021 年产业集群产值突破1000 亿元。目前在加快建设永磁变速器、永磁电机和硬质合金、电子级高纯金属材料生产基地，积极打造具有全球影响力的稀有金属新材料产业集群。

1. "壮士断腕"，"痛点"变"亮点"

20 世纪 70 年代初，因当时落后、低效的"露采—池浸"开采工艺，造成大面积"沟壑纵横，白色沙漠"的地形地貌，严重影响人民的生产生活。党中央、国务院高度重视赣南生态文明建设，特别是赣南等原中央苏区振兴发展战略实施以来，在项目、资金等各方面不遗余力地予以倾斜支

持。近年来，赣州市坚决贯彻落实习近平生态文明思想，感恩奋进，扎实肯干，将稀土矿山环境的保护与治理作为实现矿业经济可持续发展的保障性工程和改善生态环境的民生工程，以实际行动加快推进废弃稀土矿山治理工作。截至目前，赣州市已累计治理废弃稀土矿山 92.78 平方千米，废弃稀土矿山生态环境得到极大改观，历史遗留的废弃稀土矿山地质环境问题得到有效解决。

坚持"绿水青山就是金山银山"的理念，彻底摒弃"靠山吃山"思想，主动求变，铁腕治矿守护绿水青山，创新工艺保护优质资源，践行循环经济，走绿色发展之路。

提升资源掌控力度。将曾经散乱无序的稀土采矿权全部整合到赣州市属国有企业赣州稀土集团下属的赣州稀土矿业有限公司，原有 88 本稀土采矿许可证整合成 44 本，提高了资源集约节约利用水平，为下一步稀土产业持续发展打下了坚实的资源保障基础。

创新升级开采工艺。组织国内外顶尖技术力量对离子型稀土资源提取过程中的氨氮问题和原地浸矿技术适用性问题进行技术攻关，成功发明了新型无氨开采创新采矿工艺，用于取代传统氨氮技术，并成功通过院士专家团队的评审，新工艺大幅降低稀土开采过程中氨氮残留，采选综合回收率提高 10% 以上，提升了资源利用率，每年增加产值 2 000 万元以上。

产学研紧密结合。在建立国家级博士后科研工作站、检测检验中心和技术研究中心的基础上，2020 年 1 月 10 日，中国科学院和江西省共建的中科院赣江创新研究院在赣州挂牌成立，"稀土王国"江西赣州迎来科技创新"国家队"入驻，中国稀土集团有限公司整合了国内全部稀土产业链，并落户赣州，成为第一个落户江西的央企。赣州市稀土矿产业初步形成了产、学、研一条龙的良性发展模式，为赣州矿业经济发展提供了有力的技术支撑。

2. "刮骨疗毒"，"秃山"变"绿山"

赣州始终坚持"山水林田湖草沙是生命共同体"的系统理念，全面推进以生态问题治理和生态功能恢复为导向，改变以往"管山不治水、治水不管山、种树不种草"的单一治理模式，统筹推进水域保护、矿山治理、土地整治、植被恢复四大类工程，实现治理空间覆盖、治理时间同步、治理目标一致的全覆盖治理，真正让"废弃矿山"变成"绿水青山"。

山上山下同治。在山上开展地形整治、边坡修复、沉沙排水、植被复绿等治理措施，在山下填筑沟壑、兴建生态挡墙、截排水沟，确保消除矿山地质灾害隐患，控制水土流失。在较短时间让区域内水土流失大幅降低、土壤得到有效改良，生物多样性的生态断链得到逐步修复，再次呈现出大自然的勃勃生机。

地上地下同治。在地上通过客土、增施有机肥等措施改良土壤，平面、坡面作为光伏发电场地，或因地制宜种植猕猴桃、油茶、竹柏、百香果、油菜花等经济作物，为当地决战决胜脱贫攻坚作出了突出贡献。在地下采用截水墙、水泥搅拌桩、高压旋喷桩等工艺截流引流地下污染水体至地面生态水塘、人工湿地进行减污治理。

流域上下同治。上游通过稳沙固土、恢复植被，控制水土流失，实现稀土尾沙、水质氨氮源头减量。下游通过清淤疏浚、砌筑河沟格宾生态护岸、建设梯级人工湿地、完善水终端处理设施等水质综合治理系统，实现水质末端控制。最终实现了治理区域的流域水体氨氮含量削减 89.76%，河沟水质大为改善，确保全流域稳定有效治理。

3. 脱胎换骨，让"废矿"变"宝盆"

按照"宜林则林、宜耕则耕、宜工则工、宜水则水"治理原则，探索实践了"生态＋"的治理发展道路，将生态包袱转化为生态价值，推动生态产品价值实现。让昔日荒芜的废弃稀土矿山成为推动发展的"绿色银行"。

"生态＋工业"模式。成功治理赣州寻乌、安远、定南的连片稀土工矿废弃地，仅三个县就平整了建设用地 1 万多亩。昔日千疮百孔、满目疮痍的废弃稀土矿山，如今已变成了厂房林立、机器轰鸣的工业生态产业园，堰塞湖变成了生态人工湖，裸露的山体披上了绿装，特别是寻乌石排工业园已入驻企业 28 家，新增就业岗位 8 000 余个，直接收益 3.48 亿元以上，实现"变废为厂"，为当地经济的发展和决战决胜脱贫攻坚注入了强大的动力。

"生态 + 农业"模式。赣州信丰是"中国脐橙之乡"，更是享有"世界脐橙看赣南，赣南脐橙看信丰，信丰脐橙看安西"的美誉。信丰县安西镇以化肥减量增效为核心，通过土地平整、覆盖客土、改良土壤等方式，在昔日的废弃稀土矿山打造现代农业产业园（脐橙），成功助推了信丰脐橙生产的转型升级。

"生态 + 文旅"模式。以生态修复为依托、以美丽乡村建设为载体，寻乌县全面升级改造 G206 国道至稀土废弃矿区道路，建设自行车赛道 14.5 千米以及步行道 1.2 千米，建设完成矿山遗迹、科普体验、休闲观光、自行车赛事等文旅项目，与青龙岩旅游风景区连为一体，着力打造旅游观光、体育健身胜地，逐步实现"由景生财"。

通过多年的艰辛努力，赣州废弃稀土矿区生态得到全面修复。矿区生态环境得到明显改善，呈现出山清水秀、果实累累、厂房林立的崭新景象，曾经的"白色沙漠"重新披上绿装，满目疮痍的废弃矿山重现绿水青山。

第二十章
美丽乡村建设的"安吉模式"和"塞罕坝模式"

我国生态文明建设中著名的"安吉模式"和"塞罕坝模式",都是被中共中央宣传部确立并在全国范围内广泛宣传的典型案例。两者的特点截然不同:前者地处江南水乡,却经历了从环境遭受严重污染到环境优美的变化历程;而后者则处于河北北部,气候寒冷,是国营机械化林场所在地,从 20 世纪 50 年代开始,经过几代人的不懈努力,终于建设成为四季皆有美景的森林旅游胜地。

一、"安吉模式"的形成与经验

安吉,位于浙江省西北部,七山一水二分田。它曾是浙江省 25 个贫困县之一,属于环境污染严重地区。如今,这里的环境优美、层峦叠嶂、翠竹绵延,经济富庶、乡村旅游蓬勃发展,被誉为气净、水净、土净的"三净之地",是浙江省首批旅游经济综合改革试点示范县、长三角首选乡村休闲旅游目的地,被评为中国最佳生态旅游县。

1. "安吉模式"的形成过程

"安吉模式"以打造"中国美丽乡村"为抓手,依托优势农业产业,大力发展以农产品加工业为主的第二产业和以休闲农业、乡村旅游为龙头的第三产业，改善农村环境和村容村貌，提高农民素质，走上了一条第一、二、三产业结合、城乡统筹联动、人民富足幸福的小康之路，实现了农业强、农村美、农民富、城乡和谐发展。

（1）历史阵痛——"安吉模式"艰辛起步

20世纪80年代，安吉交通条件落后，工业基础薄弱，是全省25个贫困县之一。县委县政府不甘落后，学浙南，学苏南，走"工业强县"之路，引进和发展了一些资源消耗型和环境污染型产业，如造纸、化工、建材等，环境遭到了严重污染。为了治理环境，安吉关闭了严重污染企业，从而又一次拉大了与周边县区经济发展的距离。

生态保护与经济发展的问题，归根到底是可持续发展问题。念好"山水经"，拓展生态空间、生态容量及生态承载能力，还老百姓蓝天白云、繁星闪烁，清水绿岸、鱼翔浅底。

（2）深入探索——"安吉模式"初显雏形

党的十六大提出统筹城乡经济社会发展，党的十七大又强调形成城乡经济社会发展一体化新格局。安吉县委县政府清楚地意识到：先污染、后治理，先强县、再富民的路子走不通了。经过长期的认真调研和思考，决心把改善生态环境放在首位，利用优势农业资源，深挖"三片叶子，一把椅子"的产业优势，大力发展竹子、茶叶、蚕桑生产和加工，鼓励发展无污染的转椅生产，形成主导产业。

针对农民普遍缺乏生态保护意识的状况，安吉县委县政府将每年的3月25日定为全县生态日，干部群众在这一天义务到山上、田间捡拾垃圾，捡出一个干净整洁的新安吉。2006年，安吉县被正式命名为首个"国家生态县"。

（3）思路转变——"安吉模式"丰富完善

面对经济发展的困境，安吉县委县政府意识到，安吉最大的优势是良好的生态环境，只有顺势而为，将环境优势变为经济优势，安吉的经济发展才有出路。为此，他们大力挖掘农业和农产品加工业的潜力，提出"世界竹子看中国，中国竹乡在安吉"的响亮口号，从毛竹种植、生产、加工，成为竹业老大；还集中精力打造中国名牌农产品——"安吉白茶"。

随着蚕桑、茶叶、竹子等优势农产品让越来越多的农民增收致富，他们耐心地寻找跨越式发展之路，立足生态优势，大力创建竹子、椅业、电力、书画之乡；发展毛竹种植和开发利用，如竹地板、竹纤维、竹炭、竹叶黄铜等系列产品；大力发展椅业生产，产品远销欧美等发达国家；建设水电站，破解"电荒"的瓶颈；传承一代宗师吴昌硕先生的遗风，创建书画之乡。第一产业、第二产业的发展，大批城市游客的到来又使安吉的第三产业迅猛发展。

安吉，不仅依托美丽的山水发展旅游，安吉的竹子也别具特色，电影《卧虎藏龙》的外景就取自于此，极大提升了安吉的知名度，发展林下经济又形成了茶叶等特色产品。人不负绿水青山，绿水青山一定不会负人；"只要勤劳肯干，守着绿水青山一定能收获金山银山"。

2001年，安吉县提出"生态经济强县、生态文化大县、生态人居名县"的生态立县战略。2003年，安吉县人大通过《关于生态县建设的决议》；同年天荒坪镇余村作出从"石头经济"向旅游经济转型的重大抉择，随后两年内关闭了村办矿山、砖厂和水泥厂。从规划入手，将县域作为一个花园来规划，形成"一村一景""一户一品"，在发展经济增加群众收入的同时，改善农村基础设施条件，发展农村公共事业，基本实现了城乡基本公共服务均衡化；通过"转变一产""优化二产""提升三产"等举措，形成以现代农林业及旅游业为主的生态经济体系。

（4）与时俱进——"安吉模式"深化升级

在中国进入旅游时代，国家旅游局号召全域游的情况下，安吉"十三五"工作计划明确提出：通过五年努力，把安吉建设成为一个环境更优美、经济更富强、社会更和谐、百姓更幸福的内外兼具的美丽乡村，打造名副其实的全国美丽乡村样板。具体做法是：

一是以村庄建设强化精品示范引领。安吉着重要做的就是突出村庄特色品位和加快建设成果转化，以精品示范村为引领，以精品示范带建设为骨架，充分体现出安吉美丽乡村的多元性、差异性和均衡性特点，全面展示出安吉美丽乡村的新形象、新风貌。

二是引入社会监督力量，形成长效管理机制。安吉邀请相关社会团体、新闻媒体单位与美丽乡村长效管理办公室一起，对全县美丽乡村建设进行拉网式细察，共同监督、发现、消除长效管理的漏洞和死角。

三是全力培养品质农民。美丽乡村的灵魂还是生活在其中的人，要推进乡村的精神文明建设，就要更好地引导和规范人们的习惯，使生活在其中的人更加文明，更加优雅。"十三五"期间，安吉将充分利用好农村文化礼堂和乡村舞台，积极开展农村宣讲活动，持续推动美丽乡村从"物"向"人"的转变。

（5）"安吉模式"入选自然资源部第四批生态产品价值实现典型案例

2018 年，为进一步深化"千万工程"，破解耕地碎片化、资源要素保障不足、空间布局无序、土地利用低效等问题，安吉县启动实施全域土地综合整治工程，陆续出台相关政策，试点实施一批项目，探索生态产品价值实现的路径机制。

优化生态产品空间布局。对全县 168 个行政村进行"一村一梳理"，摸清自然资源要素底数，优化农业、生态、城镇空间，科学划定"三区三线"，其中划定生态保护红线 458.90 平方千米，打造集农田、湖泊、河流、湿地、森林等多种自然生态要素于一体的生态产品空间布局。扎实推进"多规合一"实用性村庄规划编制工作，为推进土地综合整治提供保障。

激发土地要素活力。统筹推进"百千万"亩方工程建设，聚焦耕地恢复、耕地补充、耕地提质、连片整治 4 大任务，完成永久基本农田集中连片2.3 万亩，将"非农化""非粮化"等耕地恢复成优质粮田；出台《关于进一步规范和高质量推进土地整治工作的实施意见》，提高水田和旱地的指标收购价格；充分发挥低效用地再开发、城乡建设用地增减挂钩等政策优势，盘活土地资源，腾退的空间用于发展一二三融合发展型产业。

推进绿色生态产业发展。推进山、水、路、林、村综合整治，完善配套设施，优化农村人居环境，建设融合山水林田为一体的美丽村庄，并积极发展生态农文旅产业、田园旅游综合体等。此外，借助丰富的竹林资源，打造"竹经济"，提升竹林亩均综合效益；结合生态农产品优势，打造区域公用品牌矩阵，以"线上＋线下"结合的方式进行多种渠道销售。

通过实施全域土地综合整治，累计开展全域土地综合整治项目 17 个，累计完成建设用地复垦 4 500 余亩，垦造耕地 3 000 余亩，搬迁户数 4 000 余户，村庄风貌大幅改善，生态环境持续提升，集体经济逐渐壮大，实现了村域空间、村集体经济、人居环境和生态保护的蝶变，有效提升了优质生态产品的供给能力，促进了经济价值、社会价值、文化价值和生态价值的系统提升。

2. "安吉模式"的成功经验与启示

（1）县委县政府的科学引领

一是从实际出发，定位生态立县、农业富民、开放兴县的发展思路、发展方式，不盲从县域经济发展的老套路；二是不盲目追求经济发展速度和规模，注重建设品牌农业、品位农村、品质农民，注重发展的持久永续，注重五位一体协调统一；三是多届县委县政府始终坚持已经确定的发展思路和发展方式，换届换人不换路，自觉贯彻落实习近平生态文明思想。安吉的这一经验告诉我们，只要自觉认真地贯彻落实习近平生态文明思想，践行新发展理念，就一定能够推动经济实现高质量发展。

（2）突出生态建设、推动绿色发展

安吉最大的优势是生态环境，最稳定、最有特色的产业是农业，以农为根、绿色发展是安吉模式的重要经验。一是以现代农业发展引领县域经济发展。以现代农业为支撑，通过绿色发展，衍生出一条条绿色产业链，交织成县域经济发展的绿色网络，保持经济社会发展持久永续的活力。二是以美丽乡村建设提升人居环境质量。建设"美丽乡村"，顺应了农民对生态家园、人居环境和精神生活的更高追求，立足当前、着眼未来，保持可持续发展并惠及子孙后代，让新型农民生活得更体面、更有尊严。

（3）坚守农业产业、坚持内生发展

依托特色农业，延伸产业链条，实现兴县富民，是安吉模式的又一重要经验。一是以联动发展推进绿色工业化。安吉以农业为基础，联动发展农产品加工业；同时严格筛选科技含量高、污染排放少的工业项目予以发展，推动了绿色工业化。二是以功能拓展引领农村服务业。积极拓展农业功能，重点发展休闲农业和乡村旅游，引领农村服务业发展，实现乡村旅游规模和效益的倍增。

（4）经营生态资源、追求生态效益

树立经营生态的价值观，坚持保护与利用相结合，通过经营生态资源，把生态资源转化成生态效益和经济效益，也是安吉模式的重要经验。一是有效保护生态环境，为经营生态奠定基础。二是出台系列引导政策，鼓励农民经营生态资源，在经营生态资源中创业兴业。

（5）注重协调发展、推动全面进步

安吉注重在新农村建设中全面协同推进经济、政治、文化、社会和生态建设以及党的建设，促进农村各项事业协调发展。构建了现代农业与第二、三产业协调发展的县域经济格局；实施村务公开，落实基层民主，保障农民基本权利；形成了涵盖文化资源、文化事业、文化产业的农村文化体系；加强农村基础设施建设，提升农村民生事业发展水平；构建了生态环境良好、生态文化繁荣、生态产业发达、生态经济高效的生态文明建设新格局；在党组织的领导下，干部群众同心同德、干事创业，成为安吉农村的主旋律。

（6）迎合时代趋势、积极创新体制

国家旅游局提出全域旅游后，安吉努力推进全域景区化建设。根据"五化同步"的总体要求，在提质上苦下功夫力促转型：全域化布局、一体化推进、标准化管理、生态化发展、国际化引领。安吉在浙江率先成立旅游

委，政府职能实现从行业管理转向更深层面的产业推进。为了整合资源提高效率，部门镇书记、林业局等部分局长都兼任副主任；为了和市场结合，又成立旅游发展总公司，政企分开，以便能让"政府的归政府，市场的归市场"。

2020年3月30日下午，习近平总书记时隔15年再次来到安吉县余村考察。看到青山叠翠、流水潺潺、道路整洁，家家户户住进美丽楼房，习近平总书记十分高兴地说，余村现在取得的成绩证明，绿色发展的路子是正确的，路子选对了就要坚持走下去。

二、"塞罕坝模式"已经升华为一种精神

塞罕坝精神，内涵在拓展，影响在扩大。塞罕坝精神，在全国生态文明建设背景下迅速传播；我国的生态文明建设，特别需要塞罕坝精神。随着媒体的密集报道，越来越多的人了解了塞罕坝精神和塞罕坝人，生态文明建设也需要越来越多的人的参与和行动。

1. 美丽高岭上的绿色丰碑

塞罕坝，是蒙汉合璧语，意为"美丽的高岭"，是滦河与辽河的发源地之一；曾经是一处水草丰沛、森林茂密、禽兽繁集的天然名苑，辽、金时期被称为"千里松林"。公元1681年，康熙帝设立"木兰围场"，塞罕坝是其中的重要组成部分。自康熙二十年（1681年）至嘉庆二十五年（1820年）的139年间，康熙帝、乾隆帝、嘉庆帝在"木兰围场""肄武、绥藩"105次。清朝末期为了弥补国库亏空，塞罕坝先后遭到了三次大规模开围放垦，加上日寇掠夺、山火不断，到新中国成立时，原始森林荡然无存，变成了风沙蔽日的茫茫荒原。

新中国成立后，国家虽然百业待兴，却下定决心要在塞罕坝建设一座大型国有机械林场，恢复植被，阻断风沙。1962年国家计委批准建场方案后，原林业部从全国18个省（自治区、直辖市）调集精兵强将，组成

369 名平均年龄不到 24 岁的建设大军，开始了艰苦卓绝的高寒沙地造林历程。

跨越 60 多年，三代塞罕坝人奋斗不息，把"黄沙遮天日，飞鸟无栖树"的荒漠沙地变成了广袤林海。而今的塞罕坝，四季皆有美景：春天，群山抹绿，雪映杜鹃；夏天，林海滴翠，百花烂漫；秋天，赤橙黄绿，层林尽染；冬天，白雪皑皑，银装素裹，因而被誉为"河的源头、云的故乡、花的世界、林的海洋"，成为华北平原知名的森林旅游胜地。从荒山秃岭到茫茫林海，洒下了塞罕坝人奋力拼搏的汗水，凝结了塞罕坝人呕心沥血的智慧。三代塞罕坝人用青春、汗水甚至生命，筑起了一座不朽的美丽高岭上的绿色丰碑！

塞罕坝，视觉上是绿色的，精神上是红色的。塞罕坝人，已然化身为一种信仰、一种精神，为人们留下了宝贵的物质和精神财富。习近平总书记对河北塞罕坝林场建设者感人事迹作出重要指示，充分肯定了建设者的先进事迹，号召我们要弘扬牢记使命、艰苦创业、绿色发展的塞罕坝精神，持之以恒推进生态文明建设。

2. 印证了"绿水青山就是金山银山"的理念

塞罕坝精神，是以艰苦创业为内核、以科学求实和开拓创新为动力、以无私奉献和爱岗敬业为价值取向，既充满了塞罕坝人献身"绿色事业"的豪情壮志，又体现了塞罕坝人特有的理想追求。塞罕坝人，用实际行动印证了"绿水青山就是金山银山"的理念。

塞罕坝精神，是艰苦奋斗的精神。塞罕坝的最初建设者，"天当被，地当床，草滩窝子做工房"，甚至在沼泽地上挖草坯盖"干打垒"住，或者挖地窖子住。一日三餐，啃窝头、喝雪水，甚至吃盐水泡炒黄豆。春天，坝上雨水少，风沙多，由于劳动强度大，汗水顺着脸往下淌，一天下来都成了泥人。冬天，早上起来，被子四周和头发上会结一层白霜。冰天雪地的严冬，滴水成冰，寒风刺骨，每天巡山几十千米，晚上归来棉衣变成了冰甲，棉鞋冻成了冰鞋，走起路来哗哗响。他们在极度恶劣的自然条件和工作生活环境下，艰苦卓绝，斗严寒、抗冰雪，以苦为乐，以苦为荣，硬是在这片荒原上造出一个绿色奇迹。塞罕坝林场的开发建设，凝聚着艰苦奋斗的美德，是一部三代塞罕坝人攻坚克难、持久拼搏、永不言弃的奋斗史，是一首荡气回肠、气吞山河的时代壮歌。

塞罕坝精神，是敢啃"硬骨头"的精神。《荀子·劝学篇》中说，"不积跬步，无以至千里；不积小流，无以成江海"，强调了持之以恒对创业的极端重要性。习近平总书记也曾经指出，要以"钉钉子"精神干好事业。塞罕坝的党员干部正是掌握了这种一脉相承的干事诀窍，才能不断走在成功路上，一次次地创造新的辉煌。塞罕坝创业的三代人，坚定一种信仰；追梦的三代人，迸发一种精神：他们有着一种在艰苦中酿蜜的吃苦观，乐在绿中，是一种精神的升华；闪耀着使命至上、善做善成的坚定信念；彰显着科学求实、争创一流的拼搏意识。这种精神，也是一种愚公移山、不达目的誓不罢休的精神。他们迎难而上，坚韧不拔地造林扩绿，科学求实护林营林，以"更细、更实、更好"的工作作风，在荒漠上建设出了美丽的、山清水秀的塞罕坝。

塞罕坝精神，是无私奉献的集体主义精神。在塞罕坝绿水青山的背后，是塞罕坝一群人的责任担当，从 60 多年前奋然上林场的 369 名开拓者，到如今近 2 000 人的守业者；这是一种忠于使命的信念和不懈努力的坚守，是一种"化作春泥更护花"的无私奉献。从"渴饮河沟水，饥食黑莜面"的老一代坝上人，到不忘初心、默默奉献的"林三代"，以科学求实的严谨态度、持之以恒的工匠精神，从不向恶劣的自然环境和艰苦生活低头，植绿荒原，书写了绿色传奇。恶劣的自然条件激发了塞罕坝人"一日三餐有味无味无所谓，爬冰卧雪冷乎冻乎不在乎"的乐观主义情怀；而且这种奉献精神已成为代代相传的家风。他们在这片林海中找到了自己的价值，收获成功的喜悦，感受事业的成就感和人生的幸福感。

塞罕坝精神，是以身作则的率先垂范精神。在塞罕坝绿色奇迹的背后，始终离不开共产党人埋头苦干的身影。60 多年前，塞罕坝林场的建设者集体听从党的召唤。在塞罕坝人的心里，老书记王尚海是一棵永远挺立的先锋树；在王尚海身后，是塞罕坝无私奉献的共产党员的群像。在"黄沙遮天日，飞鸟无栖树"的荒漠沙地上艰苦奋斗；塞罕坝林场，有坚强有力的领导班子，带出了一支特别能吃苦、特别能战斗的队伍，没有粮食就带领职工边植树边种地；天寒地冻时节，班子成员睡在马架子的最外面为职工遮风挡寒。这样的事迹举不胜举。塞罕坝精神将共产党人为人民服务、敢于担当的执政理念展现得淋漓尽致。他们"咬定青山不放松"的顽强韧劲，使命至上的崇高追求，"功成不必在我"的博大胸襟，逢山开路、遇水架桥的意志，谱就了一曲催人泪下的创业华章。

塞罕坝精神，是一代接着一代干的精神。60多年来，三代塞罕坝人以坚韧不拔的斗志和永不言败的担当，营造出世界上面积最大的人工林；塞罕坝从黄沙漫漫、林木稀疏，变得绿树成荫。112万亩林海，如果按一米的株距排开，可绕地球赤道12圈。塞罕坝人，一代接着一代干、久久为功，老一辈人筚路蓝缕、伏冰卧雪、可歌可泣的创业历程，"献了青春献子孙"，新一代人不忘初心、矢志不渝，把绿色发展的理念继续接力传承。塞罕坝林场第12任党委书记刘海莹在报告会上表示，我把人生和事业扎根在这片林海，绿色的接力棒交到了我们这一任党委班子手中，我们将牢记重托，不负使命，把塞罕坝精神发扬光大，在绿色发展的新征途上，当好"先锋树"，再创新辉煌。塞罕坝精神，将激励一代又一代的人让绿色变为永恒不变的追求，将荒原变成绿洲。

塞罕坝精神，是探索创新的精神。塞罕坝人，坚持依靠科学精神解决高寒地区造林育林的技术难题，造林不成功就组织科技人员集中攻坚，外调苗木不能用就建苗圃自育苗，创造了中国北方高寒沙地生态建设史上的奇迹。塞罕坝的生态奇迹靠的不是一朝一夕，也不是单打独斗，而是发挥国有林场集体优势、三代塞罕坝人半个多世纪的接力。习近平总书记指出，有多大担当才能干多大事业，尽多大责任才会有多大成就。塞罕坝的科学求实、创新不止，不驰于空想，不骛于虚声。在几代技术人员中接力传承，许多成果荣获国家、省部级奖励，部分成果填补世界同类研究领域的空白。直到现在，由塞罕坝人创造、改进的全光育苗、"大胡子"选苗等造林技术，仍在不少大小林场广为使用。

塞罕坝林场，为下游地区阻隔了风沙、提供了洁净水和氧气等生态服务，既成为守卫京津的重要生态屏障，也为生态文明建设竖起了标杆。在生态文明建设中，尤其是在4 000多个国有林场由"产木头"向"产生态"转变中，应弘扬塞罕坝精神，以真抓实干、务求实效的品格，把绿色发展理念变为美丽中国的现实。

3. 生态文明建设需要塞罕坝精神

塞罕坝的兴衰史表明，文明兴则生态兴，文明衰则生态衰。生态文明建设，覆盖空间布局优化、资源节约集约利用、生态建设和环境保护、制度建设等方面的内容；要培育绿色生产方式和消费模式，以利经济社会可持续发展。生态文明建设，是一场攻坚战，是一场持久战，更是一项长期的系统工程；生态文明建设，不仅需要从理念上认识其重要性、必要性，还要多管齐下、共同努力并持之以恒，实现生产空间集约高效，生活空间宜居适度，生态空间山清水秀。其中，没有先进的文化、没有文化自信，难以支撑绿色发展。

弘扬塞罕坝精神，就是要切实转变发展观念，深入贯彻落实习近平总书记关于加强生态文明建设的新理念新思想新战略，牢固树立绿色发展理念，处理好经济发展和生态环境保护的关系，推动形成绿色的生产方式和生活模式；大力发展循环经济，提高资源产出率，以资源的可持续利用支撑经济社会的可持续发展。像保护眼睛一样保护生态环境，像对待生命一样对待生态环境，形成人与自然和谐发展新格局，为中华民族永续发展注入不竭动力。

弘扬塞罕坝精神，就要牢记责任使命大于天，不忘初心、忠于职责，用实际行动诠释绿色发展理念，把对党和人民事业的忠诚转化为做好工作的强大动力，满足人民群众对良好生态环境的新诉求，使绿色富民惠民。

深刻认识生态文明建设是关系人民福祉、关乎民族未来的长远大计，不断提升思想境界和道德水平；遵循自然规律和经济规律，勇毅而笃行，行稳而致远，抓好顶层设计，探索前行路径，总结实践经验，以"钉钉子"精神，善做善成，为建设美丽中国贡献出自己的最大力量。

弘扬塞罕坝精神，就是要始终保持艰苦创业的奋斗精神，迎难而上、驰而不息、久久为功、功成不必在我，奋力啃下"硬骨头"、开辟新天地。以咬定青山不放松，立根原在破岩中的韧劲，加快碳汇林业、草业的发展，提高全球气候变化的应对能力，兑现我国的二氧化碳减排承诺，树立负责任的大国形象。可以坚信，只要像塞罕坝林场人那样扎根奋斗，挥洒创业的汗水，就一定能打赢污染防治的攻坚战，就一定能够恢复勃勃生机的生态系统，不断开创生态文明建设新局面。

弘扬塞罕坝精神，就是要勇挑重担、苦干实干，只为成功想办法、不为困难找借口。在任务面前不怕苦、不畏难；在考验面前不懈怠、不退缩。把工作当事业，勇于担当、勇往直前。少一些等靠要，多一些闯钻拼，保持奋发向上、一往无前的精神状态，自强不息、开拓进取的思想品格，不畏艰难、百折不挠的坚强意志，脚踏实地、锲而不舍的坚韧毅力，兢兢业业、无私奉献的工作态度，撸起袖子加油干，不达目的不罢休；把握大局、着眼长远，持之以恒；审时度势，科学谋划，精准施策，脚踏实地，踏石留印、抓铁有痕，以一抓到底的狠劲、一以贯之的韧劲、一鼓作气的拼劲，建设生态文明、迈入生态文明新时代。

第二十一章

美丽中国建设有赖于生态产品价值实现

要准确理解和把握"绿水青山就是金山银山"的理念，并用于指导美丽中国建设实践。我国幅员辽阔，陆海兼备，东西横跨三级台阶，地形地貌和气候复杂多变。美丽中国建设，要从实际出发，处理好发展与保护关系，在发展中保护，在保护中发展，实现经济效益、社会效益、环境效益有机统一。

一、生态产品的内涵及其价值实现的典型案例

生态产品，按照《全国主体功能区规划》中的界定[①]，指维系生态安全、保障生态调节功能、提供良好人居环境的自然要素，包括清新的空气、清洁的水源和宜人的气候等。生态产品来自自然生态系统，无论是原始的生态系统，还是经过人类改造后的生态系统，实质上均是一种生态系统服务，具有公共物品性、价值多维性、外部性、持续性等特征；可以直接被人类消费，也可以通过发展生态产业，生产生态友好型产品，间接实

---

①中国政府网：《国务院关于印发全国主体功能区规划的通知》，2010 年 12月 21 日，https://www.gov.cn/zhengce/content/2011-06/08/content_1441.htm.

现生态价值。

国际上，较权威的生态系统服务研究是联合国千年生态系统评估计划（MA）国际合作项目。2001—2005 年，全球 95 个国家 1 360 名学者对地球生态系统进行了综合和多尺度的评估。评估中生态系统服务分为 4 类：一是直接提供物质的服务，如食物（农作物、家畜、养鱼、水产养殖、野生生物等），纤维（原木、棉花、大麻、蚕丝、薪柴等），遗传资源，生物化学品，淡水等；二是调节自然要素的服务，如调节气候（包括全球、区域和局部尺度的二氧化碳吸收），抵御自然灾害（包括地质灾害、海洋灾害等），净化水质，控制疾病，控制病虫害，授粉作用等；三是提供精神、消遣等方面的服务，如精神与宗教价值，传统知识系统与社区联系，教育价值（如自然课堂），艺术创造灵感，审美价值，休闲与生态旅游等；四是维持地球生命条件的支撑服务，如维持养分循环，产生生物量、氧气，土壤形成和保持，维持水循环和栖息地等[1]。

《陆地生态系统生产总值核算技术指南》[2] 界定的生态产品：指生态系统通过生物生产和与人类生产共同作用为人类福祉提供的最终产品或服务，其具有生物生产性、人类受益性和经济稀缺性的特征。为了指导各地结合本地区实际情况学习借鉴，加快推进生态产品价值实现工作，自然资源部发布了四批生态产品价值实现典型案例。

第一批 11 个案例，2020 年 4 月发布，分别为：福建省厦门市五缘湾片区生态修复与综合开发案例、福建省南平市"森林生态银行"案例、重庆市拓展地票生态功能促进生态产品价值实现案例、重庆市森林覆盖率指标交易案例、浙江省余姚市梁弄镇全域土地综合整治促进生态产品价值实现案例、江苏省徐州市潘安湖采煤塌陷区生态修复及价值实现案例、山东

---

① 王守荣、毛留喜：《联合国千年生态系统评估计划》，《中国气象报》2002 年 4 月 8 日。

② 王金南、欧阳志云、於方、马国霞：《解读〈陆地生态系统生产总值核算技术指南〉》，《中国环境报》2020 年 10 月 11 日。

省威海市华夏城矿坑生态修复及价值实现案例、江西省赣州市寻乌县山水林田湖草综合治理案例、云南省玉溪市抚仙湖山水林田湖草综合治理案例、湖北省鄂州市生态价值核算和生态补偿案例、美国湿地缓解银行案例。

第二批 10 个案例，2020 年 11 月发布，分别为：江苏省苏州市金庭镇发展"生态农文旅"促进生态产品价值实现案例、福建省南平市光泽县"水美经济"案例、河南省淅川县生态产业发展助推生态产品价值实现案例、湖南省常德市穿紫河生态治理与综合开发案例、江苏省江阴市"三进三退"护长江生态产品价值实现案例、北京市房山区史家营乡曹家坊废弃矿山生态修复及价值实现案例、山东省邹城市采煤塌陷地治理促进生态产品价值实现案例、河北省唐山市南湖采煤塌陷区生态修复及价值实现案例、广东省广州市花都区公益林碳普惠项目、英国基于自然资本的成本效益分析案例。

第三批 11 个案例，2021 年 12 月发布，分别为：福建省三明市林权改革和碳汇交易促进生态产品价值实现案例、云南省元阳县阿者科村发展生态旅游实现人与自然和谐共生案例、浙江省杭州市余杭区青山村建立水基金促进市场化多元化生态保护补偿案例、宁夏回族自治区银川市贺兰县"稻渔空间"一二三产融合促进生态产品价值实现案例、吉林省抚松县发展生态产业推动生态产品价值实现案例、广东省南澳县"生态立岛"促进生态产品价值实现案例、广西壮族自治区北海市冯家江生态治理与综合开发案例、海南省儋州市莲花山矿山生态修复及价值实现案例、德国生态账户及生态积分案例、美国马里兰州马福德农场生态产品价值实现案例、澳大利亚土壤碳汇案例。

第四批 11 个案例，2023 年 9 月发布，分别为：浙江省杭州市推动西溪湿地修复及土地储备促进湿地公园型生态产品价值实现案例、浙江省安吉县全域土地综合整治促进生态产品价值实现案例、江苏省常州市郑陆镇整理资源发展生态产业促进生态产品价值实现案例、福建省南平市推动武夷山国家公园生态产品价值实现案例、山东省东营市盐碱地生态修复及生态产品开发经营案例、青海省海西蒙古族藏族自治州"茶卡盐湖"发挥自然资源多重价值促进生态产业化案例、北京城市副中心构建城市"绿心"促进生态产品价值实现案例、广西壮族自治区梧州市六堡茶产业赋能增值助推生态产品价值实现案例、云南省文山壮族苗族自治州西畴县石漠化综合治理促进生态产品价值实现案例、新疆维吾尔自治区伊犁哈萨克自治州伊宁县天山花海一二三产融合促进生态产品价值实现案例、澳大利亚新南威尔士州生物多样性补偿案例。

二、生态产品价值实现可以保障劳动者有所得

生态产品价值实现路径主要有三类：一是外溢共享型。生态产品的公共性和外部性特征使其产生价值"外溢"，如三江源等重点生态功能区提供的水源涵养、气候调节产品，维系着国家生态安全，并由全体人民"共享"。这类公共性生态产品主要通过转移支付、财政补贴等方式进行政府"购买"或生态补偿，以显化其外溢价值，包括重点生态功能区纵向转移支付、流域上下游横向生态补偿等。二是赋能增值型。主要通过明确或扩展自然资源资产及其产品的权能，如自然资源使用权、经营权出让、转让、出租、抵押、入股等，促进自然资源资产及其产品市场化运营，实现生态价值；部分生态产品也可以通过品牌认证等方式实现价值的提升与显化，如国家农产品"地理标志产品"品牌等。三是配额交易型。政府通过法律或行政管控等方式，对自然资源、生态容量、生态权益等准公共性生态产品实施总量控制，将非标准化的生态系统服务转化为标准化的"指标"和"配额"产品，通过市场交易方式实现价值。如碳排放权配额交易、碳汇交易、美国湿地信用指标交易等。

一般地，生态产品价值实现以核算为基础，但核算价值不能作为直接收益，还要考虑贴现率问题。从现实出发，"绿水青山就是金山银山"的实现途径主要有：生态补偿、财政补贴（还有财政转移支付和省际对口援

助）、旅游业富民等。

习近平总书记指出："要树立自然价值和自然资本的理念，自然生态是有价值的，保护自然就是增值自然价值和自然资本的过程。"这就为我们探寻生态产品价值实现途径提供了基本遵循。2016 年，习近平总书记在深入推动长江经济带发展座谈会上指出，要积极探索推广绿水青山转化为金山银山的路径，选择具备条件的地区开展生态产品价值实现机制试点，探索政府主导、企业和社会各界参与、市场化运作、可持续的生态产品价值实现路径。保护生态环境，就是保护和发展生产力，只不过保护和发展的成果不是工业品和农产品，而是生态产品。生产者向消费者出售生态产品，理应获得收益，并通过生态补偿和财政转移支付来实现。只有使保护生态环境、提供生态产品的地区有收益，才能保证有人愿意从事生态产品的生产和供应，我国生态环境才能得到保护，生态环境质量也才能得到改善。

将"绿水青山就是金山银山"的理念变成生态环境保护者的收益，需要加快自然资源及其产品的价格改革，在对水、森林、山岭、草原、荒地、滩涂等自然资源资产进行确权基础上，改革定价机制，以便全面反映市场供求、资源稀缺程度、生态环境损害成本和恢复修复效益。开征资源税，并由从量计征向从价计征转变。改变一些地区存在的"端着绿水青山的金饭碗讨饭吃"问题，应赋予生态环境一定的价值；可以某个年份为起点，将森林蓄积量、二氧化碳吸收量等的变化量折算成可交易的生态权证，经第三方监测、认证和市场交易，让保护生态环境者获得收益。完善生态补偿政策，并与财政转移支付挂钩，既利于共同致富，也可以避免弄虚作假、"养懒汉"等弊端；既利于调动公众积极性，还能达到增加森林覆盖率的目的，从而收到一举多得之效。

守护好保护好绿水青山，才能有金山银山。"天育物有时，地生财有限"。环境质量影响人类生命安全，一些疾病的发生与蔓延源于环境污染；人民群众生活质量的提高，也有赖于生态环境质量的改善。适应人的需求变化，满足人民群众对美好生活的需求，我们要把实现好、维护好、发展好人民群众根本利益作为重要任务，让山川秀美，让河水清澈，让蓝天绿地交相辉映。

三、绿色供应链在生态价值实现中的作用

让生态文明建设成为惠民富民的重要路径，要有生态价值实现途径；要保证生态产品供给者和受益者的正当权益不受损害，绿色供应链管理是一种有效工具。

1. 绿色供应链的内涵

绿色供应链，最初由美国密歇根州立大学制造研究协会于 1996 年在所进行的一项"环境负责制造（ERM）"研究中提出，也称环境意识供应链（Environmentally Conscious Supply Chain，ECSC）或环境供应链（Environmentally Supply Chain，ESC），是在整个供应链中综合考虑环境影响和资源效率的一种现代管理模式，以绿色制造理论和供应链管理技术为基础，涉及供应商、生产厂、销售商和用户，要求产品从物料获取、加工、包装、仓储、运输、使用到报废处理的全过程中环境影响最小化，资源利用效率最大化。

供应链最初源于彼得·德鲁克提出的"经济链"，后经由迈克尔·波特发展成为"价值链"，最终演变为"供应链"。"供应链"的内涵是：以核心或关键企业为龙头，通过对物流、资金流、信息流、知识流的控制，从采购原材料开始，制成中间产品以及最终产品，最后由销售网络把产品送到消费者手中，从而将供应商、制造商、分销商、零售商，直到最终消费者连成一个整体的功能网链模式。一条完整的供应链包括以下主体：供应商（原材料或零配件供应商），制造商（加工厂或装配厂），分销商（代理商或批发商），零售商（卖场、百货商店、超市、专卖店、便利店和杂货店）以及消费者（图 21-1）。

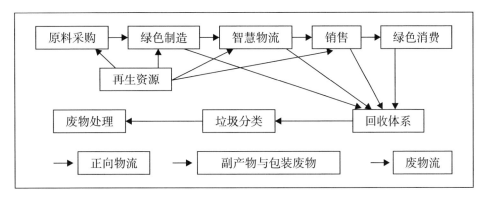

图 21-1　绿色供应链管理要素及其相互关系

环境负责制造，含义是制造业要承担环境责任，不以牺牲环境为代价；而环境意识供应链或环境供应链，类似于绿色供应链，也就是在整个供应链中应当重视环境的影响。

欧盟国家对供应链的环境保护，跳出原有的道德劝说，进行立法并订出实施时间表，希望引领全球制造业进入一个环境友好的新时代。2002 年 11 月，欧盟通过"报废电机电子设备指令（WEEE）"和"电机电子设备限用有害物质指令（ROHS）"；2003 年 2 月 13 日，公告了 10 大类电机电子设备回收标准，要求 2006 年 7 月 1 日 10 大类电机电子设备中不得含铅、镉、汞、六价铬、多溴联苯及多溴二苯醚六种有害物质。

从我国实际出发，绿色供应链更是一种先进的理念引领，当然可以由工业领域延伸或拓展到农业和服务业。如果农业可以拓展为第六产业，形象地说存在"养羊＋宰羊＋吃羊"这样的产业链，则绿色供应链的关注重点与绿色产业链是相同的。更广义地，将绿色供应链的概念用于农业，大致相当于农产品全生命周期的环境管理范畴（图 21-2）。

对应于生态产品的价值实现，需要分析是否出现"物质流"；如果没有"物质流"就不容易引入绿色供应链管理的概念。当然，农林产品生产中存在物质流、能量流、信息流、资金流、技术流乃至废物流。与此相对应，也存在产品链、产业链、供应链、知识链、价值链和创新链。对某一产品而言，是环环相扣、链链一体化的。从行为主体的角度看，也就是供应商、生产商、物流商、分销商、消费者、回收商等。

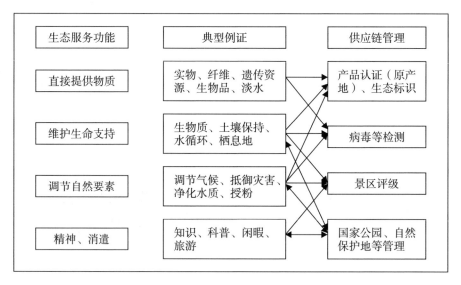

图 21-2　不同分类及其相互关系

在生态产品提供和受益上，可以分为全局性、流域性和局部性的。对具有全国性意义的生态安全屏障建设和保护，受益方是国家，政府购买是主要实现形式，并有以下类型：一是转移支付和以工代赈，直接将资金按照特定标准拨付给生态产品的生产者。二是相关生态性质补贴，如退耕还林补贴、植树造林补贴、水产增殖放流补贴等，对从事相关生态建设活动的个人或集体按照工作量予以必要补贴。三是生态补偿，按流域上下游地区之间水资源的分配额度，由下游所在地政府向上游地区政府支付资金。四是依托林权或水权赎买、租赁、置换、地役权合同等方式，流转集体土地、经济林、水源地，恢复和扩大自然生态空间。五是协议，对承包特定区域开展生态保护与管理的个人或集体，通过协议方式支付管护经费。六是修复工程投入，通过公私合营（PPP）或工程采购施工（EPC）模式，由政府向生态修复工程承包商让渡一定利润空间。七是财税优惠，即对生态保护和修复等生态产品生产者予以税收减免或提供补助金。以上政策工具，均有成功的案例。

要发挥市场作用。发挥市场机制在生态文明建设中的资源配置作用。

完善绿色金融制度设计，提高金融系统服务实体经济的能力。进一步发展绿色金融，积极探索绿色贷款、绿色债券、绿色保险、绿色基金、绿色证书交易等各种绿色金融工具的运用。完善碳排放权交易市场，加大碳排放配额分配的透明度，完善碳交易市场信息披露制度。开展交易产品和交易方式多样化试点，研究制定相应监管规则。探索建立与碳资产和碳交易相关的会计准则。加强与境外进行碳交易的监管。推行排污权交易制度，扩大排污权有偿使用和交易试点，将更多条件成熟地区纳入试点，完善企业通过排污权交易获得减排收益的机制。在重点流域和大气污染重点区域，推进跨行政区排污权交易，还自然以和谐、宁静、美丽。

2. 绿色供应链管理用于生态价值实现中需要处理好一些关系

中国环境与发展国际合作委员会早就开始绿色供应链的研究；换言之，与国外情形类似，绿色供应链是我国环保系统最早研究的；从工作推进看，主要是由工信部在发文件并推动相关工作。从国际经验和工信部网站"企业绿色供应链管理典型案例"看，绿色供应链的主要影响或行动部门是制造业部门或商业部门，国内从事绿色供应链课题有关研究的还有物流领域的专家，即环保系统、工业部门、物流领域的专家和管理者等，均是我国绿色供应链的研究或推动者。

伴随人民群众对美好生活向往而来的是，人们对自身健康的关心与日俱增。在 2020 年 9 月 11 日习近平总书记主持的科学家座谈会上，科学研究的面向由三个增加到四个，增加了面向人民群众健康的科学研究和技术攻关的要求。

一是生态产品开发与扶贫的关系。要发挥生态产品的积极作用。对贫困地区而言，应当兼顾发展与保护的关系，走一条扶贫攻坚与生态产品价值实现的双赢之路。习近平总书记指出："要通过改革创新，让贫困地区的土地、劳动力、资产、自然风光等要素活起来……让绿水青山变金山银山……找到一条建设生态文明和发展经济相得益彰的脱贫致富路子，正所谓思路一变天地宽。"一个典型案例是，四川省平武县关坝村实施"熊猫蜂蜜"项目，农民减少放羊以保护熊猫栖息地，引入蜜蜂养殖，养蜂人兼任生态养护员。良好的生态环境系统酝酿出优质的天然蜂蜜，实现了"让有劳动能力的贫困人口实现生态就业，既加强生态环境建设，又增加贫困人口就业收入"。

二是短期和长期的关系。有一个经典的生态学研究结论：对一片森林而言，出售林木的经济效益与其提供生态效益的比例是一比九乃至更多，即森林生态效益显著高于其经济效益。需要提出的是，"贴现"的问题被忽略了。由于生态产品具有公益性、收益低、周期长等特点，其价值实现需要政府制定统一规范的生态产品市场交易政策，也离不开"三公"的市场环境，因而需要科学合理的价格形成机制，以传递准确的市场信息和价格信号，防止生态产品价格过高而限制需求，或者太低而造成生态资源浪费。此外，还需要用数字、信息技术以打破信息不对称壁垒，降低交易费用，并使买卖双方便捷地了解生态产品质量与价格情况，简化谈判、协商和签约程序，以免交易费用超过交易收益。

三是补偿资金来源应有保障。以"取之于生态、用之于生态"为原则，作为政府购买生态产品的资金来源，包括矿产资源补偿费、土地损失补偿费、育林费、林业基金、行业造林专项资金、城镇土地使用税、耕地占用税、资源税、资源综合利用基金、清洁生产基金、环保产业基金等。我国部分河流上下游之间的生态补偿，在理论上需要划分人为保护、生态净化等方面的作用，用生态补偿来表述只是惯用而已，并不是严格的科学表述。

四是需要相关法规作依据。将供应链上的不同主体组成联盟，譬如供应链联盟，是一种好的形式，毕竟参加联盟的企业相关管理者是"低头不见抬头见"。即使如此，也需要一定的规章加以约束，以便"防君子"。对林上经济或林下经济而言，产出是诸如竹笋、蘑菇之类的有机产品，需要从产地开始保护环境，也应当符合有机农产品的规定或要求，还需要认证、溯源等，需要新的产业和业态，科技创新大有作为。

四、生态补偿政策实施及需要重视的问题

生态系统服务或生态产品可以直接被人类消费，也可以通过发展生态利用型产业，生产生态友好型产品，间接实现生态价值。在生态产品产权上，要建立归属清晰、权责明确、监管有效的产权制度，培育形成多元化的生态产品市场生产、供给主体；在生态资源价值评价上，以生态产品为基础，形成森林、流域、湿地、海洋等不同类型生态系统服务价值的核算方法、核算规范，建立实物账户、功能量账户和资产账户，将有关指标作为实施生态补偿和绿色发展绩效考核的重要内容。在资源有偿使用制度上，以明晰产权、丰富权能为基础，以市场配置、完善规则为重点，准确反映市场供求、稀缺程度、损害成本和修复效益等。此外还需政府采购、市场培育、质量认证等方面的制度配套。

河流下上游之间的生态补偿，在理论上还需划分人为保护、生态净化等方面的作用，简单用生态补偿只是习惯用法而已，并不是严格的科学表述。

健全完善重点生态功能区生态补偿机制。建立包括生态补偿性转移支付、生态保护性转移支付、区域引导性转移支付、政策性补助四部分的生态功能区财政转移支付制度。建立生态补偿性转移支付制度，以生态能值为基础，生态环境破坏度越低、生态外溢价值越高，补偿的程度和力度越大。建立生态保护性转移支付制度，对各地通过自身财力安排的生态保护支出进行适当补助。建立区域引导性转移支付制度，引导提高所辖生态功能区基本公共服务水平，实施跨区生态补偿及保护，重点解决禁止开发区各类保护和发展问题。建立政策性补助制度，对于国家禁止开发区面积占比较高、辖有跨区大型水库等生态外溢性较大的地方，以及对资源枯竭城市生态恢复和地质灾害治理给予补助。

加快建立重点领域补偿机制。探索建立以流域水生态保护为总目标，积极开展国家重要湿地和国家湿地公园生态效益补偿试点，探索湿地生态补偿机制。针对矿产资源开发，完善矿山生态恢复保证金制度，提高保证金缴纳标准，改革缴纳和退还方式，对重金属矿区、重要生态功能区周边矿区、矿业城市、历史遗留矿区，建立矿山生态风险补偿机制。在重点旅游区适时开展旅游业反哺机制。提高水电开发生态补偿标准和力度。建立生态移民安置机制。综合运用政策、智力、资金等补偿手段，多渠道促进生态补偿制度落实。

按照谁受益谁补偿原则，建立开发与保护地区之间、上下游地区之间、生态受益与生态保护地区之间的生态补偿机制，研究设立国家生态补偿专项资金，实行资源有偿使用制度和生态补偿制度。

处理好顶层设计与基层探索的关系。做强生态弱项、补齐生态短板、增进生态福祉，做好"山水"大文章，画好"山水画"，通过推进生态修复保护，浓墨重彩绘就绿水青山，为美丽中国建设夯实绿色底色，推动形成节约资源保护环境的发展方式和生活习惯。坚持久久为功、善作善成，让人民群众共建共享生态文明建设成果，让生态惠民的动能更强劲、成效更彰显。积极应对全球气候变化，引领全球治理，在全球疫情和气候危机中承担国际责任和义务，彰显负责任大国形象，做全球生态文明的建设者、贡献者、引领者。

坚持生态惠民、利民、为民目的。努力提供更多优质生态产品。"良好的生态环境是最公平的公共产品，是最普惠的民生福祉"，要把实现好、维护好、发展好人民群众根本利益作为重要任务，统筹考虑短期与中长期、整体与局部的关系，让人与自然相得益彰、融合发展。给子孙后代留下天蓝、地绿、水净的美好家园，精心培育、合理利用、严格保护自然资源和生态环境，让山川秀美，让河水清澈，还自然以和谐、宁静、美丽。

第七篇

支撑体系篇

　　"万丈高楼平地起"。美丽中国建设，需要支撑体系，以一系列政策措施加以保障。不仅需要解决谁来建、以什么为依据来建等问题，也需要解决资金从哪儿来、如何提高资金利用效率等问题。因此，美丽中国的治理体系特别是实施机制尤为重要。此外，要依靠科技进步、发展绿色金融、发挥市场配置资源的基础性作用，尤其是以文化来凝聚起建设者的精神力量，促进美丽中国建设目标的早日实现。

第二十二章

建设美丽中国需要现代治理体系支撑

美丽中国建设需要构建相关治理体系，环境治理体系是国家治理体系的重要构成。中共中央办公厅、国务院办公厅印发《关于构建现代环境治理体系的指导意见》（以下简称《意见》），为我国构建党委领导、政府主导、企业主体、社会组织和公众共同参与的现代环境治理体系指明了方向，勾画了蓝图。现代化治理体系是从管理到治理的理念升华，其根本所在在于保障治理体系的切实落地。建设现代化治理体系，地方探索是落地见效的保障，要避免传导机制失灵，严格问责追责监督管理，以正确的办法实现环境质量的根本好转①。

一、现代环境治理体系的内涵

完善和发展中国特色社会主义制度，推进国家治理体系和治理能力现代化，是党的十八届三中全会提出的全面深化改革总目标。党的十九届四中全会通过《中共中央关于坚持和完善中国特色社会主义制度、推进国家

---

①周宏春、姚震：《构建现代环境治理体系 努力建设美丽中国》，《环境保护》2020年第48卷第9期，第12-17页。

治理体系和治理能力现代化若干重大问题的决定》，将生态文明制度建设确定为中国特色社会主义制度建设的重要内容和有机组成。

1. 治理体系的内涵

"国家治理体系和治理能力是一个国家制度和制度执行能力的集中体现。国家治理体系是在党领导下管理国家的制度体系，包括经济、政治、文化、社会、生态文明和党的建设等各领域体制机制、法律法规安排，是一整套紧密相连、相互协调的国家制度；国家治理能力是运用国家制度管理社会各方面事务的能力，包括改革发展稳定、内政外交国防、治党治国治军等各个方面。"这是习近平总书记对国家治理体系和治理能力的科学界定。

治理体系的完善及治理能力的强弱，是一个国家综合国力和竞争力的标志。如果没有完善的治理体系和强大的治理能力，一个国家就不可能有效解决各种社会矛盾和问题，就不可能形成经济建设和社会发展所必需的向心力、凝聚力，甚至导致社会动荡、政权更迭等严重政治后果。国家治理体系和治理能力是一个相辅相成的有机整体；有了好的国家治理体系才能真正提高治理能力，治理能力的不断提高才能充分发挥国家治理体系的效能。作为治理体系核心内容的制度，具有根本性、全局性、长远性、关键性的特征；如果缺乏有效的治理能力，再好的制度和制度体系也难以发挥作用。

从管理到治理是社会治理体系的理念升华。治理（Governance），是当代治理理念和思维模式在社会各领域的应用，依靠政府、市场、社会力量，通过协商、协作、互动等方式，提升公共服务质量、解决社会问题，既有"治理"的本质特征，也有参与性、协商性、责任性、透明性、回应性、有效性、公正性、包容性和法治精神等内涵。

治理结构包括四要素：谁来治、治什么、如何治、凭啥治。"谁来治"要明确治理主体；"治什么"回答治理对象；"如何治"说明用什么方式来治理；"凭啥治"解决的是治理依据，包括法律、行政、文化、意识形态、制度及人力、物力、网络等，分"柔性"和"刚性"两类，目标是建立人与人、人与自然、人与社会良性发展的和谐社会。

1998 年，《关于国务院机构改革方案的说明》中第一次出现"社会管理"的用法。2002 年，党的十六大报告将社会管理确定为政府职能之一。2004 年，党的十六届四中全会要求形成"党委领导、政府负责、社会协同、公众参与"的社会管理格局。党的十七大报告提出，健全基层党组织领导的充满活力的基层群众自治机制，完善民主管理制度，把城乡社区建设成为管理有序、服务完善、文明祥和的社会生活共同体。2012 年，党的十八大报告加入了"法治保障"要求。2014 年，党的十八届三中全会要求从"创新社会管理"转向"创新社会治理"。2017 年 10 月，党的十九大报告界定为"党委领导、政府负责、社会协同、公众参与、法治保障"，被称之为社会治理结构的"20 字方针"；要求"打造共建共治共享的社会治理局"。满足人民群众日益增长的生态环境诉求，必须通过社会治理来实现。

党的十八大以来，关于治理体系的界定越来越清晰。构建环境治理体系，2015 年《生态文明体制改革总体方案》提出：到 2020 年构建起生态文明制度体系，包括自然资源资产产权制度、国土空间开发保护制度、空间规划体系、资源总量管理和全面节约制度、资源有偿使用和生态补偿制度、环境治理体系、环境治理和生态保护市场体系、生态文明绩效评价考核和责任追究制度八项制度；要求建成"以改善环境质量为导向，监管统一、执法严明、多方参与"的环境治理体系。2017 年，党的十九大报告指出，推进生态环境治理能力现代化，必须"实行最严格的生态环境保护制度、全面建立资源高效利用制度、健全生态保护和修复制度、严明生态环境保护责任制度"。

2. 现代治理体系的结构与不同主体作用

环境治理体系是国家治理体系和治理能力现代化的重要组成。《中共中央关于坚持和完善中国特色社会主义制度、推进国家治理体系和治理能力现代化若干重大问题的决定》明确指出，生态文明建设是关系中华民族永续发展的千年大计。必须践行绿水青山就是金山银山的理念，坚持节约资源和保护环境的基本国策，坚持节约优先、保护优先、自然恢复为主的方针，坚定走生产发展、生活富裕、生态良好的文明发展道路，建设美丽中国。

建立"导向清晰、决策科学、执行有力、激励有效、多元参与、良性互动"的现代环境治理体系，强调激励和互动。《意见》从指导思想、基本原则、责任体系、监管体系、市场体系、信用体系、法规政策体系等方面，对构建现代环境治理体系做出了明确部署，涵盖政治、经济、社会生活各领域各方面，充分展示了全局性、整体性、统筹性特征。

《意见》提出"以推进环境治理体系和治理能力现代化为目标"，建立健全领导责任体系、企业责任体系、全民行动体系、监管体系、市场体系、信用体系、法律政策体系；覆盖行为主体、行为依据、监督执行等方面，是现代环境治理体系的目标任务解构。行为主体是政府、企业和公众，也包括社团组织（环保 NGO）；行为依据是政策法规，信用、监管是市场机制发挥作用的保证。

发挥政府主导作用。政府要制定与实施相关法规、政策和标准体系，总体规划和专项规划，提供基础设施和公共产品服务，依法行政和监管，维护"三公"的市场秩序、保障生态安全，由"全能型政府""管制型政府"转向"服务型政府"，由过去政府主导的单一主体格局转变为多元共治新格局；创造良好生态环境、提供优质公共服务、维护社会公平正义；改进公共服务提供方式，推广政府购买服务。事务性服务向社会放权，发挥企业、社会组织的协商合作、协作治理作用，通过合同、委托等方式向社会购买，或以 PPP 方式引进社会资本参与；建设"效能型政府"，增强政府在生态环境治理方面的公信力、执行力和服务力。

健全资金投入制度：一是明确中央和地方财政支出责任，除全国性、重点区域流域、跨区域、国际合作等环境治理重大事务外，主要由地方财政承担环境治理支出责任；二是建立健全常态化、稳定的中央和地方环境治理财政资金投入机制；三是完善金融扶持，设立国家绿色发展基金，加快建立省级土壤污染防治基金；四是健全环保领域价格收费机制。

企业是市场主体，具有创新的内在动力，在多元参与中占有一席之地。发挥市场和社会主体作用，企业应承担起生态环境治理的应有责任。政府要对企业在生态环境治理方面的努力做到引导而不强制，支持而不包办，服务而不干涉。企业要转变观念，增强主体意识，努力做到依靠政府但不依赖政府，依靠政策但不单靠政策。生态环境治理，要发挥企业主体作用，以符合市场需要为导向，以技术创新为驱动力的比较优势，并形成良性循环。

社会组织和公众共同参与。充满活力的社会组织、有现代公民精神的社会公众是生态环境治理的活力所在。引入市场力量和社会力量，运用服务外包、委托代理等方式将政府承担的部分生态环境治理职责转由企业和社会组织来承担。社会组织在治理中发挥公益、高效和灵活的作用，在生态环境治理体系中的地位具有不可替代性。公众是当然的参与者，他们是环境污染的受害者，更是美丽中国的受益者，拥有理性、责任、参与等公共精神的所有国民，是环境治理协作的动力源泉。

二、现代环境治理体系的内在逻辑与长效机制

内在逻辑。一个有机、协调、弹性的治理体系，是治理能力提高的前提；治理体系的建构必然以先进理念为基础，否则将出现盲目实践因而缺乏前瞻性。治理能力是本质要求，可以反映治理体系的运转是否有效，也要通过实践检验并加以改进。既要坚持问题导向，解决影响群众健康的紧迫生态环境问题；又要坚持责任导向，引导生态环境治理方向。生态环境治理体系作为一个完整的制度运行系统，包含治理主体、治理机制（方法和技术）和治理效果等要素。生态环境治理体系和治理能力相辅相成。通

过要素设计建构一个有机协调又充满弹性的治理体系，才能形成强大的治理能力，满足生态环境保护对治理能力的需求，并通过发挥治理功能以不断完善治理体系。治理能力不仅包含政府能力，还包含治理主体之间的整合和相关资源的利用，运用合理工具和手段来解决问题和实现治理目标的能力。实施体系是关键。包括实施依据、实施工具、实施途径、容错纠错机制等方面。治理机制是纽带，实现治理主体和客体之间的有机衔接，"善治良治"的前提是主客体之间关系的科学认知。

实施依据。从我国管理体制出发，环境治理的实施依据主要是党的方针政策，包括党的行动纲领、口号、文化等。《意见》要求导向清晰、决策科学，主要是对文件或政策制定者而言的。执行有力、激励有效是对政府部门和基层而言的。执行有力，要求中央政策能得到一丝不苟的执行；激励有效，要求激励向上、奖励先进，而不能"劣币驱逐良币"。多元参与、良性互动要求政策制定、执行、完善的全过程公开、公正和透明。多元参与是治理与管理的根本差别之所在，群众的诉求和呼声理应在政策中得到回应。良性互动是信息沟通和环境治理的必要过程，也是政策调整和完善的必然要求。

环境治理依据，覆盖国家环境政策、法规、规划、标准等方面。党的十八届四中全会的决定，对建设法治国家已有明确规定：良法、执法、司法和守法。良法，要求法律代表广大人民群众的根本利益，起到成熟政策法制化和公民行为规范化的作用。到 2020 年底，由生态环境部门负责组织实施的生态环保领域法律共计 13 部，行政法规共计 30 部；自 2016 年以来，还完成了 1 400 余件（次）生态环境部行政性规范性文件的合法性审核工作，处理了一部分与上位法不一致或者有冲突，或者影响市场公平竞争等方面的问题，提高了规范性文件的质量，保障了法制的统一。执法、司法和守法要求严格遵守国家法律法规，依法审慎利用地方立法权，形成良好的法制环境。梳理法规间的矛盾、调整已过时的法律规定。做到领导干部以身作则、带头守法、严格执法，形成良好的社会风气，推动建立社会信用体系。系统梳理和统筹整合制度、体制、机制、工具并实现相互之间的有机衔接，综合判别各种治理工具的优劣，实现治理方法的智慧选择和有机组合。

实施工具。为确保环境保护政策、法规、规划等落地，应有相应工具或手段。从各国经验和我国实际看，标准和环境会计是行之有效的工具。标准可以贯彻落实到基层，具体实践到污染物排放和产品生产中。截至2020年，国家生态环境科技成果转化综合服务平台收录了近4 000项污染防治与环境管理技术。标准是开展环保督查、考核地方和企业的技术法规，是统一"尺子"，既可以减少选择性执法和自由裁量权，也可以避免"公说公有理，婆说婆有理"的情形。如果没有量化的"散乱"标准，执法时难免还会出现"一刀切""关了再说"等情形。要将分类施策落到指标上，发挥指标的"指挥棒"作用，增强针对性、系统性和长效性。强化自然保护地监测、评估、考核、监督，逐步形成一整套体系完备、监管有力的监督管理制度。环境会计的重要性不言而喻。环境成本"内在化"，无论是治理成本还是污染损失，都应通过账户来体现。这样，不仅可以减少"企业排污、政府埋单"的现象，也可以使罚款有据而不是"轻描淡写"或"走极端"。

容错纠错机制。2018年5月，中共中央办公厅印发《关于进一步激励广大干部新时代新担当新作为的意见》，要求建立健全容错纠错机制，为敢于担当的干部撑腰鼓劲。我国走了一条压缩型的工业化道路，生态环境问题也有压缩型特点；又由于我国幅员辽阔、各地发展阶段、产业特点不同，在处理环境与发展关系时没有先例可循，不能期望每一项工作都不失败。因此，建立容错纠错机制十分重要也极为迫切。生态环境部已建立纠错容错机制。例如，2018年制定《禁止环保"一刀切"工作意见》，要求加强政策配套，严格禁止"一律关停""先停再说"等敷衍应对做法，坚决避免集中停工停业停产等简单粗暴行为。又如，对媒体上反映的山东某地大气办在锅盖上贴封条的回复，成立20个工作小组赴全国200个生猪调出大县开展现场调研，督促地方严格排查禁养区划定等，均是先例。既要警惕政策执行走样、基层执行能力不够的问题，又要防止大量关停企业带来社会稳定和就业压力隐患、甚至以新的问题取代旧的问题，而不能真正解决污染问题，造成资金和资源的极大浪费。只有保持政策的稳定性和连续性，只有政府守信用而不是"朝令夕改"并消除政策执行走样带来的不良影响，才能取信于民，社会信用体系也才会货真价实。

三、落地见效是现代环境治理体系的根本所在

环境治理体系建立以后，干部成为打好污染防治攻坚战的决定性因素。现代环境治理体系和治理能力现代化不可能一蹴而就，有一个不断调整完善的过程。在中国共产党的坚强领导下，中华民族踏上波澜壮阔的现代化航程，从站起来、富起来到强起来，新中国用几十年时间走完发达国家几百年的工业化历程。人民群众对现代化的目标预期从"楼上楼下电灯电话"到日益增长的优美生态环境。只有顺应时代潮流，加大生态环境保护力度，才能还自然以宁静、和谐、美丽。

1. 现代环境治理体系的目标设定

从逻辑关系看，现代环境治理体系是生态文明治理体系的组成部分。党的十九大报告在生态文明建设第一段第一句话，就点明了生态文明建设在中华民族伟大复兴中的地位：永续发展、千年大计。"生产发展、生活富裕、生态良好"（以下简称"三生"）是全面建成小康社会目标的具体化，本质是追求经济发展、民生改善、生态环境保护的协调、平衡和良性循环。"三生"目标在党的十六大报告中业已提出，与 2002 年南非约翰内斯堡联合国可持续发展峰会形成的经济发展、社会发展、资源环境是可持续发展的三大支柱共识吻合。现代环境治理体系是生态文明治理体系的重要组成部分，因为生态环境是全面建成小康社会的"短板"：小康全面不全面，生态环境是关键。近年来，我国加大生态环境保护力度，扭转了忽视环境

保护的倾向，生态环境质量得到明显改善。

现代环境治理体系和治理能力现代化，要落到"推动生态环境根本好转、建设美丽中国"效果上。党的十八大以来，以习近平同志为核心的党中央统筹推进"五位一体"总体布局和协调推进"四个全面"战略布局，开展了一系列根本性、开创性、长远性的工作，实施了大气、水、土壤污染防治三个"十条"，出台了一系列生态文明制度。制度出台频度之密、污染治理力度之大、监管执法尺度之严前所未有，生态环境质量得到明显改善。环境治理效果和质量改善，不仅可以用指标体系来评价，也反映在公众的切实感受上。例如，我国近年来的蓝天增多、大气环境质量变好，不仅可以从数据上审视，还可以从网上晒蓝天的照片得到验证。与此同时，我国生态文明建设仍处于压力叠加、负重前行的关键期，进入提供更多优质生态产品以满足人民日益增长的优美生态环境需要的攻坚期，也到了有条件有能力解决生态环境突出问题的窗口期。只有实现天蓝、水清、地绿的环境保护目标，现代环境治理体系现代化的价值才能显露出来。

2. 地方探索是落地见效的保障

构建现代环境治理体系，需顺应形势变化需要，明晰责任体系，即谁来管、管什么、怎么管的问题，并形成合力。《环境保护法》规定属地管理，行政管理体制改革催成了垂直管理，并进一步明确中央和地方政府的责任。要构建顺畅的现代行政关系，打造运转高效、机制完善、作风廉洁的行政管理体制。在纵向上，要处理好中央政府与地方政府的生态环境治理的事权和财权，构建事权与财权匹配的环境治理关系。在横向上，要理顺生态环境部门与同级其他部门，如自然资源、水利、林草、农业农村等部门的权责关系。通过职能整合、机构调整，构建清晰的横向关系。在生态环境系统内部，要科学划分主管部门（生态环境部）与区域性机构（区域督察局）、地方生态环境部门间的职权关系，构建分工合理、职责清晰的纵向层级关系。换言之，要打通现行管理体制的上下、左右、前后关系；上下关系是中央和地方政府关系，垂直管理是实现形式；左右关系是同级政府部门之间的关系，在"条条"畅通的前提下要加强"块块"联系和协同；前后关系则是保持政策的连续性。

尽量避免传导机制失灵。上情下达，下情上达，互动非常重要。《意见》明确要求形成良性互动机制，避免政策的"放大效应"，即社会上的"加码、加水"之说，也包括督察过多、过频问题。从国内外实践看，方桌会、对话会等是沟通的重要形式。决策者要有"兼听则明"的态度，群众要有讲真话的勇气。如果决策前充分听取群众意见，一些事情会少走弯路。如果我们从政策的研究设计开始，就充分听取知情者、广大群众的意见，就会从源头防止政策导向与基础实践的脱节。例如，东北地区的秸秆焚烧问题。虽然国家出台了一系列政策文件，包括财政补贴和分片包干等，但到时候秸秆如果不处理，会影响农时，而烧了还会增加农田有机质、杀死秸秆越冬的病虫卵。换言之，秸秆焚烧有利有弊，虽然影响环境质量，但在农业生产上也有益处；这就需要做好顶层设计与基础探索的有机衔接，避免中央政策难以在地方落实的问题。

以正确的办法实现环境质量的根本好转。生态环境保护是新时代人民群众的诉求，功在当代，利在千秋。推进人民富裕、国家强盛、中国美丽，是现代环境治理体系和治理能力现代化的出发点和落脚点；群众获得感和幸福感增加了就应当坚持，群众的幸福感没有增加就要分析原因，纠正错误以利再战。首先，要进一步梳理工作思路，疏堵结合，夯实基础。应当明白，生态环境变化是一个"慢"变量；我国环境状况是积累和叠加的结果，要求短时间解决所有问题，既不符合客观规律，也容易"反弹"，毕竟我国的城市化和工业化的历史任务还没有完成。其次，如果责任分解过细过小，会导致环境保护"碎片化"，难以体现习近平总书记关于"山水林田湖草沙系统治理"的要求。最后，健全国家公园保护制度，科学设置各类自然保护地，严惩毁林开荒、围湖造田等生态破坏行为，坚持谁破坏谁赔偿原则，确保重要自然生态系统、自然景观和生物多样性得到系统性保护。只有这样，才能使绿色富民惠民，也才能实现我国经济社会可持续发展。

推进环境治理体系和治理能力现代化，既要抓改革，也要抓落实。既需要加快体制机制创新、增加制度供给，解决体制机制不健全、法律法规不严密等问题；也需要强化制度执行，让制度成为不可触碰的"带电高压线"。必须结合本地区发展实际，进一步细化落实构建现代环境治理体系的目标任务和政策措施，确保重点任务及时落地见效。

制度的生命力在于执行，再好的制度如果得不到有效执行，就会形同虚设。建章立制只走完了第一步。习近平总书记强调指出："对任何地方、任何时候、任何人，凡是需要追责的，必须一追到底，决不能让制度规定成为'没有牙齿的老虎'。"令在必信，法在必行，"让制度成为刚性的约束和不可触碰的高压线"。强化制度执行，关键在真抓，决不能搞罚酒三杯、选择性执法。把制度权威性牢固树立起来，避免制度成为"稻草人"，才能真正把生态领域的制度优势转化为治理效能。

要在制度完善中形成执行机制。只有把制度执行到位、将政策贯彻到底到边，最大限度地激发制度效能，才能收到预期效果。一是建立评价考核制度。建立健全体现生态文明要求的目标体系、考核办法、奖惩机制。领导干部要树立科学政绩观，将环境破坏成本、资源消耗和生态修复等纳入考核评价体系。二是落实生态环境损害赔偿制度。健全环境损害赔偿的法律制度、评估方法和监督考核机制，大幅提高违法成本。三是落实中央督察制度。监督考核是解决"治理得怎样"的问题，要确保生态环境治理按照既有方针及政策施行。严格落实环环相扣的考责、履责和追责制度，才能使一些人不敢乱为，不作为得到纠正。

强化制度执行，除事后严惩的震慑，还需有事前的抓手，建立制度执行的监督机制。在这方面，环保督察发挥着重要作用。环保督察敢于动真碰硬，敢于直面问题，让环保法律法规长出了"钢牙利齿"，让环境保护从软约束变成不可逾越的红线。

党的十八大以来，推进生态文明建设的一个鲜明特色，是注重发挥制度管根本、管长远的作用。强化制度执行，关键在真抓，靠的是严管，把制度权威牢固树立起来，避免成为"稻草人"。只有实行最严格的制度、最严密的法治，才能为生态文明建设提供制度保障。把生态文明制度构建好、完善好，落实到位，青山常在、绿水长流、空气常新的美丽中国建设步伐会更坚实，成果会更丰硕。

生态文明体制机制改革不断向纵深挺进，关键在于坚持问题导向，针对突出问题对症部署改革举措，开出治本良方。建立健全现代环境治理体系，实现治理能力现代化，是国家治理体系和治理能力现代化的重要组成，既需要在国家的总体框架下全力推进，也需要从中国生态环境治理的现实出发形成特色，从而为环境质量改善、建设美丽中国、完善全球气候治理等创造条件，为世界治理体系的完善提供中国智慧、中国方案[①]。

①刘毅：《为建设美丽中国提供制度保障（人民时评）》，《人民日报》2020年3月13日，第5版。

第二十三章
科技与金融是美丽中国建设的双翼

2021 年 3 月 15 日，中央财经委员会第九次会议指出，碳中和是一场广泛而深刻的经济社会系统性变革，要把碳达峰纳入生态文明建设整体布局。这是党中央经过深思熟虑作出的重大战略决策，事关中华民族永续发展和美丽中国建设。推动碳减排乃至碳中和，实现经济社会可持续发展，成为各国应对全球气候变化的共同选择。

《2030 年前碳达峰行动方案》提出了"十四五"期间的碳达峰十大行动，发展节能、循环经济是具有普遍意义的碳减排路径，尤其是碳循环经济，通过碳的循环利用来减少二氧化碳排放，是一种创新性思路[1]。碳达峰碳中和需要技术创新驱动和支撑，既要解决高效利用化石能源和降低碳排放强度问题，又要攻克可再生能源发展中蓄能、智慧化管理等问题。绿色低碳发展呼唤绿色金融、特别是碳金融的快速健康发展，要在创新金融工具、绿色低碳项目认定标准等方面下功夫。

---

[1] 周宏春：《我国碳达峰碳中和有了路线图施工图》，《中国发展观察》2021 年第 21 期，第 4 页。

一、实现"双碳"目标的可行路径已有中央顶层设计

在国家"1+N"政策体系中,具有普适意义的碳减排路径包括节能减排、循环经济等。

节能是最有效、最直接、最经济的碳减排途径。节约能源在《中华人民共和国节约能源法》中被确定为基本国策;节能之所以非常重要,是因为节能不仅可以减少煤炭和油气资源的开采,还能收到降低碳排放之效。当前,我国一些产品能耗与国际先进水平的差距正在缩小,部分高耗能企业已经拥有了国际先进技术和设备。接下来,我们的节能工作不仅要体现在工业、建筑、交通等行业,更要关注管理系统建设的问题,从而在能源结构优化上释放更大的节能潜力。例如,电厂、钢铁等企业的余热利用、温度对口、梯级利用等,不仅可以提高能源效率,还减少能源消费总量,从而收到一举多得之效;利用节能家电,以尽可能少的电耗支撑冰箱、空调等家电的正常运转,从而使居民获得更多的能源服务[1]。

受收益递减的规律制约,投入同样资金获得的节能效果会下降,所以进一步节能需要技术突破。政府要为节能创造一个"公开公平公正"的市场环境,以弥补"市场失灵"。要坚持政府引导、供需匹配、多方共赢的原则,政府的政策供给要贴近企业需求,符合企业节能实际,从而实现经济社会环境效益的有机统一。[2]

我国碳循环经济发展已有大量的实践。无论是资源循环利用还是二氧化碳循环利用,均是我国各种生产活动中的优良传统,也是"物尽其用"思想的具体体现。例如,我国大力发展富碳农业,不仅可以将二氧化碳利用起来,还能使大棚种植的农副产品产量质量提高,口感变好。又如,为

---

[1] 周宏春:《科技与金融是实现碳达峰碳中和的双翼》,《科技与金融》2022年第5期,第7—14页。

[2] 史作廷:《做好重点用能单位节能降碳工作》,《红旗文稿》2021年第10期,第3页。

解决产业化治沙的可持续性问题，内蒙古毛乌素生物质热电有限公司将发电排放的洁净烟气作用于螺旋藻的生产，最终形成了以"治沙、新能源、螺旋藻"为核心的沙、林、电、藻一体化的循环产业链，即种植沙柳治理沙漠（碳吸收），利用沙柳平茬的生物质燃料发电（碳减排），利用电厂排放的纯净高浓度CO_2培育优质螺旋藻（碳利用）的"三碳经济"模式。[①]工业排放的二氧化碳也可以"变废为宝"，如将钢铁生产中的焦炉煤气、高炉气加氢制成化工产品；将发酵行业的二氧化碳制成食品级的二氧化碳等。类似的实践还有很多，需要从理论上加以总结提升，形成碳循环经济理论，并用于指导碳减排实践。

总之，要推动工业、交通、建筑等行业的智慧化和绿色化，发展分布式能源、微网、储能、电动汽车智能充放电、需求侧响应等，提升能源系统效率，并形成基于能源大数据的节能服务新业态。要围绕重点园区、重点行业、重点企业，建设能源管理中心和智慧平台，挖掘企业一切可能的节能潜力。在产业园区应当重视节地、节能、节水、减材、减污、降碳的协同，深入研究分析能流图和二氧化碳排放图，确定碳减排重点和方向，以便收到事半功倍的效果。要利用信息化、大数据技术等新一代信息技术，大幅提升能源管理的智能化水平。实现碳达峰碳中和，要让专业的人做专业的事，从减少有形的和无形的浪费做起，以收到产出最大化之效。

二、碳达峰碳中和需要创新驱动和技术支撑

碳达峰、碳中和是能源生产、消费和技术革命，要依靠技术进步和创新，不断减少煤炭等化石能源的使用，更多地利用太阳能、风能等可再生能源，支撑人民群众福利水平的不断提升，支撑经济社会的可持续发展。

---

①周宏春、霍黎明、管永林、李长征、周春：《碳循环经济：内涵、实践及其对碳中和的深远影响》，《生态经济》2021年第37卷第9期，第13-26页。

1. 能源革命由技术进步和创新推动

纵观世界历史，每次能源革命都是由技术革命引发的。如蒸汽机的出现引发了以煤炭大规模开发为特征的第一次能源革命；内燃机的诞生促发了以石油开发利用为代表的第二次能源革命。而今，可再生能源开发利用将成为第三次能源革命的动力，其不仅要替代煤炭、油气等化石能源，而且电、氢及其载体（如氨）更可能成为新的能源组成，构成全新的能源体系。

在我国的能源生产和消费活动中，化石能源占据着极为重要的地位。现阶段，我国用得最多的能源是煤炭、石油、天然气、可再生能源与核能等化石能源。2020年，在我国能源消费中，煤炭消费占56.8%，排放的碳占比达80%。无论是能源生产端的低碳化，还是能源消费端的提效，都离不开技术进步以及创新的支撑。

多年来，我国科技创新能力大幅提升，实现了"并跑"和"领跑"并举。为实现"双碳"目标，我国在能源科技创新方面也进行了有益的探索。例如，为了减少化石能源碳排放，科技部依托重点研究计划，在煤炭清洁高效利用和节能减排技术、可再生能源与氢能技术、储能与智能电网技术等方面部署了一系列研究，并在化石能源中碳基分子转变为化学品和新材料方面进行科技攻关和研发，启动了"变革性洁净能源关键技术与示范"先导专项，以推进多能融合关键技术示范与应用。中科院完成了"应对气候变化的碳收支认证及相关问题""低阶煤清洁高效梯级利用关键技术与示范"等项目，启动"变革性洁净能源关键技术与示范"战略性科技专项。2020年10月，李灿院士的千吨级"液态阳光"（"液体阳光"）示范项目成功运行。该项目利用可再生能源发电、电解水生产"绿氢"，将二氧化碳加氢转化为"绿色"甲醇等液体燃料；或通过太阳能、电厂余热及其二氧化碳的直接利用生产油气（等离激元技术已在七台河电厂中试成功）；等等。

工业领域要发展原料、燃料替代和工艺革新技术。钢铁、水泥、化工等作为高能耗高排放大户，其产业的碳排放量与生产技术工艺相关，实现工艺流程低碳再造是碳减排的关键和核心。交通领域要加快发展新能源汽车技术，形成绿色低碳交通运输体系。建筑领域，要推进建筑—光伏一体化进程，采用分布式蓄电方式实现充电桩与新能源汽车智能连接；进行直流配电，并实现建筑柔性用电，发展形成"光储直柔"智能系统，形成新产业、新交通、新建筑、新能源乃至新的发展方式和消费模式①。当然，何种技术路线会成为未来的"主角"，经济性和规模化是关键，因而要更好地发挥市场配置资源的决定性作用。

能源和电力低碳化是实现"双碳"目标的关键，既要从可再生能源、核能、资源循环利用、智能交通、绿色建筑等方面提前做好技术储备，也要从政策机制上给予保障，要利用政策、法律、经济、行政、宣传等手段，为"双碳"目标的实现营造良好环境，依靠理论创新、技术创新、制度创新、文化创新等途径，推进全球气候治理迈上新台阶。

2. 在"双碳"领域"领跑"成为新时代新使命

放眼未来，碳达峰、碳中和是一场新技术、新产业、新市场的赛跑，成为各国技术进步和创新的"竞技场"。碳达峰、碳中和引发以去碳化为标志的科技革命，为科学家和社会各界提供广阔的创新平台和合作空间，催生了基础研究领域一系列新理论新方法新手段，孕育了一系列颠覆性技术创新。我国经济社会的系统性变革，必将孕育全新的科学技术与工程，既要有材料、制造工艺和能源等方面的技术更新迭代，也要在工业、农业、交通、建筑等领域挖潜提效，提高能源利用效率。以化石能源为主体的能源体系要转为以可再生能源为主体、多能互补、高效利用、智能化管理的低碳能源体系，并带动能源相关制造业的转型升级和绿色低碳发展。太阳能、风能、水能、生物质能等可再生能源的利用过程不排放二氧化碳；但与化石能源相比，其也有着能量密度低、时空分布不均、发电间歇

---

① 朱丽：《实现碳达峰、碳中和科技创新是关键》，《科技日报》2021年3月19日，第2版。

性、成本较高等缺点，一定程度上限制了其规模化应用。

根据中央财经委员会第九次会议的精神，能源领域的绿色低碳发展有几项重点工作：首先，要打通能源之间的联系，促进多能互补、温度对口、梯级利用；其次，发展大规模储能技术，以有效解决电网运行安全、电力电量平衡、可再生能源消纳等问题；再次，研发新的能源转化途径，减少能源利用中的二氧化碳排放，或将二氧化碳转化为高碳材料；最后，氢能技术、先进安全核能技术、二氧化碳捕集利用与封存（CCUS）技术等要协同推进，突破储能、智能电网等关键技术，构建清洁低碳安全高效经济的能源体系。

"十四五"时期，我国市场规模大、制造门类全、集中力量办大事等制度优势将进一步显现，创新要素聚集能力也将大幅提升，为我国抓住新一轮科技革命的战略机遇开辟广阔前景。我国应加快部署低碳领域的国际前沿技术研究，推广应用先进共性减污降碳技术，提升我国在绿色低碳环保领域的技术优势和储备，加强技术集成耦合创新，特别是颠覆性技术创新和推广应用；聚焦集成电路、关键软件、关键新材料、重大装备及工业互联网，推进制造业协同创新体系建设，强化基础共性技术供给。支持行业龙头企业联合科研院所、高等院校和中小企业组建创新联合体，打造绿色制造研发及推广应用基地和创新平台，加快创新成果应用和产业化，加快现有产业数字化转型。强化创新的企业主体地位，促进先进适用技术产业化、规模化应用，持续增强产业链韧性和弹性。发展碳汇、碳捕集利用与封存等技术，以及非二氧化碳温室气体减排技术。在研究开发绿色低碳技术的同时，也要认识到碳减排是全球性问题，保持开放的心态，积极拓展与世界各国碳减排、能源与环境的合作，共同促进"一带一路"绿色发展，积极参与全球气候治理，并发挥更加重要的作用。

3. 美丽中国建设需要新质生产力的支撑

"新质生产力"的概念，由习近平总书记 2023 年 9 月在黑龙江考察时首次提出；2024 年 1 月 31 日下午，在中共中央政治局就扎实推进高质量发展进行第十一次集体学习时，习近平总书记全面系统阐释了新质生产力的重要概念和基本内涵，并就如何推动新质生产力加快发展提出明确指引。2024年3月召开的全国"两会"，"新质生产力"成为与会代表和委员们热议的话题。习近平总书记在参加十四届全国人大二次会议江苏代表团审议时强调"因地制宜发展新质生产力"，也在会场内外引发了强烈共鸣。

新质生产力是创新起主导作用，摆脱了传统经济增长方式、生产力发展路径，具有高科技、高效能、高质量特征，符合新发展理念的先进生产力质态。新质生产力，由技术革命性突破、生产要素创新性配置、产业深度转型升级而催生，以劳动者、劳动资料、劳动对象及其优化组合的跃升为基本内涵，以全要素生产率大幅提升为核心标志，特点是创新，关键在质优，本质是先进生产力。

发展新质生产力是当前经济发展的重要任务，2024年政府工作报告提出了新质生产力的发展重点：巩固扩大智能网联新能源汽车等产业领先优势，加快前沿新兴氢能、新材料、创新药等产业发展，积极打造生物制造、商业航天、低空经济等新增长引擎。制定未来产业发展规划，开辟量子技术、生命科学等新赛道，创建一批未来产业先导区。

新质生产力因高质量发展而生，新质生产力本身就是绿色生产力。绿色发展是高质量发展的底色，是高质量发展的应有之义。绿色发展是国际潮流，新质生产力作为当代先进生产力，在绿色发展中发挥着重要作用。要牢固树立和践行"绿水青山就是金山银山"的理念，坚定不移走生态优先、绿色发展之路。

高质量发展，是更高质量、更有效率、更加公平、更可持续的发展。新质生产力，通过更高效率的生产方式和资源利用方式，可以降低生产成本，提高经济效益。在美丽中国建设中，效率提升有助于减少能源和原材料浪费，进而降低对环境的负面影响；效率提升也可以推动产业转型，发展战略性新兴产业，为绿色发展提供更多动力。

新质生产力，注重生产过程中的环境友好性，因为有助于企业更加注重环境保护和可持续发展，推动绿色生产方式的普及和深化。通过将环保理念融入生产过程中，可以降低污染物排放，减轻对生态系统的压力，促进生态平衡和可持续发展。

新质生产力，更强调可持续发展。可持续发展要求在满足当代需求的同时，不损害子孙后代的需求。同时，可持续发展也要求在发展过程中关注公平性、可持续性和共同性，让绿色发展的成果惠及更多人。要加快绿色科技创新和先进绿色技术推广应用，为加快形成美丽中国建设的新质生产力"蓄势赋能"。

美丽中国建设，需要新质生产力的支撑和赋能。在改善生态环境质量方面，持续深入打好蓝天、碧水、净土保卫战。深入实施大气污染联防联控，实施城市空气质量达标行动。深入实施长江大保护、抓好黄河流域大保护，坚持水资源保障、水环境治理、水生态修复"三水统筹""一河一策"系统治理，持续建设美丽河湖。坚持源头预防、防控结合，保障农用地和建设用地土壤环境安全。推进"无废城市"建设，积极应对气候变化，严格防范环境风险。所有这些，离不开技术创新的驱动，离不开新质生产力的支撑。

在推动美丽中国建设方面，努力打造美丽中国的地方篇章。都市圈要发挥引领和辐射作用，打造人与自然和谐共生的现代化都市圈。各地依据自身特点积极推进美丽城市、美丽乡村建设。进一步创新保护治理模式与机制，打造全国美丽河湖建设样板。深入发掘优秀传统文化，倡导简约适度、绿色低碳的社会风尚，动员全社会共同行动，共同建设山河锦绣、经济繁荣、田园清洁、城乡优美、人与自然和谐共生的美丽中国。

要加大力度攻关、破解美丽中国建设涉及的资源、生态、环境、绿色发展等多领域科学技术难题。全面深化生态环境领域科技体制改革，构建市场导向的绿色技术创新体系和美丽中国数字化治理体系。开展可再生能源等前沿引领技术储备、关键技术攻关，积极发展协同治理、深度治理、全过程治理技术成果集成与示范。培育美丽中国建设要求下发展新质生产力、推动高质量发展的技术创新型和应用型人才。

要优化支持绿色低碳发展的政策工具，为加快形成美丽中国建设的新质生产力提供强大支撑。发挥绿色金融的资源配置、风险管理和市场定价功能，推进生态环境导向的开发模式和投融资模式创新，稳步推进气候投融资模式、产品和服务创新，打造高效生态绿色产业集群。完善以能耗、环保绩效为导向的高耗能行业阶梯电价制度。健全资源环境要素市场化配置体系，推进碳排放权、用能权、用水权、排污权等市场化交易。加强环保信用监管体系建设，促进有效市场和有为政府更好结合。

三、绿色产业发展呼唤绿色金融支持

发展绿色金融支持绿色低碳发展。2021 年 11 月 8 日，中国人民银行发布碳减排支持工具的公告，支持清洁能源、节能环保、碳减排技术等领域发展，并撬动更多社会资金促进碳减排。通过"先贷后借"的直达机制，对金融机构按与同期限档次基础贷款利率（LPR）大致持平的贷款利率发放符合条件的碳减排贷款，按贷款本金的 60% 提供专项资金支持，年利率为 1.75%，期限 1 年，可展期 2 次，将显著降低相关行业固定资产投资总量和成本。

金融是现代经济的血液，碳达峰碳中和目标的实现、经济的高质量发展需要绿色金融支持。高质量发展是"十四五"的主题。补生态环境短板，实现碳达峰碳中和目标，投资需求巨大。用好绿色信贷、绿色债券、环境污染责任保险、绿色发展基金、碳基金、绿色股票指数及其产品等金融工具和相关政策，引导更多社会资本进入生态环境领域。发展绿色金融成为推进生态文明建设、打好污染防治攻坚战、实现碳达峰碳中和目标的必然要求。

1. 绿色金融的内涵及其发展概况

绿色产业发展呼唤绿色金融。我国产业结构偏重，产业布局偏散，能源结构"偏煤"，环境污染问题严重，环境保护滞后于经济社会发展，依然是经济社会发展的"短板"。补短板成为我国生态文明建设的重中之重，环境产业的发展呼唤绿色金融的支持。据 2016 年 8 月 31 日中国人民银行等七部委的《关于构建绿色金融体系的指导意见》，绿色金融是为支持改善环境质量、应对气候变化和资源节约集约利用的经济活动，包括对环保、节能、清洁能源、绿色交通、绿色建筑等领域的项目投融资、项目运营、风险管理等提供的金融服务。绿色金融覆盖绿色信贷、证券市场、绿色基金、政府和社会资本合作（PPP）、绿色保险、环境权益交易等金融工具①。

我国推动绿色金融发展已有 10 余年时间。2012 年 2 月原中国银监会发布《绿色信贷指引》，初步建立了绿色信贷制度框架。2016 年 8 月，中国人民银行等七部委发布《关于构建绿色金融体系的指导意见》，首次系统构建了绿色金融政策框架。2020 年 10 月，生态环境部等五部委发布《关于促进应对气候变化投融资的指导意见》，构建了气候投融资国家政策体系。《生态文明体制改革总体方案》要求，"建立绿色金融体系"。"十三五"规划提出，"建立绿色金融体系，发展绿色信贷、绿色债券，设立绿色发展基金"，规定了绿色金融产品的主要类型。"十四五"规划和 2035 年远景目标提出，"大力发展绿色金融。健全自然资源有偿使用制度，创新完善自然资源、污水垃圾处理、用水用能等领域价格形成机制"。其中，完善污水处理、用能等领域的价格机制，有利于投资回报和金融的良性发展。

随着"碳达峰""碳中和"的热议，ESG 投资已成为金融市场焦点。2020 年我国绿色投资基金规模超过 1 172 亿元。2021 年，包括银行理财

①周宏春：《碳金融发展的理论框架设计及其应用探究》，《金融理论探索》2022 年第 1 期，第 9 页。

子公司、公募基金在内的国内众多投资机构围绕ESG主题积极布局。据CSMAR数据库，纯ESG公募基金10只，规模近10亿元。国家和地方绿色发展基金、PPP绿色项目基金、产业集团绿色投资基金等不断推出，基协备案数量过700只，规模达数千亿元。

碳减排支持工具是央行为助力碳达峰、碳中和目标实现而创设的结构性货币政策工具：人民银行提供低成本资金，支持金融机构为具有显著碳减排效果的项目，包括清洁能源、节能环保、碳减排技术等重点领域项目，提供优惠利率融资；采取先贷后借的直达机制，金融机构向碳减排重点领域的企业发放贷款，之后企业向人民银行申请碳减排支持工具的资金支持，并按照人民银行要求公开其碳减排相关信息，接受社会监督。人民银行将以稳步有序的方式推动碳减排支持工具落地生效，注重发挥杠杆效应，撬动更多社会资金促进碳减排。碳减排支持工具可以有绿色再贷款、再贴现，差异化存款准备金率、定向中期借贷便利操作（TMLF）等工具。碳减排支持工具对碳减排重点领域"做加法"，支持清洁能源等重点领域的投资和建设，以增加能源总体供给能力，而不是"做减法"，金融机构自主决策、自担风险，不盲目抽贷断贷，以发挥对能源安全保供和绿色低碳转型的支持作用。

实现我国碳达峰碳中和目标，资金需求巨大。有关预测表明，将全球温升控制在2℃以内的目标导向转型，到2050年，中国绿色投资总需求约为139万亿元人民币，能源系统需新增投资约100万亿元人民币。中国实现净零碳排放，到2060年清洁能源技术基础设施投资规模预计达到16万亿美元[1]。据国家气候战略中心测算，实现"双碳"目标的股权投资需求约为绿色融资的30%，年均缺口超过4 800亿元。总体上看，政府财政投资、社会资本参与均不可或缺，碳金融更是大有可为。

---

① 张晓添：《"碳中和"目标已开始层层分解，中国"绿色经济"投资规模将超百万亿元》，《时代周报》2021年3月8日。

2. 多措并举，构建绿色金融发展的良好环境

发展绿色金融，要解决金融产品是什么、确定这些产品的标准为何、企业发布什么样的信息、靠什么人来识别绿色低碳项目以及如何更好保证金融资金的退出等问题。坚持从顶层设计、产品体系、风控机制、信息披露、国际合作、能力建设等方面，强化金融体系建设，以高质量金融服务助力"双碳"目标的实现。

金融机构要具备大局观念、长远眼光，为绿色发展提供长期、低成本、可持续的更多资金支持；也要以历史耐心对待传统项目，而不能"一刀切"抽贷限贷，要把握好支持力度，努力实现平稳过渡，并推动绿色金融从打基础的1.0迈入跨越式发展的2.0。具体而言，一要设立绿色金融发展目标，优化金融市场资源配置。二要创新碳排放权交易和碳金融发展模式，搭建共享平台，建立统一交易标准和交易机制。三要探索碳金融产品和服务发展阶段性目标，既要以CCER项目核证减排量为基础，设计适合建设阶段的更多碳金融衍生品；又要完善功能推动生态绿色放射状、组团式发展，发展包括碳交易工具、碳融资工具和碳支持工具在内的碳金融产品，并实现碳价格的发现功能。

各地要积极制定和出台一揽子绿色金融发展的激励政策。从落户奖励、土地使用、经营贡献奖励、人才引进等方面制定一系列支持政策，建设绿色金融区域网，吸引绿色银行、证券、基金、信托、保险等金融机构及第三方认证机构，由点带面推进绿色金融业务发展。创新金融产品，激励更多主体参与绿色金融。银行金融机构以绿色信贷和绿色债券为基点，以市场化方式进行绿色融资。非银行机构要提高市场参与度，弥补商业银行绿色融资规模与绿色资金缺口，引导绿色信贷结构从重变轻。支持符合绿色发展理念的企业在境内外资本市场上市或挂牌融资，支持科技含量高的绿色产业企业在科创板上市融资，支持企业利用资本市场开展再融资和并购重组，推动产业绿色转型升级。

要坚持绿色发展理念、坚持支持实体经济导向，识别真正具有生态效益和可持续发展潜力的绿色低碳项目。而有效识别绿色低碳项目，需要建立一套科学完整的评价体制和信用体系作为支撑。所以，金融机构应积极参与国际标准制定，发行合适规模的主权绿色债券，发展用于碳减排、环境污染治理、气候风险管理等方向的细分绿色金融产品；政府应建立并不断完善碳减排的激励机制、补偿机制、考核机制、惩罚机制等，在发展质量综合评价中引入绿色低碳指标，完善绿色产业目录，科学评定碳减排的经济效益、社会效益和环境效益，推动企业将碳交易情况加入主动披露的内容，以高质量绿色金融推动经济高质量、可持续发展。

防风险是绿色金融发展的重要关切点，金融机构要加快提高绿色金融的抗风险能力。碳达峰、碳中和正推动传统高耗能的落后产能加速退场，催化出新兴产业链，但同时也给金融发展带来了一些风险和挑战；高碳企业产品需求下降，企业营业收入下降，并引发信用风险；高碳排放行业成长因技术改造、节能减排等措施的实施，会导致企业成本上升、盈利收窄甚至亏损；持有较多高碳金融资产，也面临较大转型风险。所有这些，均需要提高金融机构识别绿色低碳项目的能力。

第二十四章

发展碳市场以降低碳减排的社会成本

碳市场是一种政策性市场，而不是一种自发性市场，必须发挥政府作用，如分配碳排放权配额、制定市场交易规则等，通过行政手段来推动碳中和目标的实现；我国启动碳市场还可以拥有更多的低碳发展国际话语权。在政府制定了碳减排目标后，如果减排成本低于碳交易市场价格时，企业会自动选择减排，减排产生的份额还可以卖出获得收益；当企业减排成本高于碳市场价格时，企业会选择在碳市场上购买配额以完成政府规定的减排量。

一、建立我国的碳市场意义重大

国内外实践表明，碳排放权交易市场是以较低成本实现特定减排目标的政策工具，是控制二氧化碳等温室气体排放的有效手段之一，可以依靠配额价格来激励和调节碳市场，实现控制碳排放的目标。总体上，全国碳市场的建设和运行对我国碳达峰、碳中和的作用和意义重大。碳排放权交易市场建立的意义，主要体现在以下几方面：

第一，向全社会释放一个二氧化碳等温室气体有价的信号。也就是说，如果排放的二氧化碳等温室气体超过政府分配的指标，就必须采取一切可能的措施来完成目标，既可以通过技术改造或加强管理等措施，也可以在碳市场购买。简单地说，排放二氧化碳等温室气体需要付出成本，而不能随意排放。

第二，可以提供经济激励或约束机制，将资金引导到减排潜力大的行业企业，推动绿色低碳技术创新，推动前沿技术创新突破和高排放行业的绿色低碳发展转型。换言之，推动高排放行业实现产业结构和能源消费结构的绿色低碳化，促进高排放行业降低排放强度，进而力争提前达到碳排放峰值。

第三，有助于提高管理效能。与传统行政管理手段相比，碳市场既能将温室气体控排责任压实到企业，又能为碳减排提供相应的经济激励机制，降低全社会的减排成本，并带动绿色技术创新和产业投资，进而为处理好经济发展和碳减排的关系提供有效的工具。

第四，有助于提高我国的植被覆盖率。可以通过构建全国碳市场信用或抵消机制，促进增加林业碳汇，促进可再生能源的发展，改善土壤团粒结构促进农业丰产丰收，助力区域协调发展和生态保护补偿，进而形成绿色低碳的生产和消费方式。

第五，依托全国碳市场，为行业、区域绿色低碳发展转型，实现碳达峰、碳中和拓展投融资渠道。碳达峰、碳中和目标的实现不是一蹴而就的，必须采取技术的、市场的、行政的和法律的措施，制定碳达峰行动方案，持之以恒加以实施，既要加强国内法治建设，又要与国际法相衔接，从而为碳中和目标和路径确立形成一种可信赖的、可效仿的长效机制。

第六，可以发挥不同社会组织主体的作用。在碳排放权交易体系中，政府、企业和第三方所起作用不同。中央政府负责制定碳排放配额的分配方案、核查技术规范。地方政府需要对碳数据进行审定、核查和报送，督促企业进行履约和监督清缴。纳入交易体系的企业要根据减排成本和碳价格做出选择，定期向政府汇报排放数据，接受核查和审定。而各级政府的规划、碳排放数据的盘查、核算，自愿减排量（CCERs）的认证、报告等工作，则可以通过政府购买服务、企业委托等形式，为第三方提供更多的创新创业机会。

总之，建立全国性碳市场，不仅可以为社会释放碳有价的积极信号，还有助于激励企业研发低碳节能技术、促进绿色低碳发展转型、增加投融资渠道、提供更多的就业机会等。因此，发展我国的碳市场意义重大。

二、我国碳市场发展的阶段性特点及其评价

我国碳排放权交易市场的发展经历了三个阶段，即先参与国外碳市场交易体系，推进部分地区碳市场交易试点，进而稳步推进全国碳市场建设的方法。其实，在这些阶段中存在过渡或交叉时段。下面，以重大事件为标志进行简要介绍。

第一阶段以 CDM 项目卖方形式参与国外碳市场（2004—2012 年）。

我国碳排放交易源于《联合国气候变化框架公约》和《京都议定书》的 CDM 机制。2004 年 6 月 30 日，国家发展改革委、科技部、外交部联合签发的《清洁发展机制项目运行管理暂行办法》正式实施。主要是通过 CDM 项目为国外一级碳市场提供减排额度，而买方主要是欧盟国家。国家发展改革委批准北京安定填埋场填埋气收集利用的项目申报并签发 001 号 CDM 证书，成为我国通过 CDM 项目进入国外碳交易市场的标志。

2005 年 6 月 26，联合国 CDM 管理委员会注册我国第一个风力发电项目——内蒙古辉腾锡勒风电场项目。风力发电是我国 CDM 的主打项目，我国风力发电也正是因为获得了 CDM 项目收入而得到快速发展。我国共注册风力发电项目 1 516 个，占 CDM 注册项目的 40%。通过向发达国家出售核证减排量（CERs），显著降低了我国风力发电成本，提高了盈利能力。

2011 年，由于全球经济增长乏力、后京都时代减排责任没有明确以及各国加强政策干预等原因，CDM 市场逐步萎缩。又因为《京都议定书》

第一个承诺期到 2012 年结束，导致注册和签发的减排量 CERs 激增。此后，以 CDM 和 JI 方式的全球碳信用市场宣告结束。

更主要的是，2013 年欧盟碳市场（EUETS）进入第三阶段，欧盟宣布不再接受非最贫困国家签发的 CERs。中国 CDM 项目告一段落，到 2013 年我国批准 CDM 项目 5 074 个。

第二阶段开展国内碳排放权交易试点（2013—2017 年）。

2011 年，国家发展改革委办公厅《关于开展碳排放权交易试点工作的通知》发布，同意北京、天津、上海、重庆、湖北、广东及深圳 7 个省市开展碳排放权交易试点。

2012 年，为进一步探索全国碳市场的建设，国家发展改革委出台《温室气体自愿减排交易管理暂行办法》，规范了碳市场的管理机制。

2013 年 6 月 18 日起，北京、上海、广东、深圳、天津、湖北、重庆等 7 个试点省市先后启动碳排放权交易。全国 2 837 家重点排放单位、1 082 家非履约机构和 11 169 个自然人参与试点碳市场，以发电、石化、化工、建材、钢铁、有色金属、造纸和民用航空等八大高耗能行业为主，覆盖 20 多个行业。主要采取免费分配与有偿竞价相结合的模式发放碳市场中的交易标的物。

2015 年，国家发展改革委上线"自愿减排交易信息平台"，经国家发展改革委签发的自愿减排项目：中国核证自愿减排量（CCERs），也就是通过清洁能源代替化石燃料产生的碳排量，或林业碳汇、甲烷利用等，与排放配额等量兑换以抵消超排部分，抵消比率一般不高于年度配额或排放量的 5% 或 10%。未被纳入碳交易市场的风电、光伏、森林碳汇等项目可以参与自愿减排机制，获取国家发展改革委签发的 CCERs 可以出售参与碳交易。包括风电、光伏、垃圾焚烧、生物质发电、水电等 2 871 个项目先后经过审定；其中，成功备案 861 个项目，实际签发 254 个。

事实上，到 2021 年启动全国碳市场时地方试点碳市场也没有宣布结束。试点市场完成五个履约周期，成为仅次于欧盟的全球第二大碳市场，为全国碳市场建设积累了经验。

第三阶段：进入全国碳排放权交易市场准备启动运行阶段（2017 年以来）。

2021 年 7 月 16 日，是我国发展碳市场的第三阶段起点。事实上，全国碳市场的启动经过了较长时间的准备，尤其是制度建设的推进。2014 年，国家发展改革委发布《碳排放权建设管理暂行办法》，首次提出全国碳市场建设的总体框架。

2017 年，国家发展改革委印发《全国碳排放权交易市场建设方案（发电行业）》，标志着全国碳排放交易体系完成了总体设计。同年，经过专家评价和主管部门审定，选择湖北碳排放权交易中心负责登记结算系统建设，上海环境能源交易所负责交易系统建设。

党的十九届三中全会决定进行中央政府组织结构调整。2018 年 3 月，国家发展改革委应对气候变化的职责划归生态环境部。生态环境部成为应对气候变化工作新的主管部门，推进全国碳市场建设的基础性工作。

2020 年 12 月，生态环境部发布《碳排放权交易管理办法（试行）》《2019—2020 年全国碳排放权交易配额总量设定与分配实施方案（发电行业）》，及配额分配方案和首批重点排放单位名单。

2021 年 5 月，生态环境部发布《碳排放权登记管理规则（试行）》《碳排放权交易管理规则（试行）》和《碳排放权结算管理规则（试行）》三项文件，进一步明确全国碳排放权交易市场的管理规则体系。

2021 年 6 月 22 日，上海环境能源交易所发布了《关于全国碳排放权交易相关事项的公告》，负责组织开展全国碳排放权集中统一交易。国家分配额度（CEA）交易通过交易系统进行，可以采取协议转让、单向竞价或其他符合规定的方式，协议转让包括挂牌协议交易和大宗协议交易。

2021 年 7 月 7 日，国务院常务会议明确提出，择时启动发电行业全国碳排放权交易市场上线交易。会议还要求，设立支持碳减排货币政策工具，以稳步有序、精准直达方式，支持清洁能源、节能环保、碳减排技术的发展，并撬动更多社会资金促进碳减排。

2021 年 7 月 8 日，生态环境部表示将在发电行业全国碳排放权交易市场上线交易平稳运行的基础上，逐步扩大覆盖范围，丰富交易品种和交易方式，有效发挥碳排放权交易市场在控制温室气体排放、实现碳达峰碳中和目标中的重要作用。生态环境部还表示，将有序纳入水泥、有色、钢铁、石化和化工等高排放行业。

2021 年 7 月 14 日，国务院新闻办召开国务院政策例行吹风会，决定于 7 月启动全国碳排放权交易市场上线交易。7 月 16 日，全国碳市场发电行业第一个履约周期启动，这对碳市场相关人员具有很大意义的日子。发电企业具有碳排放量较大、产品相对单一、计量条件比较完备、管理比较规范等特点，成为碳市场的首选行业，覆盖 40 亿吨二氧化碳，约占全国碳排放总量的 40%。这也是继美国区域温室气体减排行动（Regional Greenhouse Gas Initiative，RGGI）之后，第二个只有电力行业参与的碳市场。

三、试点阶段我国碳市场发展中的问题及其相关讨论

1. 试点阶段碳市场存在的问题

一是信息透明程度不够。由于不同地区和交易主体、交易规则的差异较大，各地形成了不同的交易模式。在试点地区，碳市场交易涉及的行业种类多，各行业减排成本不同，部分企业引入线上交易和线下交易结合的方式；线上交易相对公开透明，而线下交易大多为小额交易且属于不公开的协议转让，即线下交易不仅占比大而且信息也不对外公开。碳市场信息不够公开透明，成为碳市场发展的一大制约因素。由于碳排放数据统计的简单相加，不仅对市场交易主体的交易策略产生重大影响，还将带来区域间的市场壁垒。

二是试点交易碳市场的流动性严重不足。总体上，由于地方试点的碳

排放权的免费配额较多，供大于求，实际交易较为冷清，超过三成交易日无交易行为。例如，2020年交易日共251天，8大区域碳排放交易所全年平均165天有成交记录，交易最活跃的广州碳排放权交易所也仅238个交易日有交易行为；福建海峡股权交易中心仅90个工作日有交易，占全部交易日的36%。

三是试点阶段交易产品以现货为主，交易"潮汐"现象明显。交易多是控排企业履约期突击购买；每年6月是碳交易试点的履约期，各试点地区的重要排放单位，须在当地主管部门规定的期限内，按实际年度排放指标完成碳配额清缴。在履约期将至时，不少企业为完成任务而匆匆进行交易，导致履约期前量价齐升，履约期后交易惨淡。企业并未真正利用碳交易工具实现自主减排，交易更多是短期内为了完成任务的突击应付。

四是碳排放数据统计难度较大。在全国碳市场启动前，生态环境保护处理了碳排放数据造假的事件。与此同时，从2017年起全国启动了碳市场建设，由于碳排放数据统计工作繁重，专业要求比较严，影响着碳市场的发展进程。与氮、硫等污染气体排放不同，二氧化碳排放没有实时监控，而是根据企业能耗数据核算而得出来。此外，碳市场的相关行业标准尚不成熟，各试点地区碳市场的基准线、计算参数也不尽相同。这些都给碳排放数据统计和管理增加了难度。

2. 对我国碳市场发展的几点期待

从国外碳交易市场发展经验看，影响碳市场交易的因素很多，从实际排放量申报核实到完成余缺交易的周期长，碳交易市场建设和运行投入也比较大，要运作好发展好碳交易市场并非易事，一些试点碳交易市场并不活跃，对此也要有充分认识。

经过10年的试点运行，2021年7月16日全国碳排放权交易市场正式运行。当然，这仅是开端，要使碳市场运行收到预期效果，仍需付出很多努力。

一是在连续组织开展全国发电、石化、化工、建材、钢铁、有色、造纸、航空等高碳排放行业的数据核算、报送和核查工作基础上，加快对相关行业温室气体排放核算与报告国家标准的修订完善，完善分行业的配额分配方案，强化碳排放配额硬约束。在发电行业碳交易市场健康运行后，进一步扩大碳市场覆盖的行业范围和交易规模。

二是积极拓展和丰富碳交易市场的参与主体。从主要是碳排放重点控制企业，向包括碳排放控制企业、非排控企业、金融机构、基金公司、个人投资者等多元主体延伸，使碳交易市场的参与者来自不同领域、风险偏好与市场判断存在不同、数量众多的主体，推动碳交易市场形成公平合理的价格发现机制。

三是在现货交易基础上，积极拓展和丰富碳交易品种，如碳期货、碳期权等，并不断总结完善。国务院在《关于进一步促进资本市场健康发展的若干意见》中，提出了要推动发展碳排放权等交易工具；银保监会在《关于构建绿色金融体系的指导意见》中提出了要有序发展碳远期、碳掉期、碳期权、碳租赁、碳债券、碳资产证券化和碳基金等金融产品和衍生工具。增加碳金融品种也是增加流动性的必然要求。

四是推动碳交易市场对外开放，积极与国际规则接轨，建设成为法治化、国际化、现代化的碳交易市场，吸引更多国际碳交易来中国市场进行，也通过碳金融的发展带动人民币"走出去"，切实增强中国碳交易市场的国际吸引力和影响力。

总之，我国碳排放市场已经起步，要使碳市场收到碳减排乃至促进经济社会的系统性变革的预期目标，当前的配额管理方案尚未设定总排放量上限，配额分配也较为宽松，且为降低重点排放单位履约负担，电厂配额缺口量上限为其排放量的20%。这样的市场设计，短期内全国碳市场对"碳中和"的作用可能十分有限；从长期看，必须统筹兼顾、综合协调，兼顾长期与短期、全局与局部的关系，并与政策法规、规划计划、重大项目实施等政策措施结合起来，促进市场参与者将碳中和目标纳入自身发展的中长期规划。

此外，就碳市场配额分配而言，也要处理好存量资产优化和增量资产高档的关系，全国碳市场运行初期的所有排放配额都将免费分配，未来将根据国家有关要求适时引入"配额有偿分配"；还应考虑碳定价的另外措施或机制，如碳税问题，形成碳达峰、碳中和目标实现的长效机制。随着碳排放市场的开放与市场需求的扩大，基于碳排放权交易的金融衍生品也需不断拓展，促进建立健康有序的资本市场、加快构建与之相关的绿色金融体系，把碳达峰碳中和纳入生态文明建设整体布局，拿出抓铁有痕的劲头，如期实现 2030 年前碳达峰、2060 年前碳中和的目标。

第二十五章

美丽中国建设需要以文化凝聚精神力量

　　文化是一个国家、一个民族的灵魂；生态文化是对生态环境的人文关怀。在中华文化繁荣兴盛过程中，要培育生态文化，养成生态自觉，加快建设生态文明和美丽中国。

一、充分认识生态文化对生态文明建设的极端重要性

　　文化是一种人文精神、道德规范、行为准则和价值理念。"文以化人"，文化对人有着潜移默化的熏陶、教化和激励作用；文化是上层建筑，是综合国力，也是软实力。

　　生态文化，是以生态价值观念为准则的文化，是一种追求人、自然、社会和谐共生的文化，是建设生态文明和美丽中国的持久动力，有着"润物细无声"的影响力。

　　生态文化，是对人与自然关系的深刻认识。在思维方式上，表现为践行"绿水青山就是金山银山"的理念，尊重自然、顺应自然、保护自然。在伦理道德上，像对待生命一样对待自然，热爱自然、珍爱生命。在审美趣味上，要培育欣赏大自然"鬼斧神工"的情趣。

生态文化是一种人文文化，是对自然生态系统的人文关怀，是一种生态商，是人类在不断自我反省、自我调节中的生态觉醒。改善生态环境、维护生态平衡、满足人类物质文明和精神文化需求，促进人与自然关系的和谐、可持续发展。

生态文化，既具有传承性，又具有国际共识性。既与中华传统文化中"天人合一"自然观一脉相承，又融合了时代精神；既是习近平新时代中国特色社会主义思想的重要组成，又与可持续发展的国际共识相互映照，成为"文化共同体"构建的脚本。

生态文化，是守护地球家园的精神力量。生态危机暴露了人类生存的困境，也暴露了人类文化的困境。只有通过改变人们的价值重构，并采取切实的行动，才能化解生态危机，维护生态安全，让人们吃得放心、住得安心，留住鸟语花香，生活在舒适的环境中。

生态文化是建设美丽中国的向心力。生态文化繁荣兴盛事关一个民族精气神的凝聚，是美丽中国的构成要素和人民群众的精神诉求，为解决人类面临的生态环境、气候变化难题提供了启迪。提供丰富多样的生态产品和服务，是生态文化建设的重要内容。

繁荣生态文化是中华民族伟大复兴的重要内容。习近平总书记强调指出："无论哪一个国家、哪一个民族，如果不珍惜自己的思想文化，丢掉了思想文化这个灵魂，这个国家、这个民族是立不起来的。"生态文化是文化的重要组成，我们必须以中国特色社会主义生态文化的巨大渗透力和感染力屹立于世界民族之林，以中国智慧推动并引领世界生态文明建设。

二、生态文化是自然保护意识和产业化的双重载体

生态文化，是优秀传统文化与现代文明成果、时代精神的结晶，承载着人与自然和谐的价值观。小说、报刊、广播、影视、自媒体等均是生态

文化的传播载体。

生态文化，表现为文学作品。如美国作家梭罗的《瓦尔登湖》，是人期望回归自然、与自然和谐共存的代表作。每当听到白居易"日出江花红胜火，春来江水绿如蓝"的诗句，脑海中便会浮现出美轮美奂的景象。《寂静的春天》所反映的农药不合理使用杀死了青蛙和益虫，导致春天像死一般的寂静，鞭挞了环境污染的恶果，警示人们要保护地球这个人类唯一的家园。

生态文化，表现为艺术品。如儿童利用废物做的工艺品，模特穿上用废塑料袋做成服装走 T 台等，展示的是生态作品。百花齐放是文艺繁荣兴盛的前提；生态文化繁荣兴盛可以成为品牌，品牌的背后展示的是凝聚生态文明建设的精神力量。

生态文化，表现为历史记载。泱泱五千年，中华民族孕育了博大精深的生态文化。大禹治水、后羿射日等神话故事，博物馆、展览馆中一件件文物，在告诉我们"从哪儿来"。生态文化，宣传"天人合一""强本节用"，是人类珍爱自然的历史写照，成为生态优先、绿色发展的源动力和思想渊源。

生态文化，表现为精神。自然通过潜移默化、润物无声的方式，滋润着人类的心灵。如果没有天然瀑布，就不会有"疑是银河落九天"的诗句；如果没有细致入微的观察，就写不出"草色遥看近却无"的优美文字。人类精神的创伤、心灵的空泛，在于远离自然、失去自然的抚育和浸润；重建人与自然的天然联系，成为拯救人类精神困境的必由之路。

生态文化，还可以表现为干净的水、清新的空气、良好的环境和绿色食品等生态产品，是人类生存和发展一刻也不能缺少的。"文化搭台，经济唱戏"。生态文化，覆盖可持续农业、林业及绿色产品，生态环境保护修复，环境保护和气候变化应对的技术研发、运用与产业化等领域，可培育成新兴产业和增长动能。

三、促进生态文化繁荣兴盛的若干措施

生态文化，是习近平生态文明思想的重要内涵。生态环境保护的启迪源于文化觉醒；生态环境保护的推动，得益于文化自觉。宣传在于引导，教育在于养成，制度在于约束。生态文化为生态文明建设提供精神力量和源泉。

加强顶层设计，促进生态文化繁荣兴盛。坚持顶层设计与基层探索的有机结合，将生态文化纳入国家和地方相关规划，制定专门规划，坚持以人为本、雅俗共赏、褒贬兼顾，统筹生态文化创作创建、产业化发展、教育培训、宣传普及等活动，以满足人民群众最关心、最直接、最现实和最薄弱的生态文化需要。

创作生态文化，满足人民群众精神文明需求。生态文化来自群众，要以通俗易懂、贴近群众贴近生活的语言，推动生态文化的文学、影视作品等艺术创作，褒扬塞罕坝、库布其荒漠化治理等先进行为，曝光和鞭挞破坏生态、污染环境的行为，营造"保护生态环境光荣，破坏生态环境可耻"的社会舆论氛围。

挖掘乡村文化，焕发乡村文明新气象。在实施乡村振兴战略中，要坚持物质文明和精神文明一起抓，繁荣兴盛农村生态文化，培育文明乡风、良好家风、淳朴民风，改善农民精神风貌，在观念认同和制度内化于心的基础上，在实践中外化于行，形成社会主义新农村的生态文明价值取向、道德内省，形成强大的精神动力与行动合力。

发展生态文化产业，培育成为新的经济增长点。促进生态文化产业化发展，并培育成为特色产业；发展生态旅游，寻求"绿色银行""天然氧吧"等生态产品的价值实现途径；在生态文明试验区建立生态文化展示馆，顺应并引领世界绿色发展潮流，形成资源效率型、环境质量型和气候友好型的生产方式、生活方式、行为习惯。

开展宣传教育，提高公众参与和行动能力。利用融媒体加大宣传力

度，从广大青少年抓起，推动形成绿色生活方式。公众既要发挥监督作用，更要承担责任、付出实际行动，爱护公共卫生，杜绝使用"一次性用品"，循环使用包装物；参与垃圾分类，形成人人、事事、时时崇尚生态文明和爱护生态环境的社会氛围。

加大公共投入，形成长效机制。通过政策引导和激励，扩大政府采购范围，增强人们对生态环境保护的观念认同与价值追求。在政府主导、公众参与下，以公共文化机构为主，其他机构为辅，共同建设生态文化。加大农村、生态保护区的生态文化建设力度，推动城乡生态文化公共产品和服务供给的均等化。

完善制度体系，为生态文化保驾护航。生态危机的出现在于制度缺失，生态文明建设需要完善制度体系；生态文明制度安排，在程度上必须威严，在内容上必须全面，在过程上必须衔接。制度的生命力在于执行，成为行动的规制、规约和规范，可以为生态建设和污染治理提供基于自然的解决方案。

文化是文明的灵魂和基础，社会文明进步离不开文化支撑。生态文化建设是一个长期的过程，要持之以恒、厚积薄发。只有促进生态文化繁荣兴盛，加强生态环境治理，实现治理能力现代化，才能把我国建成富强民主文明和谐美丽的社会主义现代化强国。

参考文献

著作类

[1] 温宗国等著.《无废城市：理论、规划与实践》[M].北京：科学出版社，2020.

[2] 中共中央文献研究室.《十六大以来重要文献选编》（中）[M].北京：中央文献出版社，2006.

期刊类

[1] 高峰，赵雪雁，宋晓谕，等.面向 SDGs 的美丽中国内涵与评价指标体系 [J].地球科学进展，2019，34（3）：295–305.

[2] 韩振峰，孙尚斌.五位一体总体布局的形成及其时代价值 [J].人民论坛，2013（5）：188–189.

[3] 解振华.中国改革开放 40 年生态环境保护的历史变革——从"三废"治理走向生态文明建设 [J].中国环境管理，2019，11（4）：5–10.

[4] 解振华.坚持积极应对气候变化战略定力 继续做全球生态文明建设的重要参与者、贡献者和引领者——纪念《巴黎协定》达成五周年[J].环境与可持续发展,2021,46(1):3-10.

[5] 李善同,刘勇.环境与经济协调发展的经济学分析[J].北京工业大学学报(社会科学版),2001(3):1-6.

[6] 齐晔,朱梦曳,刘天乐,等.落实"无废社会"战略 推进美丽中国建设[J].环境保护,2020,48(19):52-56.

[7] 秦昌波,苏洁琼,肖旸,等.美丽中国建设评估指标库设计与指标体系构建研究[J].中国环境管理,2022,14(6):42-54.

[8] 史作廷.做好重点用能单位节能降碳工作[J].红旗文稿,2021(10):27-29.

[9] 田章琪,杨斌,椋埏淪.论生态环境治理体系与治理能力现代化之建构[J].环境保护,2018,46(12):47-49.

[10] 王伟光.努力推进国家治理体系和治理能力现代化[J].求是,2014(12):5-9.

[11] 温宗国,唐岩岩,王俊博,等.新时代循环经济发展助力美丽中国建设的路径与方向[J].中国环境管理,2022,14(6):33-41.

[12] 杨凡."五位一体"总体布局的重大意义[J].北方文学,2017(20):197.

[13] 周宏春,季曦.改革开放三十年中国环境保护政策演变[J].南京大学学报(哲学·人文科学·社会科学版),2009(1):31-40.

[14] 周宏春,黄河安澜呼唤生态环境保护和高质量发展[J].中国发展观察,2020(C8):12-14.

[15] 周宏春,姚震.构建现代环境治理体系 努力建设美丽中国[J].环境保护,2020,48(9):12-17.

[16] 周宏春，江晓军．习近平生态文明思想的主要来源、组成部分与实践指引 [J]．中国人口·资源与环境，2019，29（1）：1-10．

[17] 周宏春．我国碳达峰碳中和有了路线图施工图 [J]．中国发展观察，2021（21）：7-10．

[18] 周宏春，霍黎明，管永林，等．碳循环经济：内涵、实践及其对碳中和的深远影响 [J]．生态经济，2021，37（9）：13-26．

[19] 周宏春．碳金融发展的理论框架设计及其应用探究 [J]．金融理论探索，2022（1）：10-18．

[20] 周宏春．现代环境治理体系的内在逻辑 [J]．中国发展观察，2020（C1）：68-70．

[21] 邹才能，潘松圻，赵群．论中国"能源独立"战略的内涵、挑战及意义 [J]．石油勘探与开发，2020，47（2）：416-426．

[22] 高晓龙，林亦晴，徐卫华，等．生态产品价值实现研究进展 [J]．生态学报，2020，40（1）：24-33．

[23] 邢国忠．中国共产党引领人类文明形态的历史进程 [J]．人民论坛，2021（34）：38-41．

报纸类

[1] 建设美丽家园是人类的共同梦想（人民观点）——共同建设我们的美丽中国⑥ [N]．人民日报，2020-08-17（05）．

[2] 让制度成为不可触碰的高压线（人民观点）——共同建设我们的美丽中国⑤ [N]．人民日报，2020-08-14（05）．

[3] 青山就是美丽　蓝天也是幸福——共同建设我们的美丽中国③ [N]．人民日报，2020-08-12（05）．

[4] 夏光. 建立中国式的"环境善治"——2006 中国环境保护评述及 2007 年展望 [N]. 中国经济时报，2007-01-11.

[5] 王猛. 构建现代生态环境治理体系 [N]. 中国社会科学报，2015-07-22.

[6] 薛永基，林震，闫少聪. 打造"四库" 统筹林业高质量发展 [N]. 光明日报，2022-07-21（07）.

[7] 周宏春. 建设"无废城市" 实现人与自然和谐共生 [N]. 中国建材报，2019-09-02.

电子资源类

[1] 郭沛源. 解读《关于构建现代环境治理体系的指导意见》[EB/OL].（2020-03-04）. https://www.hdjbxg.com/qiche/gtmqroloj.html.

[2] 吴阳. 我看中国式现代化⑤ | 专访周宏春：人与自然和谐共生，提升了中国式现代化的哲学意蕴 [EB/OL].（2022-11-02）. https://www.163.com/dy/article/HL72PRV7051492T3.html..

[3] 黄润秋. 深入学习贯彻党的二十大精神　奋进建设人与自然和谐共生现代化新征程——在 2023 年全国生态环境保护工作会议上的工作报告 [EB/OL].（2023-02-16）. https://www.mee.gov.cn/ywdt/hjywnews/202302/t20230223_1017248.shtml.

[4] 商务部. 商务部等 8 部门关于开展供应链创新与应用试点的通知 [EB/OL].（2018-04-10）. https://www.mofcom.gov.cn/article/h/redht/201804/20 180402733336.shtml.

[5] 生态环境部. 生态环境部 2019 年 7 月例行新闻发布会实录 [EB/

OL］.（2019–07–28）. https: //www.cfej.net/bwzl/bwyw/201907/t20190730_7 12720.shtml.

［6］孙金龙. 全面学习把握落实党的二十大精神 加快建设人与自然和谐共生的美丽中国——在 2023 年全国生态环境保护工作会议上的讲话［EB/OL］.（2023–02–16）. https: //www.mee.gov.cn/xxgk/hjyw/202302/t20230223_ 1017247.shtml.

［7］习近平. 环境保护要靠自觉自为［EB/OL］.（2003–08–08）. https: //news.sina.com.cn/c/2003–08–08/1243530086s.shtml.

［8］新华网. 习近平指出，加快生态文明体制改革，建设美丽中国［EB/OL］.（2017–10–18）. https: //www.gov.cn/zhuanti/2017–10/18/content_ 52 32657.htm.

［9］新华网. 中共中央关于党的百年奋斗重大成就和历史经验的决议［EB/OL］.（2021–11–16）. https: //www.gov.cn/zhengce/2021–11/16/content_ 5651269.htm.

［10］新华网. 中共中央 国务院关于深入打好污染防治攻坚战的意见［EB/OL］.（2021–11–02）. https: //www.gov.cn/zhengce/2021–11/07/content_ 5 649656.htm.

［11］中国政府网. 国务院办公厅印发《关于积极推进供应链创新与应用的指导意见》［EB/OL］.（2017–10–13）. https: //www.gov.cn/xinwen/2017–10/13/content_5231577.htm.

［12］张晓添. "碳中和"目标已开始层层分解，中国"绿色经济"投资规模将超百万亿元［N/OL］.时代周报.（2021–03–08）［2022–03–20］. https: //baijiahao.baidu.com/s?id=1693673744348498748&wfr=spider&for=pc

［13］周宏春 . 让人与自然和谐共生为中国式现代化添彩［EB/OL］.
（2022–10–22）. https: //cenews.com.cn/news.html?aid=1012855.

［14］周宏春 . 中国生态文明建设发展进程——庆祝改革开放 40 年
［EB/OL］.（2018–11–12）. https: //www.71.cn/2018/1112/1023828.shtml.

［15］世界经济论坛 . 中国迈向自然受益型经济的机遇［R/OL］. https: //
www3.weforum.org/docs/WEF_New_Nature_Economy_Report_China_2022_
CN.pdf

后　记

我在硕士、博士学习阶段就开始关注环境问题，1992 年到原国家科委社会发展科技司及中国 21 世纪议程管理中心工作，主要从事可持续发展领域的研究，其中不乏资源综合利用和环境保护业务。1997 年进入国务院发展研究中心后才开始发表环境保护方面的文章，发表《生态文明建设应成为重要任务》一文更是到了 2012 年。2016 年退休后有了更多的空闲时间，就把写点"豆腐块"文章作为打发时间的乐趣。写作议题既有杂志期刊的邀约，也有自己感兴趣的话题。按"中国知网"上的数据，一共发表了 500 多篇文章，其中与生态文明建设有关的文章 100 篇以上。

按照一本书的结构和逻辑框架来写，不是素材不够，而是内容太多，因而需要取舍。首先要考虑书的主线：美丽中国建设；其次要考虑生态文明建设与美丽中国建设的关系，两者是统一体只是表述角度不同；接着分析生态文明建设的基础、阶段性重点、地区特色、典型案例；还要考虑以什么样的制度安排来保障美丽中国建设。在这些框架确定后，把已发表的文章、在"宏春观察"上写的随笔等内容收集起来，再加入书的预设结构。有些问题从已经发表中的文章直接摘取；有些问题在写作过程中梳理清楚。从收集素材到整理成书，是一个需要认真研究和思考的过程，交出初稿时事实上已经过了几轮调整和修改。

经过艰辛劳动，本书终于面世了。要感谢陕西师范大学出版总社杨沁副社长和郭建刚、严国红编辑的支持与厚爱，感谢书中引用和参考文章的作者，感谢对本书作出贡献的所有人。

"书不尽言，言不尽意"。书中仍有不足之处，敬请读者批评指正。

周宏春

2024 年 3 月 12 日于北京